実践!! ベクトル図活用テクニック

描けばわかる電力システム

小林 邦生 [著]

電気書院

はじめに

「ベクトル図は知っているけど，いまいち使いこなせない」，そんな方は意外と多いのではないか．

電気回路の計算は，複雑でややこしい．そんな計算を助けるためのツールとして開発されたものがベクトル図である．その後ベクトル図は世界中に普及し，今となってはツールの域を超え，一つの共通言語として新しい世界を作り出した．

しかし，残念なことに，電気ベクトル図に関する書籍はあまりない．あったとしても学術的事項に特化したものや，結果だけを並べた辞書のようなものがほとんどである．そのため，ベクトル図をどのように利用するのか，どんなところにポイントがあるのかが良くわからないまま，なんとなく苦手意識を持っている方もいるだろう．そんな方にこそ，ぜひ本書をお読みいただきたい．ベクトル図の活用は，電験・エネ管などの電気系の資格試験を受験する上でも大きく役立つ．これを利用しない手はないのである．

本書の目的は二つある．一つは，ベクトル図の実践的かつ効果的な活用方法を示すこと，もう一つは，複雑かつ難解な電気現象をベクトル図を使ってできるだけ分かりやすく解説することである．

本書では，これまでベクトル図を敬遠してきた人の手ほどきにもなるよう，図を多く用い，図を追うだけでも経過や結論が分かるよう工夫した．ベクトル図には，方程式も細かな計算も必要ない．図形を描き，変形し，イメージするだけで結論に達することができる．また，既にベクトル図の有効性に気付いている読者には，ベクトル図の新たな一面に触れることができるよう，奥が深く面白いと思える題材を多く取り上げた．

本書を通じて多くの読者にベクトル図に慣れ親しみ，楽しんでいただければ幸いである．

本書の読み方（説明の流れ）

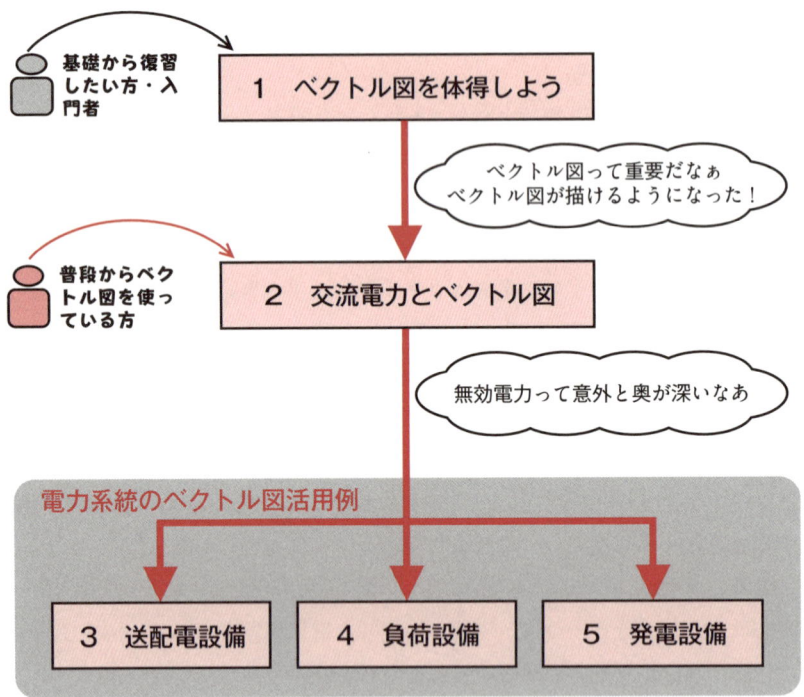

- 1章は，基礎から学びたい人向け．
- 2〜5章の各章では，前半に基礎的事項を，後半に応用的題材を取り上げている．
- 3〜5章は，それぞれ独立しているので，どこから読んでいただいても構わない．

目 次

はじめに ……………………………………………………………… *iii*
本書の読み方（説明の流れ）…………………………………… *iv*

1　電気ベクトル図を体得しよう　　*1*

1.1　ベクトル図ってなんだっけ ………………………………… *2*
1.2　電気回路とベクトル図の関係 ……………………………… *7*
1.3　いろんな回路のベクトル図を描いてみよう ……………… *18*
1.4　円円対応を使ってベクトル軌跡を使いこなそう ………… *27*
1.5　まとめ ………………………………………………………… *37*

2　交流電力とベクトル図
　　〜有効・無効電力の意味〜　　*41*

2.1　有効電力・無効電力を考える ……………………………… *42*
2.2　三相交流電力を計算しよう ………………………………… *57*
2.3　電力計測のベクトル図 ……………………………………… *61*
2.4　三相交流回路における無効電力の問題点と瞬時空間ベクトル図 … *68*
2.5　三相瞬時有効・無効電力の計算例と解析 ………………… *78*
2.6　まとめ ………………………………………………………… *94*

3　送配電設備のベクトル図
　　〜電圧調整機能と，高め解・低め解〜　　*97*

3.1　電力系統という大きな回路を計算するには ……………… *99*
3.2　送配電設備の等価回路とベクトル図の特徴 …………… *106*
3.3　潮流の大きさとベクトル図 ……………………………… *112*
3.4　電圧調整設備（電力用コンデンサ）の機能と効果 …… *118*
3.5　電圧調整設備（タップ切換変圧器）の機能と効果 …… *131*

3.6　タップの逆動作現象を考える……………………………… *139*
　3.7　*P – V*カーブとベクトル図………………………………… *153*
　3.8　まとめ………………………………………………………… *171*

4	**負荷設備のベクトル図** 〜三相誘導電動機と電圧不安定現象〜	*177*

　4.1　日本の電力負荷の種類と特徴……………………………… *179*
　4.2　誘導電動機のベクトル図と円線図…………………………… *181*
　4.3　運転方法とベクトル図の変化………………………………… *192*
　4.4　電圧低下時の誘導電動機の運転特性………………………… *198*
　4.5　誘導電動機の相互作用と電圧不安定現象…………………… *203*
　4.6　まとめ………………………………………………………… *212*

5	**発電設備のベクトル図** 〜同期発電機の安定度とAVR・PSSの効果〜	*217*

　5.1　発電機の種類と特徴…………………………………………… *219*
　5.2　同期発電機の等価回路とベクトル図の特徴………………… *221*
　5.3　電圧補償機能（AVR）とベクトル図………………………… *232*
　5.4　発電機の安定度問題とは……………………………………… *242*
　5.5　ベクトル図を使って安定度を考えよう……………………… *250*
　5.6　過渡安定度…………………………………………………… *258*
　5.7　系統安定化装置（PSS）とベクトル図……………………… *264*
　5.8　まとめ………………………………………………………… *274*

最後に………………………………………………………………… *279*
参考文献……………………………………………………………… *281*
あとがき……………………………………………………………… *283*
索　引………………………………………………………………… *285*

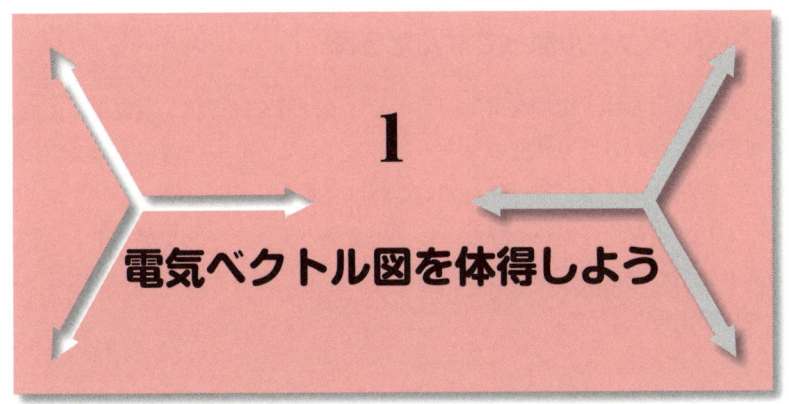

1 電気ベクトル図を体得しよう

　皆さんは，自分で手を動かしてベクトル図を描いた経験があるだろうか．ベクトル図と聞くと，"ややこしい""むずかしい"などと決めつけて，食わず嫌い状態になってはいないだろうか．ベクトル図は決してむずかしいものではない．むしろ非常に簡単で，しかもすごく便利なものである．

　本章は，ベクトル図の実践的な描き方や注意するポイントなど，読者に"使えるテクニック"を授けるための章である．まず，ベクトル図の基本的事項について述べ，続いて，実際にベクトル図を描く順序や変形方法など，テクニックの具体例を示す．その後，"インピーダンスベクトル"の活用方法について述べ，ベクトル軌跡について解説する．

　1.1～1.2節では，基本事項のおさらいを，1.3～1.4節では，図上での並列インピーダンスの合成方法や，円円対応によるベクトル軌跡の考え方など，あまり知られていない情報を盛り込んだ．これらのテクニックは，実戦において非常に役に立つので，ぜひ活用していただきたい．

　なお，本書は全5章からなっており，1章は，ベクトル図の基本的な性質や活用方法に絞った内容となっている．そのため，ベクトル図を普段から使われている方にとっては，すでにご存じのことも多いだろう．そういった場合は，本章を読み飛ばし，2章からお読みいただければ幸いである．

1.1 ベクトル図ってなんだっけ

　ベクトル図とは，複雑な電気回路における計算を図形化・視覚化し，簡潔に処理するための世界共通のツールである．このツールの使い方は非常に簡単で，厳格なルールが定められているわけでもない．

　つまり，便利で有用かつ簡単という，魔法のようなツールがベクトル図である．簡単ながらも何点かのルールはあるので，押さえておくべきポイントについて復習しよう．

（1） ベクトル図の基本

　"ベクトル"とは，"大きさ"と"向き"をもった矢印である．そして，"ベクトル図"とは，横軸に実数を，縦軸に虚数をとった平面上にベクトルを描いたものである．

　図1.1.1にベクトル図の一例を示す．

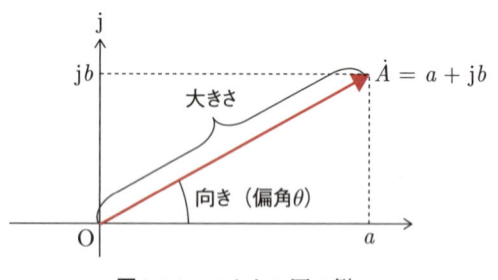

図1.1.1　ベクトル図の例

　図1.1.1に示したベクトル$\dot{A}$を，複素数として表すと，

$$\dot{A} = a + jb$$

である．ここで，"j"は虚数単位と呼ばれているものであり，$j^2 = -1$となる仮想上の概念である．余談だが，数学の世界では虚数単位は通常，"j"ではなく"i"を用いる．しかし電気の世界では，"i"は電流を表す記号として用いられることが多く，紛らわしいため，代わりに"j"を用いるのが通例となっている．

　さて，図1.1.1に示したベクトル$\dot{A}$は，大きさは$|\dot{A}|$，向きは$\angle\theta$であるから，偏角θに注目して三角関数を用いると，

$$a = |\dot{A}|\cos\theta, \quad b = |\dot{A}|\sin\theta$$

となる．もとの式にこれを代入すれば，
$$\dot{A} = a + \mathrm{j}\,b = |\dot{A}|\cos\theta + \mathrm{j}|\dot{A}|\sin\theta$$
と表すこともできる．

なお，複素数には極座標による表示方法もある．今回のように，"大きさ"と"向き"がわかっている場合は，極座標表示で表したほうがわかりやすい．場合によって使い分けるとよいだろう．極座標表示方法には，以下の2通りがある．

・$\dot{A} = a + \mathrm{j}b$の極座標を使った表示方法

大きさ：$\sqrt{a^2 + b^2} = A$，向き：$\tan^{-1}\dfrac{b}{a} = \theta$のとき

① 極座標表示その1：$\dot{A} = A \angle \theta$
② 極座標表示その2：$\dot{A} = A\,\mathrm{e}^{\mathrm{j}\theta}$

※表示方法が異なるが，どちらを使っても間違いではない．

さて，ベクトル図のポイントについて述べておこう．図1.1.1では，原点$(0, 0)$と(a, b)を結んだ矢印をベクトル$\dot{A}$として示したが，この矢印は，**図1.1.2**に示すようにどこに描いてもよい．"大きさ"と"向き"さえ同じであれば，どこにでも移動することができる．どこに描くかはその人のセンス次第である．

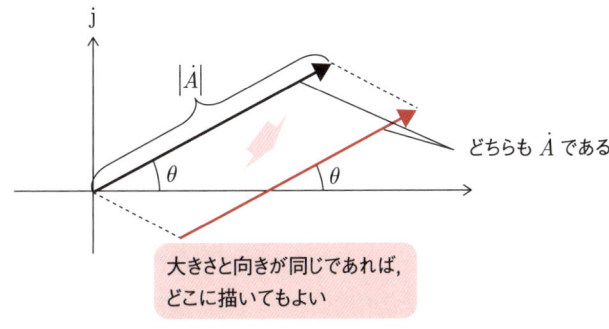

図1.1.2 ベクトルの移動

（2） ベクトル図上で四則演算をしよう

ベクトル図を使えば，複素数の四則演算について，図上で答えを導き出すことができる．ベクトルを使った複素数の和・差・積・商について，図を交えて簡単に説明する．

① ベクトルの和・差

ベクトル図を使った複素数の足し算の例を**図1.1.3**に示す．

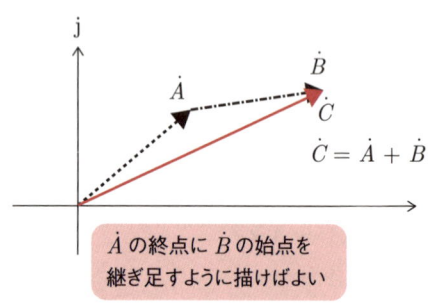

図1.1.3 ベクトルの和

ベクトル図における足し算は，感覚的に非常にわかりやすい．平面上でベクトル$\dot{A}$の終点にベクトル$\dot{B}$の始点が合うようベクトル図を描けば，$\dot{A}$と$\dot{B}$の和，$\dot{C}$の完成である．

これを式で表すと，

$$\dot{C} = \dot{A} + \dot{B}$$

また，式を変形すれば，

$$\dot{A} = \dot{C} - \dot{B}$$

となるから，すこし応用すれば，引き算も足し算同様，図上で表すことができる．

② ベクトルの積・商

複素数の掛け算や割り算は意外と面倒である．特にjの2乗が出てくると，$j^2 = -1$となって符号が入れ替わり，計算間違いをしやすい．一方，ベクトル図上で掛け算・割り算を図形的（視覚的）におこなう場合は，複素数をそのまま計算するよりわかりやすく，ケアレスミスを防止することができる．

1.1 ベクトル図ってなんだっけ

図**1.1.4**にベクトル図の例を示す．$\dot{A}$と$\dot{B}$の積である$\dot{C}$では，偏角に関して$\theta_C = \theta_A + \theta_B$が成り立ち，ベクトルの大きさに関して，$|\dot{C}| = |\dot{A}||\dot{B}|$が成り立つ．

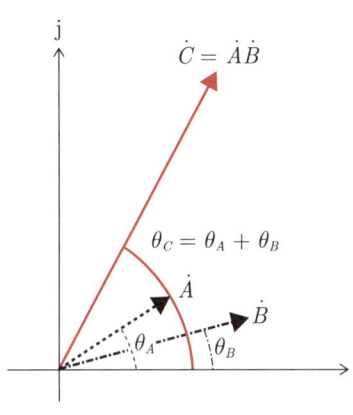

図1.1.4 ベクトルの積

これを数式展開を使って説明すると，次のようになる．"大きさ"と"向き"に注目して，$\dot{A}$と$\dot{B}$を次のように表す．

$$\dot{A} = A\angle\theta_A = |\dot{A}|\cos\theta_A + \mathrm{j}|\dot{A}|\sin\theta_A$$
$$\dot{B} = B\angle\theta_B = |\dot{B}|\cos\theta_B + \mathrm{j}|\dot{B}|\sin\theta_B$$

これを使って，$\dot{A}$と$\dot{B}$の積（$\dot{C}$）について計算すると，

$$\begin{aligned}\dot{C} &= \dot{A}\dot{B}\\ &= |\dot{A}||\dot{B}|\cos\theta_A\cos\theta_B - |\dot{A}||\dot{B}|\sin\theta_A\sin\theta_B\\ &\quad + \mathrm{j}|\dot{A}||\dot{B}|\sin\theta_A\cos\theta_B + \mathrm{j}|\dot{A}||\dot{B}|\cos\theta_A\sin\theta_B\\ &= |\dot{A}||\dot{B}|\cos(\theta_A + \theta_B) + \mathrm{j}|\dot{A}||\dot{B}|\sin(\theta_A + \theta_B)\\ &= AB\angle(\theta_A + \theta_B)\end{aligned}$$

となって，"向き"である偏角は和$\theta_C = \theta_A + \theta_B$，"大きさ"である絶対値は積$|\dot{C}| = |\dot{A}||\dot{B}|$の形となる．

なお，商（割り算）の場合はその逆で，$\dot{C}$を$\dot{A}$で割った答え$\dot{B}$は，$\theta_B = \theta_C - \theta_A$，$|\dot{B}| = |\dot{C}|/|\dot{A}|$となる．このように，複素数の積・商をおこなう場合は，数式で理解するよりも実際にベクトル図を描いたほうが断然早い．

一般的な説明はここまでにして，複素数の掛け算のなかでも，特に頻出する例について紹介しよう．$\dot{A} = a + \mathrm{j}b$と，$\dot{z} = \mathrm{j}$の積について考えると，$\dot{A}'$

$= \dot{A}\dot{z}$ は**図1.1.5**のように，おもしろい変化をする．
$$\dot{A}' = \dot{A}\dot{z} = (a + \mathrm{j}b)\mathrm{j} = -b + \mathrm{j}a$$
となるから，$\dot{A}'$ は $\dot{A}$ と大きさは同じで，向きを90°方向転換したものである．$\dot{A}'$ にさらにもう一度 $\dot{z}$ を掛けると
$$\dot{A}'' = \dot{A}'\dot{z} = (-b + \mathrm{j}a)\mathrm{j} = -a - \mathrm{j}b$$
となり，ベクトルはさらに90°方向転換する．

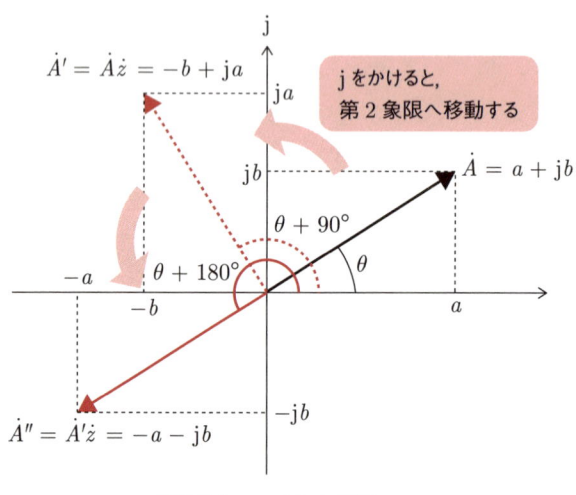

図1.1.5 ベクトルの積

　電気回路を扱う際，jを掛けるといった計算は頻出するため，この行為が図1.1.5のような変化になることを覚えておくとよいだろう．複素数計算をおこなうときやベクトル図を活用する際は，このような"イメージ"や"センス"といった感覚的な要素が大変重要になる．

　なお，ベクトルの掛け算というと，内積や外積を思い浮かべる方もいるだろう．しかし，今回の積はこれらとは全く性質の異なるものであるので，混同しないよう注意してほしい．

（3）フェーザ図とベクトル図の違い

　本書では，"ベクトル図"と用語を統一したが，近年では，交流電気回路におけるベクトル図を"フェーザ図"と呼ぶことが多くなってきた．これらの用語の使い分けについて，整理しておこう．

実は，用語の正確な使い方としては"ベクトル図"ではなく，"フェーザ図"と呼ぶほうが適切である．"フェーザ（phasor）"の語源は，"phase（位相）＋vector（ベクトル）"である．正弦波の実効値と位相を表現するものであり，まさに交流電気回路のためにつくられた用語といってもよい．一方，"ベクトル"とは，大きさと方向を有する空間的な物理量であり，電磁気学や力学など，さまざまな分野で使われるものである．

たとえば，力学におけるベクトル図では，"右向きの矢印"は"右方向に働く力"を示すものである．しかし，電気回路におけるベクトル図は，右向きの矢印があったからといって，右方向に電流が流れるわけではない．そのため，電気ベクトルは本来の"ベクトル"とは一線を画すものである．一方で，日本では，"電気ベクトル図"という呼称が広く普及しているのも事実である．用語にこだわるあまり，堅苦しくなってしまっては元も子もない．そのため，本書ではあえて"ベクトル図"で統一することとした．

1.2　電気回路とベクトル図の関係

ベクトル図を語るうえで避けて通れないのが，電気回路とベクトル図の関係性である．意外と抜けてしまいやすいポイントであるので気をつけてほしい．

本節では，電気回路とベクトル図の関係について解説した後に，ベクトル図を扱ううえで注意すべき基本的なポイントを2点述べる．

そもそも，交流電気回路は複雑でなかなか理解しづらいものであるが，ベクトル図を用いると簡単に扱うことができる．この二つの関係性をおさえ，ベクトル図の前提条件をきちんと理解しよう．

（1）　電圧・電流をベクトル図で表そう

交流回路における電圧や電流は，本来，時間とともに変化する正弦波状の波形である．たとえば電圧をe，電流をiとすれば，

$$e = \sqrt{2}E\sin(\omega t + \phi)\,[\text{V}], \quad i = \sqrt{2}I\sin(\omega t - \theta)\,[\text{A}]$$

のように，それぞれを三角関数で表すことができる．しかし，三角関数を使った計算は複雑で面倒である．足し算をするだけでも，このままでは苦労するだろう．そこで，それぞれの表現を簡略化し，簡単に計算するためのツール，"ベクトル図"を導き出そう．

はじめに，正弦波の特性に注目する．図1.2.1に示すように，正弦波はおもしろい習性をもっていて，同じ周波数の正弦波であれば，どんな位相や振幅だろうと，何回足し合わせても引いても，できあがる信号は同周波数の正弦波となる．

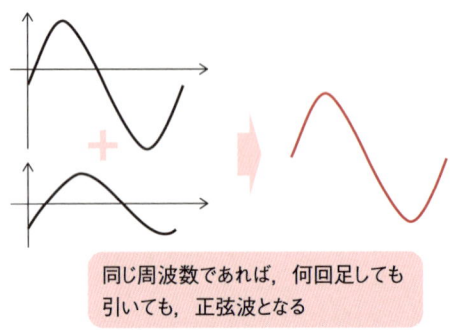

同じ周波数であれば，何回足しても引いても，正弦波となる

図1.2.1 正弦波の特性

また，正弦波に定数を掛けたり，時間微分や時間積分をしたりしても，結果はやはり同周波数の正弦波となる．これは，交流回路の電圧源が f [Hz] の正弦波であった場合，RLC 素子からなる回路の電圧および電流はすべて f [Hz] の正弦波となる，ということを示している．

そのため，先ほどの正弦波 $e = \sqrt{2}E\sin(\omega t + \phi)$ において，"$\sin \omega t$" の部分はすべての電圧・電流に共通する項であり，無視することができる．正弦波を区別するためには，振幅 E と位相 ϕ の二つの要素だけを抽出すれば十分である．つまり，$e = \sqrt{2}E\sin(\omega t + \phi)$ という正弦波において，ほかの項目については無視し，E と ϕ だけに注目すればよいということである．

$$e = \sqrt{2}\,E\sin(\omega t + \phi)$$

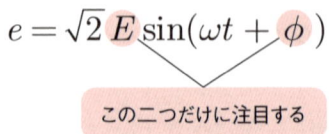

この二つだけに注目する

図1.2.2 電圧・電流の正弦波における注目ポイント

この二つの注目ポイントを，"大きさ" と "向き" に対応させたものがベクトル図である．今回の例では，位相 ϕ をベクトル平面図における偏角 ϕ に，振幅 E をベクトルの大きさ E に対応させればよい．

1.2 電気回路とベクトル図の関係

図1.2.3に，電圧 $e = \sqrt{2}E\sin(\omega t + \phi)$，電流 $i = \sqrt{2}I\sin(\omega t - \theta)$ を，それぞれベクトル図上の $\dot{E}$，$\dot{I}$ に変換する様子を示す．

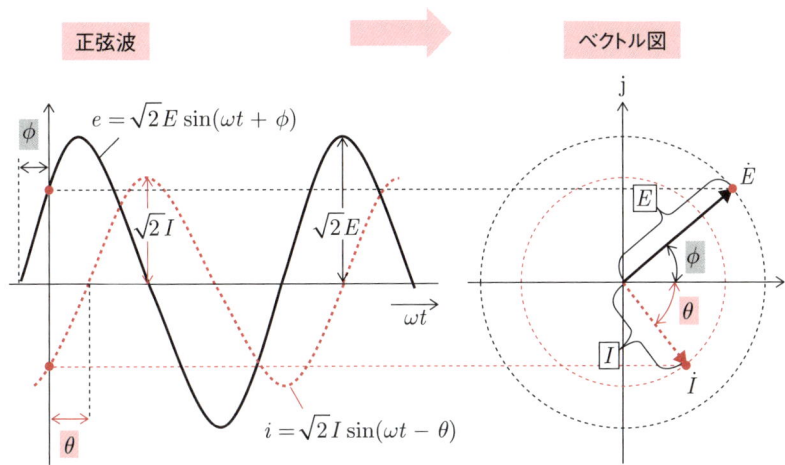

図1.2.3 正弦波のベクトル変換

電圧 $e = \sqrt{2}E\sin(\omega t + \phi)$ は，ベクトル図では，
$$\dot{E} = E\angle\phi = |\dot{E}|\cos\phi + \mathrm{j}|\dot{E}|\sin\phi$$
となる．電流 $i = \sqrt{2}I\sin(\omega t - \theta)$ も同様にして，
$$\dot{I} = I\angle-\theta = |\dot{I}|\cos(-\theta) + \mathrm{j}|\dot{I}|\sin(-\theta)$$

と表される．

（2）素子の大きさをベクトル図で表そう

交流回路では電圧や電流だけでなく，コイル素子やコンデンサ素子などの素子の大きさも複素数化し"インピーダンス"と呼ぶ．インピーダンス $\dot{Z}$ を使うと，交流正弦波回路における電圧 $\dot{E}$ と電流 $\dot{I}$ には，次の関係がある．

$$\dot{E} = \dot{I}\dot{Z}$$

逆にいえば，この式が成り立つように設定したものが，インピーダンス $\dot{Z}$ である．周波数 $f\,[\mathrm{Hz}]$，角速度 $\omega = 2\pi f\,[\mathrm{rad/s}]$ の交流回路において，各素子のインピーダンスは次のようになる．

◎コイル素子のインピーダンス：$\dot{Z}_L = \mathrm{j}2\pi fL = \mathrm{j}\omega L\,[\Omega]$
　（L：自己インダクタンス[H]）

◎コンデンサ素子のインピーダンス：$\dot{Z}_C = \dfrac{1}{\text{j}\,2\pi fC} = \dfrac{1}{\text{j}\,\omega C} = -\text{j}\dfrac{1}{\omega C}\,[\Omega]$

　（C：静電容量[F]）

◎抵抗素子のインピーダンス：$\dot{Z}_R = R\,[\Omega]$

　（R：抵抗値[Ω]）

これらをベクトル図にすると，**図1.2.4**のようになる．

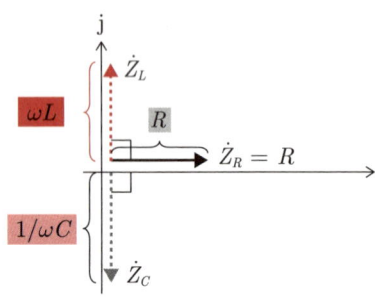

図1.2.4　インピーダンスベクトル図の例

　抵抗素子のインピーダンスは，抵抗値そのものとなり，理解しやすいだろう．コイル素子とコンデンサ素子のインピーダンスは，正負の虚数であるから，偏角は90°，互いに逆向きのベクトルとなる．それぞれの大きさには係数としてωが入ってくるから，回路の周波数が変動する場合はそれぞれのインピーダンス値は変動することがわかる．

　これがインピーダンスベクトルの基本である．このように，インピーダンスを使うことによって，さまざまな素子の大きさを図に示すことができる．

　なお，交流回路では，インピーダンス以外にも"〜ダンス"や"〜タンス"といった用語が多く出現する．こういった用語のややこしさが，交流回路を取っつきにくくしている元凶の一つとも思われるので，参考までに**表1.2.1**に整理する．混同しがちな方は整理しておくとよいだろう．

1.2 電気回路とベクトル図の関係

表1.2.1 交流回路における用語の整理

名　称	単　位	記号	意　味
インピーダンス	[Ω]	$\dot{Z}$	前述のとおり（複素数）
リアクタンス		X	インピーダンスの虚数成分
レジスタンス		R	インピーダンスの実数成分（抵抗成分と呼ぶこともある）
インダクタンス	[H]	L	コイルの誘導性
キャパシタンス	[F]	C	コンデンサの静電容量
アドミタンス	[1/Ω]	$\dot{Y}$	インピーダンスの逆数（複素数）
サセプタンス		B	アドミタンスの虚数成分
コンダクタンス		G	アドミタンスの実数成分

（3） R回路，L回路，C回路のベクトル図

さて，具体的に交流回路のモデルを使って，"ベクトル図"のイメージをつかんでおこう．

① R回路のベクトル図

角周波数ωで一定に振動する交流電源電圧$e = \sqrt{2}E\sin\omega t$に，$R$素子（抵抗器）を接続した回路を考える．$\dot{E}$を基準にすれば，そのベクトル図は**図1.2.5**のようになる．

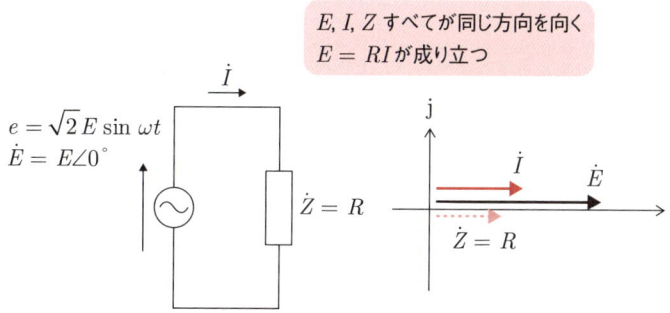

図1.2.5 R回路のベクトル図の例

図のように，R回路では$\dot{E}$，$\dot{I}$，$\dot{Z}$はすべて同じ方向を向く．その関係は

$$\dot{E} = \dot{I}\dot{Z} = R\dot{I}$$

が成り立つから，ベクトルの大きさに注目すれば，
$$|\dot{E}| = R|\dot{I}|$$

さて，図1.2.5を使って，瞬時値を使った計算，ベクトルを使った計算のどちらも結果が等しいことを確認しよう．

まず，瞬時値を使った計算で，回路に流れる電流iを求めると次のようになる．

交流回路であっても，瞬時値ではオームの法則が成り立つので，
$$i = \frac{e}{R} = \frac{\sqrt{2}E\sin\omega t}{R} = \sqrt{2}\frac{E}{R}\sin\omega t$$

一方，ベクトルを使って求めれば，$\dot{E} = \dot{I}\dot{Z}$が成り立つので，
$$\dot{I} = \frac{\dot{E}}{\dot{Z}} = \frac{E}{R}\angle 0°$$

ベクトル$\dot{I}$を瞬時値iに変換し，
$$i = \sqrt{2}\frac{E}{R}\sin\omega t$$

となる．よって，瞬時値，ベクトル，どちらを使っても同じ結果となる．

② L回路のベクトル図

次に，交流電源にL素子（コイル）をつないだ回路を考える．$\dot{E}$を基準にすれば，そのベクトル図は**図1.2.6**のようになる．

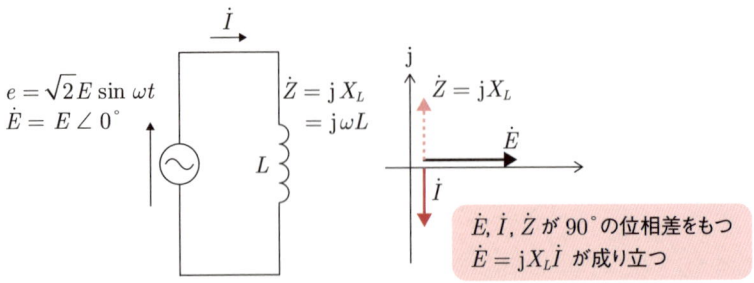

図1.2.6　L回路のベクトル図

このようにL回路では，$\dot{E}$，$\dot{I}$，$\dot{Z}$はそれぞれ90°位相差をもち，バラバラの方向を向く．L回路では，電流が電圧に対して90°遅れ，電流ベクトルは下方向を向く矢印になる，ということを覚えておくとよい．

1.2 電気回路とベクトル図の関係

さて，念のため，瞬時値による計算とベクトルによる計算を確認しておこう．図1.2.6において，回路に流れる瞬時電流 i を数式で求めると，次のようになる．

自己インダクタンス L を使って，コイルの誘導起電力を表すと，

$$e = \sqrt{2}E\sin\omega t = L\frac{di}{dt}$$

が成り立つ．両辺を t で積分すれば，

$$\int \sqrt{2}E\sin\omega t\, dt = \frac{\sqrt{2}E\sin(\omega t - \pi/2) + C}{\omega} = Li$$

ここで，電流 i は正弦波となるので，$C=0$ となり，以下の解を得る．

$$i = \frac{\sqrt{2}E\sin(\omega t - \pi/2)}{\omega L}$$

一方，ベクトルを使って，同じように電流を求めると，次のようになる．

$$\dot{I} = \frac{\dot{E}}{j\omega L} = -j\frac{\dot{E}}{\omega L}$$

これを瞬時値に変換すると，

$$i = \frac{\sqrt{2}E}{\omega L}\sin(\omega t - \pi/2)$$

となり，積分計算を経ることなく簡単に解を得ることができる．この計算の容易さが，交流回路にベクトル（複素数）を導入する利点である．

③ C 回路のベクトル図

次に，C 素子を回路につないだ場合の例について考えよう．$\dot{E}$ を基準にすれば，ベクトル図は，**図1.2.7**のようになる．

C 回路でも L 回路同様，$\dot{E}$, $\dot{I}$, $\dot{Z}$ はそれぞれ90°位相差をもち，バラバラの方向を向く．今回の場合は，L 回路とは逆に，電流が電圧に対して90°進む．

C 回路では，電流ベクトルは上方向を向く矢印となる，ということを覚えておくとよい．

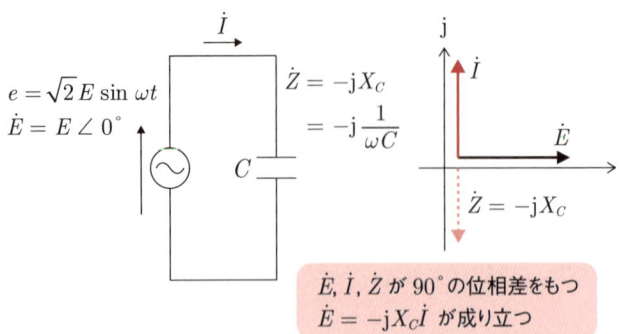

図1.2.7 C 回路のベクトル図

（4）ベクトル図の注意点その1 〜"進み"と"遅れ"〜

ベクトル図では，"進み"や"遅れ"といった用語が頻出する．基本的事項ではあるが，非常に重要であるので，ここで正しく確認しておこう．

たとえば，**図1.2.8**のベクトル図は，電流 $\dot{I}$ が電圧 $\dot{E}$ に対して"進み"にある状態を示す．この図では電流ベクトル $\dot{I}$ が，電圧ベクトル $\dot{E}$ に比べて上向きであるが，このようにベクトルの向きが，より上向きであれば"進み"である．

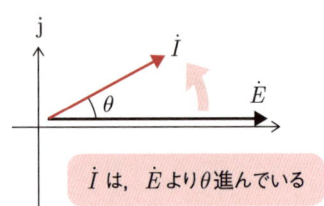

図1.2.8 電流 $\dot{I}$ が進んでいる場合のベクトル図の例

一方，**図1.2.9**は，電流 $\dot{I}$ が，電圧 $\dot{E}$ に対して θ "遅れ"にある状態を示すベクトル図である．電流 $\dot{I}$ が $\dot{E}$ よりも下向きであることがわかるだろうか．

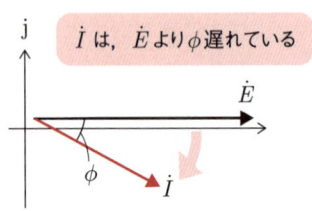

図1.2.9 電流 $\dot{I}$ が遅れている場合のベクトル図の例

ベクトルの向きが，より下向きであれば"遅れ"である．ちなみに，図1.2.9は電圧ベクトル$\dot{E}$が電流ベクトル$\dot{I}$に対してθ"進み"にある，ととらえることもできる．

電圧ベクトルや電流ベクトルをベクトル図に示したとき，反時計回り方向（上方向）は"進み"，時計回り方向（下方向）は"遅れ"を示す，と覚えておくとよい．

なお，進み・遅れを考える際に，注意すべき点が二つある．

1. "進み""遅れ"とは，相対的な指標である．
2. "進み""遅れ"とは，電圧・電流ベクトルに対する指標である．

一つ目の注意点は，進み・遅れは相対的な指標であるということだ．これらは，二つの偏角を比べてどちらの偏角が大きいかを表した指標であり，対象ベクトルと基準ベクトル，二つのベクトルを比較しなくてはならない．

たとえば，**図1.2.10**に示した$\dot{I}_A$は上向きのベクトルだが，$\dot{I}_B$に比べれば"遅れ"にある．このように，進み・遅れを考える場合は，対象のベクトルだけでなく，基準となるベクトルにも目を向けなければならない．

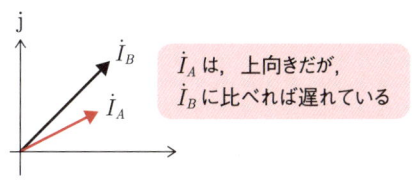

図1.2.10 進み・遅れの比較

なお，すでに述べたように，ベクトル図を描くとき，矢印の始点はどこにとってもよい．そのため，ベクトルの始点が重ならない場合は，位相の関係がわかりにくいときもあるだろう．こういったときは，**図1.2.11**のように二つのベクトルを移動し，重ねて比較するとよい．

二つ目の注意点は，これら進み・遅れの対象は，電圧・電流ベクトルであるということだ．

交流回路には，電圧や電流以外にも，インピーダンスや電力などのベクトルが存在する．電圧・電流ベクトルは，一定周波数で振動する正弦波である

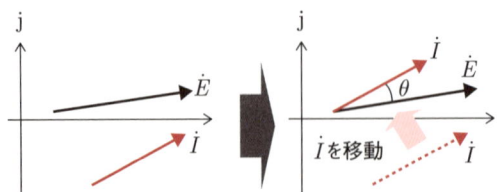

図1.2.11　ベクトルの比較方法

から，進み・遅れといった位相差を表す指標が当てはまるが，インピーダンスや電力には当てはまらない．同じ複素数であっても，インピーダンスや電力は全く別次元のものであることを忘れないようにしてほしい．

詳しくは2章で述べるが，交流電力では"進み無効電力"，"遅れ無効電力"といった言葉をよく用いる．これは，電圧・電流などにおける進み・遅れと違い，位相差を表すものではない．言葉が似ているものの，別次元の用語であるので，混同しないよう注意してほしい．そもそも，電力ベクトルはほかのベクトルと同じ座標平面上に描くことはない．それは，電力ベクトルの性質がほかとはきわめて異なるためである．

なお，一般的に電力ベクトルでは，虚数成分が正のときに"遅れ無効電力"を示す．そのため，図1.2.12のように，電力ベクトルが第1象限にあるときは"遅れ無効電力"であり，第4象限にあるときは"進み無効電力"である．電圧・電流ベクトルにおける進み・遅れとは逆向きになるので注意が必要である．

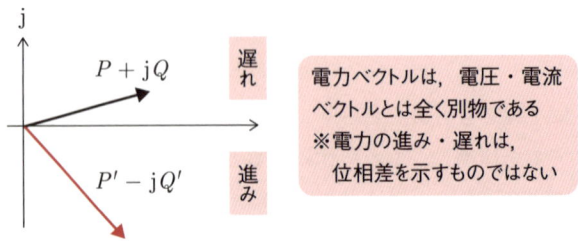

図1.2.12　電力ベクトルにおける"進み""遅れ"

（5） ベクトル図の注意点その2 ～電圧・電流の流れる向き～

直流回路では，電流は＋極から－極へと流れる．一方，交流回路では，電圧や電流は0を中心に振幅する波形となり，流れる向きが明確ではない．たとえば「電流が回路を右回りに回る」としてもよいし，同じ回路でも「左回りに回る」としてもよい．そこで，電圧や電流の流れる向きに関するルールについて確認しておこう．

先に結論をいってしまうと，交流回路には暗黙のルールがあり，電源電圧は電流と同じ向き，素子にかかる逆起電力は電流と逆向き，とするのが原則である．そして，それ以外は自由である．**図1.2.13**に，回路とベクトル図の例を示す．

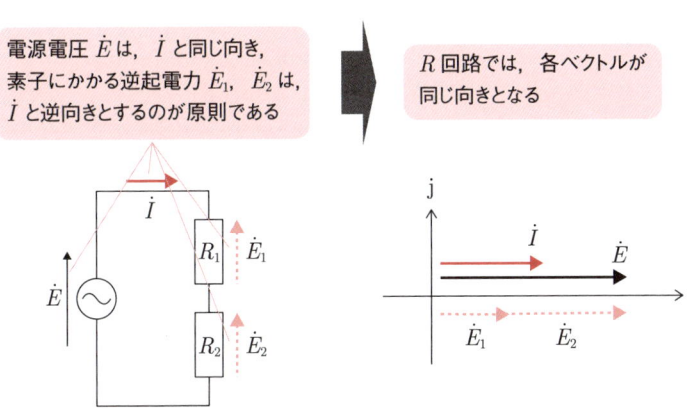

図1.2.13 電圧・電流の向きの決め方

これは，ベクトル図にかぎらず，交流電気回路を学ぶうえで最初におさえておかねばならない事項であるので，必ず覚えておいてほしい．なお，素子にかかる電圧は，電流と逆向きに発生することから"逆起電力"と呼ばれる．

参考に，あえて原則から外れた向きに電圧・電流をとった場合のベクトル図を**図1.2.14**に示す．

図1.2.14は，原則からは外れているものの，物理的に間違いがあるというわけではない．しかし，このときベクトル図はいつもの見慣れた図とは大きく異なる様相を示すため，混乱や間違いが生じやすいだろう．

ベクトル図は，回路を視覚的にとらえるためのツールであるから，"経験"や"慣れ"を生かすことが重要である．そのためには，電圧や電流をいつも

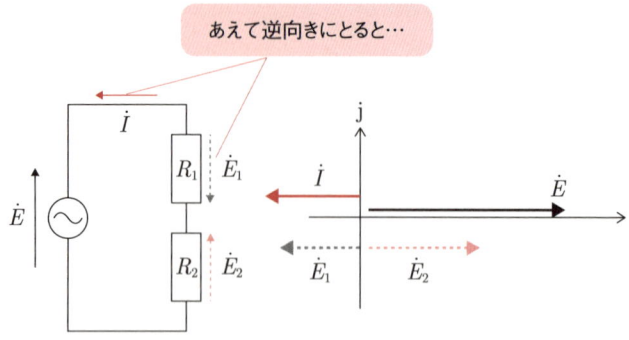

図1.2.14 原則に背いて電圧・電流の向きを決めた場合

同じ向きにしておくほうが理解しやすい．できるだけ原則にならうことをお勧めする．

1.3 いろんな回路のベクトル図を描いてみよう

ここまで，ベクトル図と交流回路における基本的な事項を復習した．ここからは，さまざまな交流回路におけるベクトル図の描き方，ポイントなど，実戦的な話に移ろうと思う．

繰返しになるが，ベクトル図は自分で描いてみることが重要である．描けば描くほどコツがつかめてくるので，ぜひ実際に手を動かしてみてほしい．

（1） RL 直列回路のベクトル図の例

図1.3.1に RL 直列回路を示す．電源は100 Vの交流電源で $R = 10\ \Omega$ の抵抗素子と $j\omega L = j15\ \Omega$ のリアクタンス素子が直列に接続された回路である．

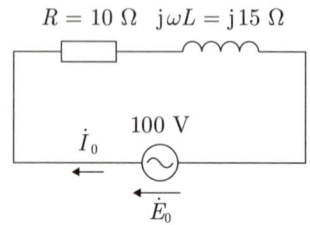

図1.3.1 RL 直列回路

こういった回路をみると，すぐに計算を始めてはいないだろうか．ちょっと待ってほしい．複素数の計算は厄介である．特に回路が複雑になってくると，符号や単位を間違えるなど，つまらない計算ミスをしがちである．計算する前にまずベクトル図を描けば，大体の数値感や位相角などの見当をつけることができ，これらの間違いを防ぐことができる．ぜひ，計算の前にベクトル図を描く癖をつけていただきたい．

実際にベクトル図を描くためには，基準となる電圧もしくは電流ベクトルを決める必要がある．何を基準にしても間違いではないが，一般的には，電源電圧を基準にしたベクトル図を用いることが多いので，これに慣れておくとよい．電源電圧$\dot{E}_0$を基準とした場合のベクトル図の描き方の例を**図1.3.2**に示す．

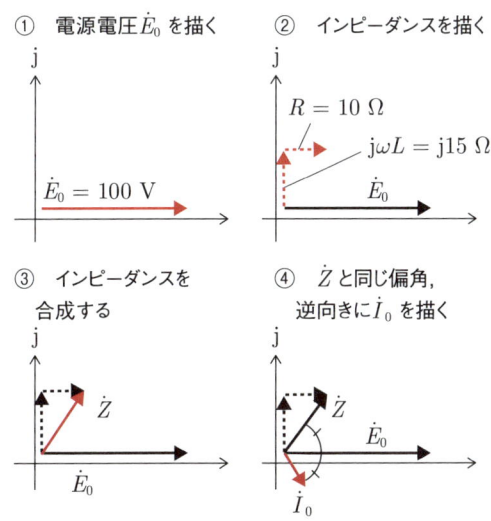

図1.3.2 RL直列回路のベクトル図

① 実数軸と虚数軸を描き，横軸に沿って，電源電圧$\dot{E}_0$を描く
② 抵抗素子，コイル素子に該当するインピーダンスベクトルを描く
③ 抵抗素子とコイル素子，二つのベクトルをつなぎ合わせるようにすれば，合成インピーダンス$\dot{Z} = R + \mathrm{j}\omega L$となる
④ 合成インピーダンス$\dot{Z}$の偏角と同じで，逆向きになるようにベクトルを描けば電流ベクトル$\dot{I}_0$となる

こうして，電流 $\dot{I}_0$ を含めた，回路全体のベクトル図ができあがる．図1.3.2 のベクトル図からは，多くの情報を読みとることができる．たとえば次のような点を読みとってみてほしい．

●図1.3.2のベクトル図からわかること（例）
・電流 $\dot{I}_0$ が下向きであるから，電流は電圧に比べて遅れ位相である．
・電流 $\dot{I}_0$ の虚数成分は負となる．
・合成インピーダンス $\dot{Z}$ の大きさは正確にはわからないが，20 Ω程度である．よって，電流 $\dot{I}_0$ の大きさは，100/20 = 5 A程度となる．

ベクトル図を描くときのポイントは，細かいことを気にしないことである．一つのベクトル図に，電圧や電流・インピーダンスなど，さまざまな種類のベクトルを描いてしまっても全く問題ないし，大きさの比率や，関係性など，細かいことはいちいち確認しなくてよい．とにかく，描くことが重要なのである．

たとえば，図1.3.2 の最後の過程において，$\dot{I}_0$ は，解が求まっていないから，その"大きさ"がどの程度になるかわからない．しかし，だからといって，先に複素数を使った計算をして，解を求めてからベクトル図を描き始めるのは本末転倒である．つまり，「どのくらい矢印を伸ばせばよいか正確にはわからないが，とりあえず描いてしまう」ということが必要になる．

また，ベクトルの種類や単位が混在するため，縮尺の面で困ることもあるだろう．たとえば400 V の回路に対して，1 Ω の抵抗素子を接続する場合，ベクトルを400：1の大きさで図上に描くのはあまり現実的ではないし，たとえば，「200 Vが1 Ωに該当するように比率を考えて……」などとやっていたら嫌になってしまう．そもそも，ベクトル図を描く目的は，正確な作図ではなくイメージをつかむことである．縮尺や角度など細かいことは気にせず，大ざっぱでよいからとにかくまずは図を描いて，大局を理解してほしい．

（2） **RLC直並列回路のベクトル図の例**

次に，もう少し複雑な回路のベクトル図を描いてみよう．**図1.3.3** に直列部と並列部を含んだ RLC 回路を示す．電源は100 V の交流電源であり，$R =$

1.3 いろんな回路のベクトル図を描いてみよう

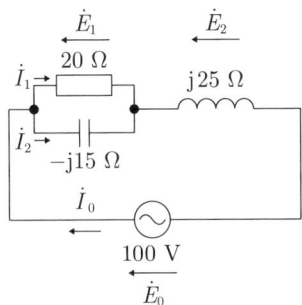

図1.3.3 *RLC*回路のモデル

10 Ωの抵抗素子と，$j\omega L = j25\ \Omega$，$\dfrac{1}{j\omega C} = -j15\ \Omega$のリアクタンス素子を接続したモデルである．

このモデル回路は，直列部と並列部をともに含むため，回路全体の電圧と電流の関係についてベクトル図を描くには工夫が必要である．一例として，並列回路部の電圧$\dot{E}_1$からベクトル図を描き始めてみよう（**図1.3.4**）．

① 実数軸と虚数軸を描き，並列部の電圧$\dot{E}_1$を横軸に沿って描く
② 抵抗素子に流れる電流$\dot{I}_1$が，$\dot{E}_1$と同位相であることを利用して，$\dot{I}_1$と$\dot{I}_2$を描く
③ $\dot{I}_1$と$\dot{I}_2$を合成すると$\dot{I}_0$となる
④ $\dot{E}_2$を，$\dot{I}_0$に対して90°進むように描く
⑤ $\dot{E}_1$と$\dot{E}_2$を足し合わせると電源電圧$\dot{E}_0$となる

この場合，最初に描くはずの$|\dot{E}_1|$が何ボルトかわからないまま描き始めることになり，若干イメージがつかみにくい．

また，図1.3.4に示したとおり，$\dot{E}_2$の大きさについても探り探りで描かなくてはならず，いまいちである．そもそも，電源電圧を基準にしたベクトル図の描き方ではないため，完成後もそれらの因果関係がわかりづらい．つまりこの例は，ベクトル図を描くために，細かな計算をしたり勘を働かせて先読みしながらベクトルを描かなければならず，あまりよいベクトル図の描き方でない．

こうした直列部と並列部を含む回路でベクトル図を描く場合，大きく活躍するのが，次項に述べる並列インピーダンスの合成テクニックである．

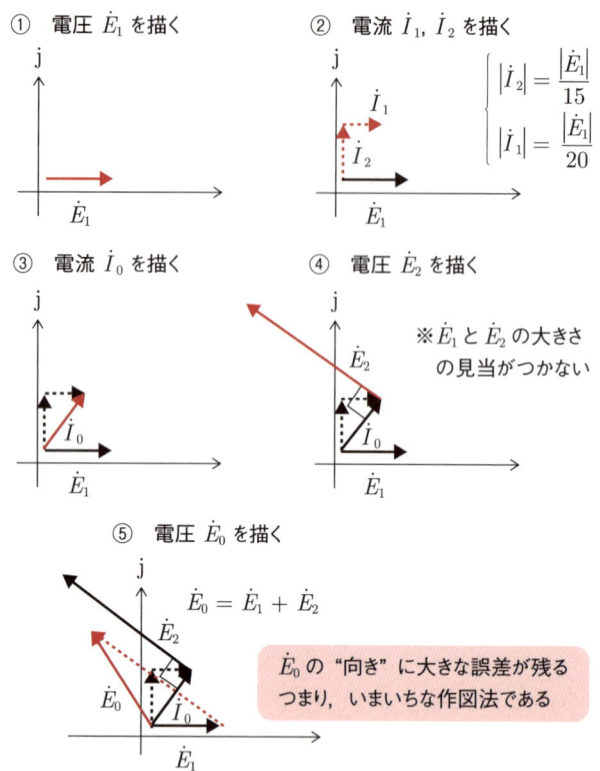

図1.3.4 並列回路部の電圧を基準としたベクトル図の描き方

（3） 並列回路のインピーダンスを合成しよう

　直列部と並列部が混ざった複雑な回路において，簡単にベクトル図を描くため，並列回路のインピーダンスをベクトル図上で合成する作図方法を紹介する．

　図1.3.5に示すのは，インピーダンス$\dot{A}$とインピーダンス$\dot{B}$を並列に接続した場合の合成インピーダンス$\dot{C}$を作図で導き出す様子である．

　作図手順は非常に簡単で，円を二つ描いて交点を結ぶだけである．手順を以下に示す．

① 合成したいベクトル（ここでは$\dot{A}$と$\dot{B}$）を，原点を始点として描く
② 原点と$\dot{A}$の終点を通り，$\dot{B}$に接する円（円1）を描く
③ 原点と$\dot{B}$の終点を通り，$\dot{A}$と接する円（円2）を描く

1.3 いろんな回路のベクトル図を描いてみよう

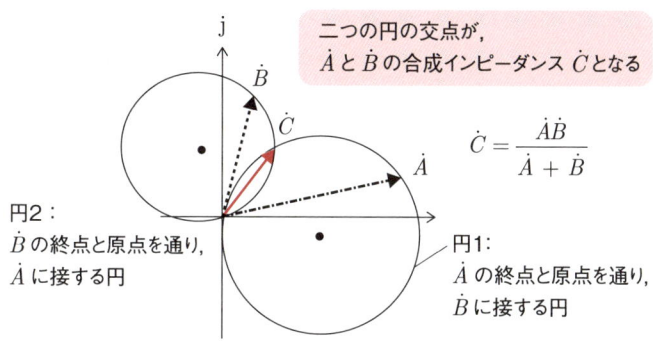

図1.3.5 並列インピーダンスの作図

 ④ 原点と円の交点を結んでできた $\dot{C}$ が，$\dot{A}$ と $\dot{B}$ の並列インピーダンスを示すベクトルとなる．

　数学的考察については割愛するが，図上の $\dot{A}$ と $\dot{B}$ と $\dot{C}$ には，次の関係があり，これはインピーダンスにかぎらず，すべての複素数において適用可能である．

$$\dot{C} = \frac{\dot{A}\dot{B}}{\dot{A}+\dot{B}}$$

　この作図法は簡単なうえ，機械的作業のみで完成するため，非常に有用である．計算や場合分けをする必要がなく，作図にありがちな，"先読み"や"勘"を働かせるといったあいまいなものもない．

　なお，偏角が等しいベクトルの合成をおこなう場合は，円を描くことができず作図が不可能である．しかし，そもそも偏角が等しければ，複雑な計算をしなくても合成値がすぐにわかるし，イメージも容易であるので，図上での作図は不要だろう．

　さて，この作図方法を用いて，先に示した図1.3.3のモデルについてインピーダンスベクトル図を描いてみよう（**図1.3.6**）．

 ① 実数軸と虚数軸を描き，原点を始点として，並列部素子（抵抗とコンデンサ）のインピーダンスを描く
 ② 原点とベクトルの終点を直径とする円をそれぞれ描く
 ③ 円の交点を終点とし，並列部の合成インピーダンス $\dot{Z}_1$ を描く
 ④ 直列部のコイル素子を足して，全体のインピーダンス $\dot{Z}_0$ を描く

　今回のように，並列部の二つの要素が直交する場合は，非常に簡単である．手順③をみればわかるように，合成インピーダンス $\dot{Z}_1$ を作図するためには，

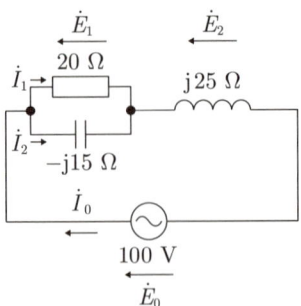

図1.3.3（再掲） RLC 回路のモデル

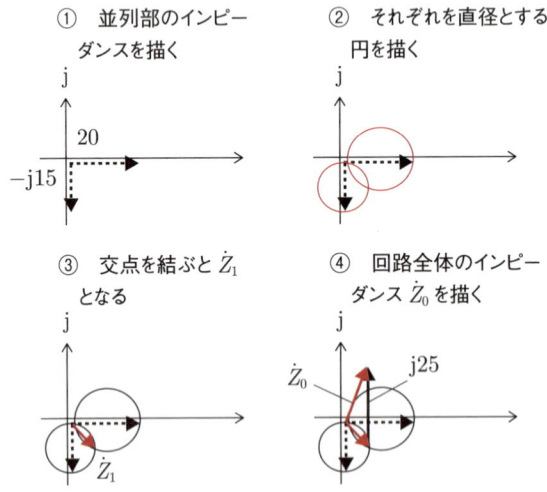

図1.3.6 RLC 回路のインピーダンスベクトル図

それぞれを直径とする円を描いて結べばよい．もちろん，コンパスを使わなければ，作図によって正確な数字をはじき出すのは困難だが，たとえフリーハンドであっても，大体の数値感をつかむことは十分できるだろう．

複素数計算は，ケアレスミスをしやすい．たとえば，今回の例において計算を使って合成インピーダンス $\dot{Z}_0$ を求めようとすると，次のような式を解かなければならない．

$$\dot{Z}_0 = \dot{Z}_1 + j25$$
$$= \frac{20 \times (-j15)}{20 - j15} + j25$$

$$= \frac{-\mathrm{j}300 \times (20 + \mathrm{j}15)}{20^2 + 15^2} + \mathrm{j}25 = \cdots\cdots$$

いかにもケアレスミスをしそうな数式ではないだろうか．分母の有理化や通分，符号の取扱いなど，計算ミスが生じやすいポイントが多くある．

そこで，事前に図1.3.6の作図により$\dot{Z}_0$の大体の"数値感"をつかんでおけば，もし数式展開において間違いがあったとしてもすぐに気づくことができる．センスある技術者こそ，解に見当をつけてから解き始めるものである．

（4） インピーダンスベクトル図を活用しよう

さて，続いてインピーダンスベクトル図の活用方法について紹介しておこう．直並列回路においては，図1.3.5の作図法によりインピーダンスを合成し，インピーダンスベクトル図を描くことができる．インピーダンスベクトル図が描けてしまえば，ほかのベクトル図を描くのは簡単である．

たとえば，図1.3.3の回路において，各素子にかかる電圧のベクトル図を描きたいときは，**図1.3.7**のように描けばよい．

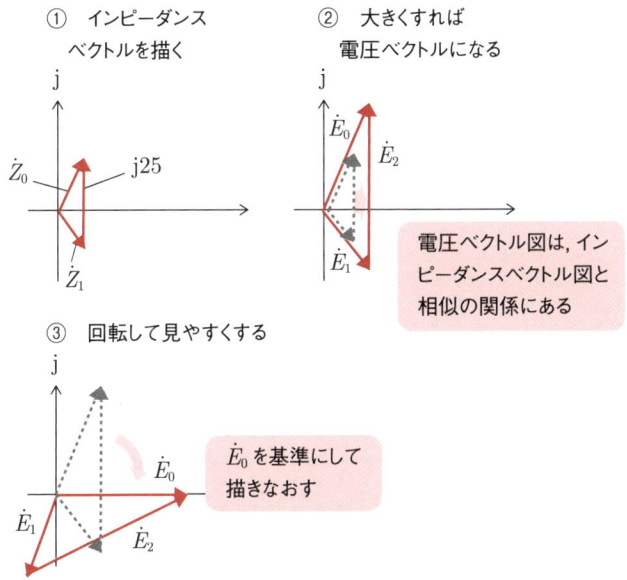

図1.3.7 インピーダンスベクトル図の活用その1（電圧ベクトル図への変形）

① 各素子のインピーダンスベクトルを描く　（図1.3.6の作図参照）
② 各素子の電圧ベクトル $\dot{E}_0$, $\dot{E}_1$, $\dot{E}_2$ が示す関係は，インピーダンスベクトル図と相似となる
③ 回転すれば，電源電圧 $\dot{E}_0$ を基準にしたベクトル図になる

　このように，各素子の電圧ベクトル図は，インピーダンスベクトル図と相似の関係となる．そのため，すこし大きさを変えて回転するだけで，なじみのある電圧ベクトル図に変形することができる．電圧ベクトル図を描くことで，各素子にかかる電圧の大きさや位相の関係が一目でわかる．使う場面は多くあるだろう．

　なお，図の変形について，理論的な面から補足しておこう．図1.3.7の②において，基準ベクトルは $\dot{I}_0$ である．つまり，電圧電源に流れる電流 $\dot{I}_0$ を基準にすると，インピーダンスベクトル図は，電圧ベクトル図と同じ外形（相似）となる．また，図1.3.7の③は，$\dot{E}_0$ を基準とした図である．②から③へは，基準となるベクトルを変えただけであるから全体を回転すればよく，各ベクトルの大きさや相対的な関係に変化はない．

　次に，インピーダンスベクトルを使って電源部のベクトル図を描く方法を示す．ベクトル図は**図1.3.8**のようになる．

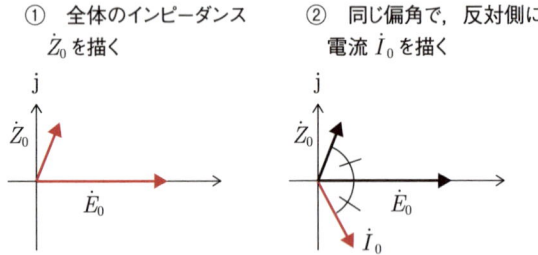

図1.3.8　インピーダンスベクトル図の活用その2（電源部のベクトル図）

① 電源電圧 $\dot{E}_0$ と，回路全体のインピーダンス $\dot{Z}_0$ を描く
② $\dot{Z}_0$ と同じ偏角で，反対向きに電流 $\dot{I}_0$ を描く

　電源部のベクトル図を描くと，回路全体の応答をつかむことができる．そのため，こういったベクトル図を描く機会も多くあるはずである．

　このように，インピーダンスベクトル図が描ければ，それをもとにほかのベクトル図に変形することは容易である．特に，回路に直列部と並列部が混

在する複雑な回路の場合は，(3)で述べた，円を使った作図法によってインピーダンスベクトル図を描き，その後，ほかのベクトル図に変形するとよい．有効に活用してほしい．

1.4 円円対応を使ってベクトル軌跡を使いこなそう

　本節では，"ベクトル軌跡"について述べる．ベクトル軌跡とは，名のとおり，ベクトルの軌跡を示したものである．

　実際の電気回路では，回路上に可変要素もしくは未知の要素があることが多い．電源電圧の大きさが変化することもあれば，素子の大きさが変化することもあるだろう．このような変化に対応した応答を図示するのに活躍するのが，"ベクトル軌跡"である．

　実は，ベクトル軌跡にこそベクトル図を使うメリットがある．複素数を使った数式展開ではいまいちわかりにくい方程式を，ベクトル軌跡として図に示すことにより，可変要素の変化を目でとらえることができるのである．

　回路上の抵抗素子Rのインピーダンスが大きくなれば，回路に流れる電流は小さくなり，やがてゼロになることが多い．しかし，ほかにも多くの条件がある複雑な回路では，逆に電流が大きくなることもあるし，途中で極大値をとることもある．こういった複雑な現象を視覚化することができれば，回路応答について明快にイメージすることができる．複雑な回路になればなるほど，ベクトル軌跡による視覚化の効果は大きく，使う場面も増えてくる．

　本節では，ベクトル軌跡の基本について述べた後，円を描くベクトル軌跡について紹介する．その後，ベクトル軌跡の変形について解説し，"円円対応"と呼ばれる定理について述べる．若干ややこしいかもしれないが，大切なのは結論である．結論をきちんと理解し活用方法をおさえていただきたい．

(1)　ベクトル軌跡とは

　ベクトル軌跡とはどういったものだろうか．**図1.4.1**のモデルを使って考えよう．図1.4.1に示すのは，抵抗とコイルを直列に接続し，コイルのインピーダンスを可変とした場合のモデル回路である．

　"コイルインピーダンスが可変"というのは，たとえば，電源周波数が変化するときなどに起きる事象である．電源の周波数が変化する場合，抵抗イン

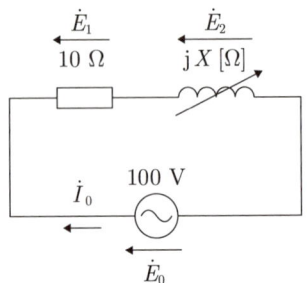

図1.4.1 コイルインピーダンスが変化する場合のモデル

ピーダンスは変化せず，コイルインピーダンスのみが変化することになる．

このとき，ベクトル図はどのように変化するだろうか．回路全体のインピーダンスベクトル $\dot{Z}$ について考えれば，

$$\dot{Z} = 10 + jX$$

であるから，ベクトルの始点を原点とすればその軌跡は**図1.4.2**のようになる．このように，ベクトルの終点の軌跡を"ベクトル軌跡"と呼ぶ．

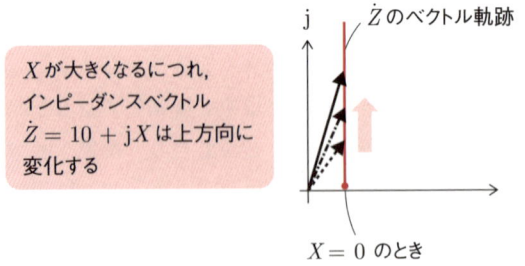

図1.4.2 $\dot{Z}$ のベクトル軌跡

さて，このとき電圧や電流ベクトルはどうなるだろうか．

電源電圧 $\dot{E}_0$ は，コイルインピーダンスが変化しても変わらず，$\dot{E}_0 = 100$ V である．電圧 $\dot{E}_1$ および $\dot{E}_2$ は，コイルインピーダンスの変化とともに変化するが，$\dot{E}_0 = 100 = \dot{E}_1 + \dot{E}_2$ であり，その位相は直交の関係にある．そのため，電圧 $\dot{E}_1$ のベクトル軌跡は，**図1.4.3**のように半円状の軌跡を描く．

試しに $X = 0$ のときを考えれば，$\dot{E}_1 = \dot{E}_0 = 100$ V である．逆に X が大きくなって $X \to \infty$ となれば，$\dot{E}_1 = 0$ V となる．$\dot{E}_0$ を直径とした円弧状の軌跡となることがわかるだろう．

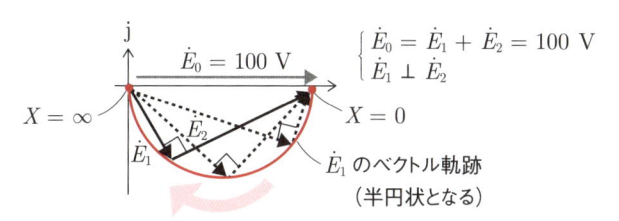

1.4 円円対応を使ってベクトル軌跡を使いこなそう

$$\begin{cases} \dot{E}_0 = \dot{E}_1 + \dot{E}_2 = 100 \text{ V} \\ \dot{E}_1 \perp \dot{E}_2 \end{cases}$$

$\dot{E}_1$ は，X の増加とともに円弧の下半分を左側に推移する

図1.4.3 $\dot{E}_1$ のベクトル軌跡

詳しくは後述するが，ベクトル軌跡でポイントとなるのは"円"である．ベクトル軌跡は今回のように円弧状となることが多い．そのため，ベクトル軌跡を考えるときは，まず円弧状の軌跡ではないかを疑うとよい．

さて次に，図1.4.1の電流ベクトルについて考えよう．電流ベクトル $\dot{I}_0$ は，$\dot{E}_1$ と位相が同じで，その大きさは比例する．そのため，$\dot{I}_0$ のベクトル軌跡は $\dot{E}_1$ のベクトル軌跡に相似となる．**図1.4.4**にそのベクトル軌跡を示す．

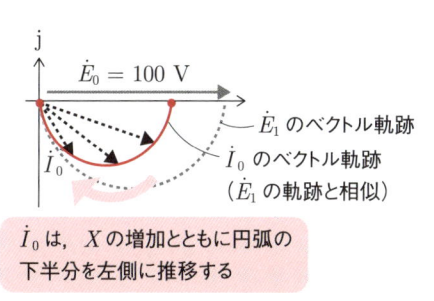

$\dot{I}_0$ は，X の増加とともに円弧の下半分を左側に推移する

図1.4.4 電流 $\dot{I}_0$ のベクトル軌跡

試しに $X = 0$ のときを考えれば，

$$\dot{I}_0 = \frac{\dot{E}_0}{\dot{Z}} = \frac{100}{10} = 10 \text{ A}$$

であり，逆に X が大きくなって $X \to \infty$ となれば，

$$\dot{I}_0 = \frac{\dot{E}_0}{10 + \mathrm{j}\infty} = 0 \text{ A}$$

となる．

そのため，今回の場合は，中心が $(5, 0)$，半径5の円となる．

なお，この軌跡が本当に円弧状であるか，数式を使って証明すると次のようになる．電流ベクトルを数式展開し，これを虚数部と実数部に分けると，

$$\dot{I}_0 = \frac{\dot{E}}{\dot{Z}} = \frac{100}{10 + \mathrm{j}X} = 100 \times \frac{(10 - \mathrm{j}X)}{10^2 + X^2}$$

$$\mathrm{Re}[\dot{I}_0] = \frac{1\,000}{10^2 + X^2}$$

$$\mathrm{Im}[\dot{I}_0] = \frac{-100X}{10^2 + X^2}$$

これを，円の公式に当てはめれば，

$$\{\mathrm{Re}[\dot{I}_0] - 5\}^2 + \mathrm{Im}[\dot{I}_0]^2 = \left\{\frac{500 - 5X^2}{10^2 + X^2}\right\}^2 + \left\{\frac{100X}{10^2 + X^2}\right\}^2$$

$$= \frac{250\,000 + 5\,000X^2 + 25X^4}{\{10^2 + X^2\}^2} = 5^2$$

となって，(5, 0) を中心に半径5の円を描くことが証明できる．

上記の数式展開は，事前にベクトル軌跡の外形が"円弧状"になることがわかっていたため，簡単に求めることができた．しかし，もし事前にこれらの軌跡がどういった軌跡を描くか，見当がつかなかったらどうだろうか．数式展開のみでベクトル軌跡の外形を探り当てるのは，非常に大変だろう．複素ベクトル軌跡の数式はややこしく，複雑である．そのため，ベクトル軌跡を扱う際は，数式展開に頼らず，まず図形を使った変形をおこない，図形的に理解していくことが近道である．

（2） ベクトル軌跡を変形しよう

ベクトル軌跡とは，変数を含んだ回路において，電圧や電流などがどのような変化をするかを表す手法である．その軌跡を正確に表すには数式展開を使うのがよいが，数式展開をおこなう前に，いったいその軌跡がどのような外形となるか見当をつけておくことが重要である．

そこで，①〜④の四つの頻出する計算について，ベクトル軌跡の外形がどのように変化するか，図を使って解説しようと思う．

① ベクトル軌跡に，ほかのベクトルを足したり引いたりした場合

あるベクトル軌跡に，ほかのベクトルを足したり引いたりすると，ベクト

ル軌跡は平面上を平行移動する．その例を**図1.4.5**に示す．ベクトル軌跡はその外形を保ったまま，平行に移動する．また，この計算は軌跡の外形を変形させるものではない．つまり，もとの軌跡が直線状の場合，変形された後の軌跡も直線状であり，円弧状の場合は円弧状のままとなる．

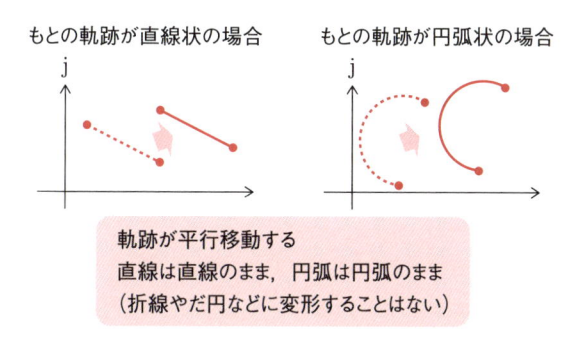

図1.4.5 ベクトル軌跡にほかのベクトルを足した場合

なお，"ベクトル"は平面上のどこに描いてもよいが，"ベクトル軌跡"はそうではないので注意が必要である．ベクトル軌跡とは，ベクトルの終点の集合体である．ベクトル軌跡が平面上を移動すると，ベクトルの始点は変わらず，終点のみが移動することになる．ベクトル軌跡の場合は，平面上のどこに描くかというのも重要なポイントとなる．

② ベクトル軌跡に定数を掛けた場合

あるベクトル軌跡に定数（実数）を掛けると，ベクトル軌跡は始点を中心とし，拡大（1より小さい場合は縮小）するように変形する．ほとんどの場合，ベクトル軌跡の始点は原点であるから，定数の大きさが大きいほど，原点から遠ざかる距離が増え，軌跡の外形も拡大される．

図1.4.6に，もとの軌跡が，直線状の場合と円弧状の場合を示す．

図のように，軌跡が直線状や円弧状の場合は，定数を掛けた後も外形が変形することはなく，直線状または円弧状のままである．折れ曲がったり，だ円になったりなど，変形することはない．

③ ベクトル軌跡に，定数（複素数）を掛けたとき

あるベクトル軌跡に定数（複素数）を掛けると，ベクトル軌跡は始点を中

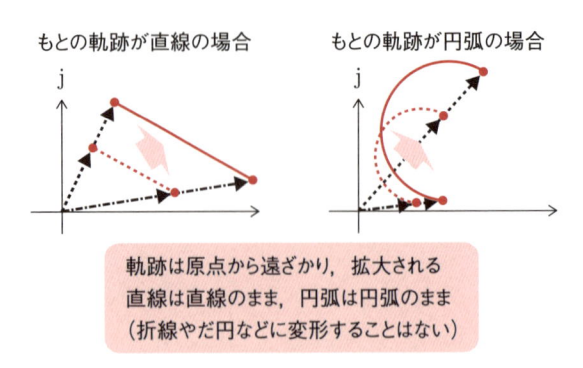

もとの軌跡が直線の場合　　もとの軌跡が円弧の場合

軌跡は原点から遠ざかり，拡大される
直線は直線のまま，円弧は円弧のまま
（折線やだ円などに変形することはない）

図1.4.6 ベクトル軌跡に定数（実数）を掛けた場合

心として拡大（絶対値が1より小さい場合は縮小）し，原点を中心に回転する．拡大される量は定数の絶対値に比例し，回転量は偏角と等しい．

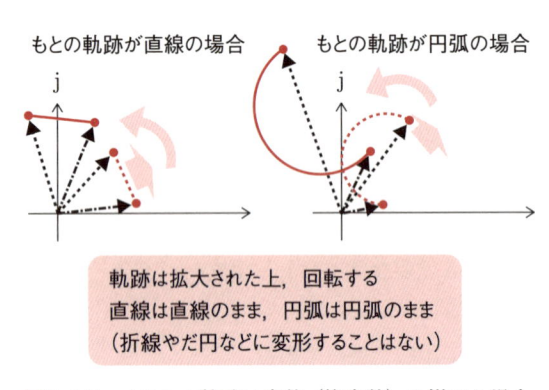

もとの軌跡が直線の場合　　もとの軌跡が円弧の場合

軌跡は拡大された上，回転する
直線は直線のまま，円弧は円弧のまま
（折線やだ円などに変形することはない）

図1.4.7 ベクトル軌跡に定数（複素数）を掛けた場合

④　ベクトル軌跡を逆数にした場合

　直線状もしくは円弧状のベクトル軌跡について，逆数をとると，その軌跡は円弧状となる．**図1.4.8**にその例を示す．

　図に示したとおり，もとの軌跡が直線・円弧どちらの場合も，逆数をとった場合のベクトル軌跡は円弧状となる．例外として，もとの軌跡が原点を通る円弧の場合は，直線状になるが，直線は直径が無限の円ととらえることができるため，すべて円弧状と理解して差し支えない．

　円弧状となる理由はさておき，どこにどういった円弧ができるか考えよう．ベクトル軌跡の変形について考える場合，軌跡のうちの一点に注目し，具体的

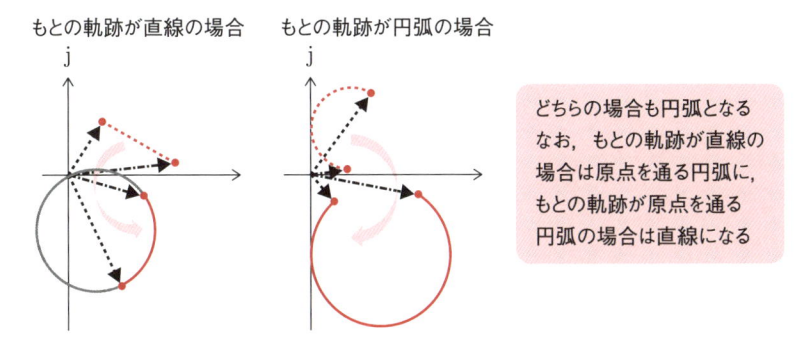

1.4 円円対応を使ってベクトル軌跡を使いこなそう

図1.4.8 ベクトル軌跡の逆数をとった場合

どちらの場合も円弧となる
なお，もとの軌跡が直線の場合は原点を通る円弧に，もとの軌跡が原点を通る円弧の場合は直線になる

に考えるのがよい．**図1.4.9**に示すように，軌跡上のあるベクトル $\dot{A} = A \angle \theta_A$ について，$\dot{A}$ の逆数を $\dot{B}$ とすれば，

$$\dot{B} = \frac{1}{\dot{A}} = \frac{1}{A \angle \theta_A} = \frac{1}{A} \angle -\theta_A$$

となる．つまり新しい軌跡は，もとのベクトルの偏角の符号が逆になり，距離が逆数となったベクトルの集合体となる．

軌跡上の1点 $\dot{A}$ は，$\dot{B}$ に対応する
※偏角は等しく符号が逆，原点からの距離は逆数になる

$\dot{A} = A \angle \theta_A$

$\dot{B} = \frac{1}{\dot{A}} = \frac{1}{A} \angle -\theta_A$

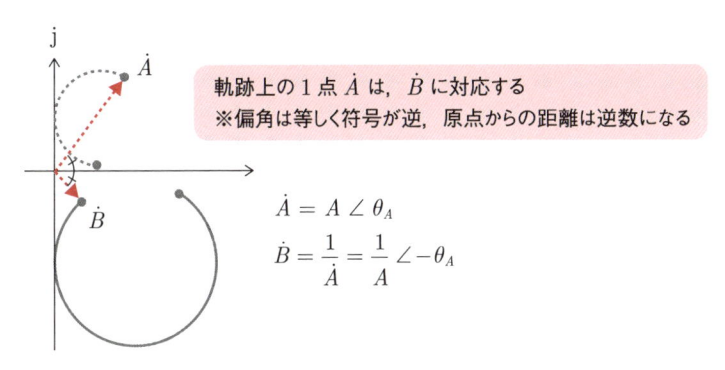

図1.4.9 逆数計算において，軌跡上の一点に注目したとき

この関係は円の中心についても同様で，二つの円の中心は逆数の関係となる．**図1.4.10**に示すように，もとの軌跡の中心と新しい軌跡の中心は，偏角は等しく符号が逆，原点からの距離は逆数となる．

つまり，もとの軌跡の円の中心を $\dot{R}_A = R_A \angle \theta_{RA}$ とすれば，新しい軌跡の中心は，

$$\dot{R}_A = R_A \angle \theta_{RA}$$
$$\dot{R}_B = \frac{1}{\dot{R}_A} = \frac{1}{R_A} \angle -\theta_{RA}$$

円の中心も逆数の関係にある（$\dot{R}_B = 1/\dot{R}_A$）
※偏角が等しく符号が逆，原点からの距離は逆数となる

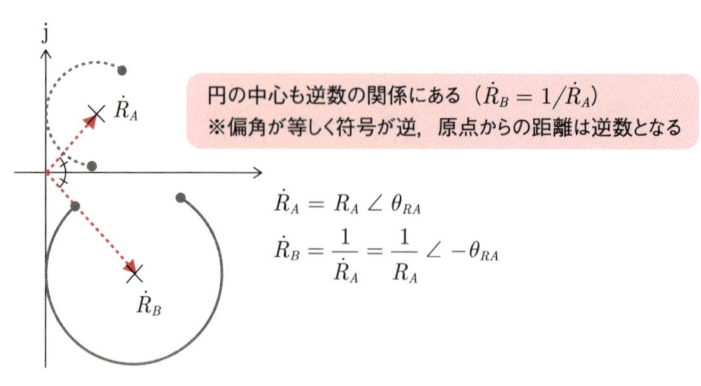

図1.4.10 逆数計算における二つの円の中心

$$\dot{R}_B = \frac{1}{\dot{R}_A} = \frac{1}{R_A} \angle -\theta_{RA}$$

となる．なお，もとの軌跡が直線状の場合は，原点から直線に下ろした垂線の中点が，円の中心に対応する（**図1.4.11**）．そのため，もとの直線が原点に近ければ近いほど，逆数の円の直径は大きくなり，逆に原点から遠ければ，円の直径は小さくなる．直線軌跡の逆数をとることは多くあるので，イメージを覚えておくとよいだろう．

$$\dot{R}_A' = R_A' \angle \theta_{RA}$$
$$\dot{R}_B' = \frac{1}{\dot{R}_A} = \frac{1}{R_A} \angle -\theta_{RA}$$

もとの軌跡が直線状の場合，
原点から直線への垂線の中点
の逆数が円弧の中心の点となる

⇓

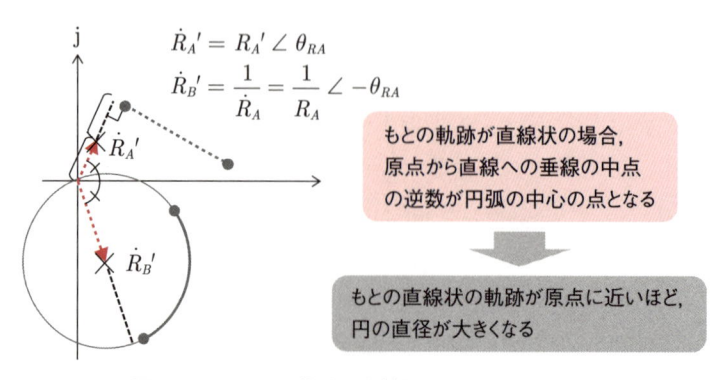

もとの直線状の軌跡が原点に近いほど，
円の直径が大きくなる

図1.4.11 もとの軌跡が直線状の場合の円の中心

今回紹介した①〜④の変形はどれも有用であり，頻出する．ほとんどの場合，これらの変形を組み合わせることで，ベクトル軌跡の外形を導き出すことができる．

たとえば，ある素子の大きさが可変である場合，電流ベクトルのベクトル軌跡を求めるためには，"電流軌跡＝電圧／インピーダンス軌跡"という計算をすることになる．そのため，電圧が一定である場合は，②と④の組合せで変形することによりベクトル軌跡を図形的に導き出すことができる．

（3） ベクトル軌跡の変形と，円円対応

ここまで，直線状または円弧状のベクトル軌跡に，簡単な演算を行った場合，得られた軌跡はやはり直線状または円弧状となることを述べた．

この理由には"円円対応"と呼ばれる定理が大きく関係する．

> ●円円対応
> 　複素平面上にある円弧状の軌跡（X）に，一次変換をおこなって得られる軌跡（Y）は，円弧状である．
> ※一次変換：$Y = \dfrac{\dot{C}X + \dot{D}}{\dot{A}X + \dot{B}}$
> （$\dot{A}, \dot{B}, \dot{C}, \dot{D}$ は複素数の定数，ただし $\dot{A}\dot{D} \neq \dot{B}\dot{C}$）

この定理は数学的に証明され，電気ベクトル図にかぎらず，複素数において広く成り立つ定理である．日本語で表せば，

"もとの軌跡が円弧状である場合，掛けたり，足したり，割ったりと，基本的な四則演算を行って得られる軌跡は，やはり円弧状になる"
となる．なお前述のとおり，直線は，直径が無限の円ととらえればよい．

電気回路において，電圧や電流，インピーダンスを求めるための計算のほとんどは一次変換である．たとえば，$\dot{I} = \dot{I}_A + \dot{I}_B$，$\dot{E} = \dot{I}_A \dot{Z}$ と表されるとき，$\dot{I}_A$ から $\dot{I}$ へや，$\dot{I}_A$ から $\dot{E}$ への変換はどちらも一次変換である．また，並列回路のインピーダンスを求めるような場合，$\dot{Z} = \dfrac{\dot{Z}_A \dot{Z}_B}{\dot{Z}_A + \dot{Z}_B}$ の $\dot{Z}_A$ から $\dot{Z}$ への変換も一次変換である．

そのため，もとの軌跡が直線状もしくは円弧状である場合は，円円対応が広く適用できる．回路上に変数もしくは未知の条件があって，ベクトル軌跡を考える場合は，軌跡が直線状もしくは円弧状になるのではないかと見当を

（4） ベクトル軌跡の応用例　〜並列インピーダンスが可変であるとき〜

ベクトル軌跡の基本的な事項は，すでに述べたとおりである．まず，ベクトル軌跡を一つ描き，それを (2)項①〜④で述べた方法を組み合わせて変形することで，さまざまなベクトル図に拡張すればよい．しかし，並列素子の片方のインピーダンスが可変であるときなど，(2)項で述べた①〜④以外の工夫が必要になることがある．参考に，一例を解説しよう．

たとえば，**図1.4.12**のような，抵抗素子とコイル素子からなる並列回路を考える．

$$\dot{Z} = \frac{R \cdot jX}{R + jX} = \frac{j10X}{10 + jX}$$

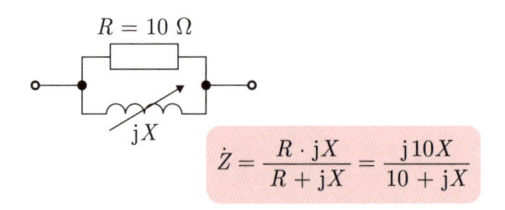

図1.4.12　並列部のインピーダンスが可変であるとき

コイル素子の大きさが可変である場合，並列部の合成インピーダンス$\dot{Z}$について考えると，その軌跡は**図1.4.13**のように，Rを直径とした半円状となる．

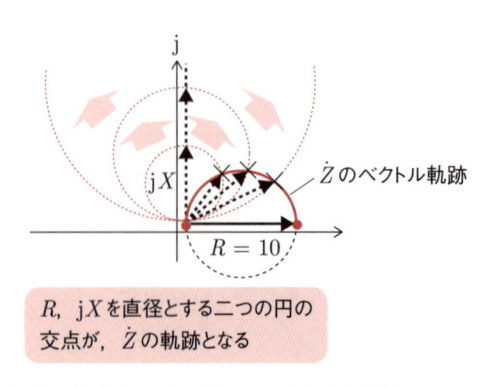

R，jXを直径とする二つの円の交点が，$\dot{Z}$の軌跡となる

図1.4.13　合成インピーダンスのベクトル軌跡

これは，次のように考えればよい．

並列部のインピーダンスを合成する場合，1.3 節にて述べたとおり，図上で二つの円の交点を結べばよい．直交する要素であれば，二つの円はそれぞれのベクトルを直径とするので，今回の合成ベクトル $\dot{Z}$ は，R と jX を直径とする円の交点となる．X が変化しても R を直径とする円は変化しないから，二つの円の交点は，必ず R の円上にできる．よって，$\dot{Z}$ のベクトル軌跡は，R を直径とする円弧となる．

このように，これまでに述べたエッセンスを組み合わせて活用することで，ほとんどのベクトル軌跡を描くことができる．ぜひ，自分の手で一度描いてみてほしい．

1.5 まとめ

1. ベクトル図を描くとき，細かいことは気にしない
2. "進み" "遅れ" は，矢印の "向き" で決まる（**図 1.5.1**）
3. 並列回路の合成インピーダンスをベクトル図に描く場合は，二つの円の交点を結べばよい．各要素が直交する場合，円の直径は各ベクトルになる（**図 1.5.2**）
4. 複雑な直並列回路では，まずインピーダンスベクトル図を描くとよい．変形によってほかのベクトルに活用することができる（**図 1.5.3**）
5. ベクトル軌跡は，"円円対応" により，ほとんどの場合，直線状もしくは円弧状の軌跡となる．その場合，折線やだ円になることはない（**図 1.5.4**）
6. 直線状の軌跡の逆数は，円弧状のベクトル軌跡となる．また，直線が原点に近ければ近いほど，円の直径は大きくなる（**図 1.5.5**）

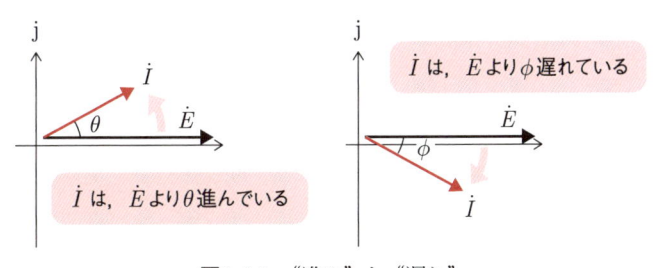

図 1.5.1 "進み" と "遅れ"

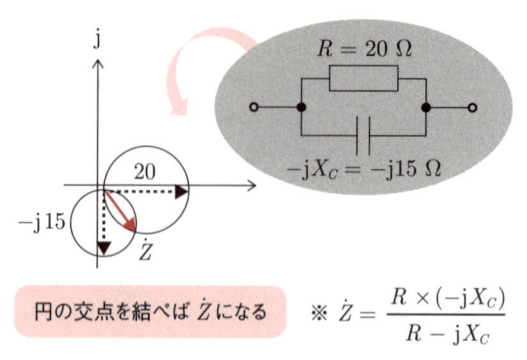

円の交点を結べば $\dot{Z}$ になる　　※ $\dot{Z} = \dfrac{R \times (-\mathrm{j}X_C)}{R - \mathrm{j}X_C}$

図1.5.2　並列インピーダンスの合成

① インピーダンスベクトルを描く

② 大きくすれば電圧ベクトルになる

電圧ベクトルは，インピーダンスベクトルと相似の関係にある

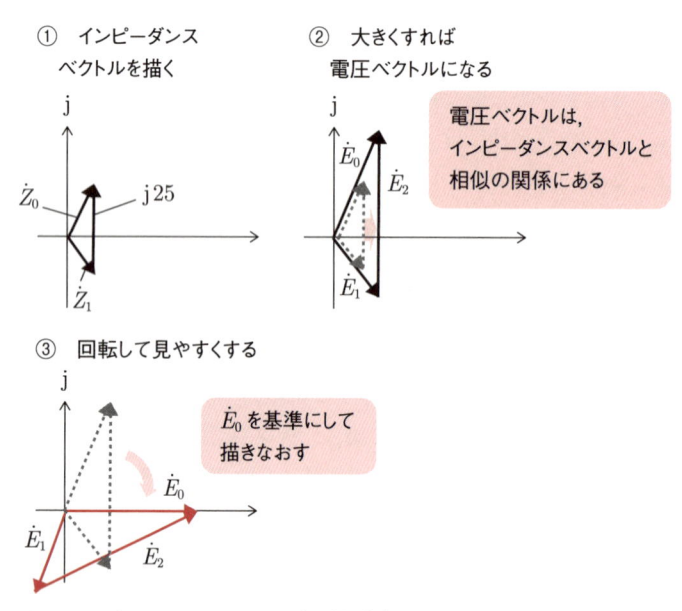

③ 回転して見やすくする

$\dot{E}_0$ を基準にして描きなおす

図1.5.3　インピーダンスベクトル図の活用例（電圧ベクトル図への変形）

1.5 まとめ

ベクトルを足したとき　　　定数を掛けたとき

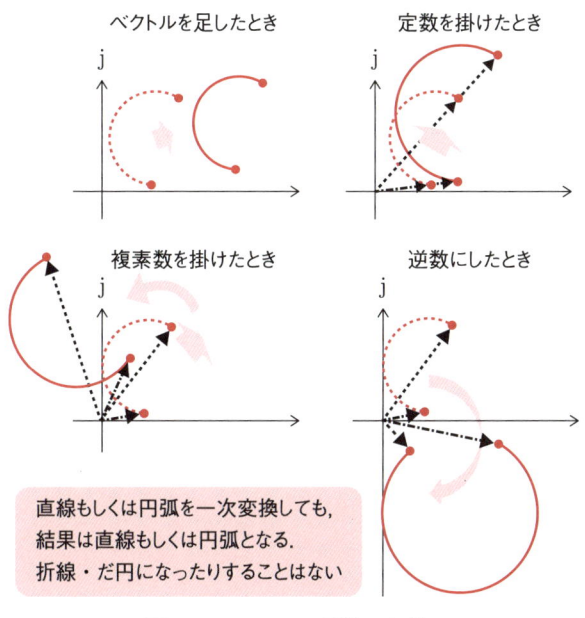

複素数を掛けたとき　　　逆数にしたとき

直線もしくは円弧を一次変換しても，
結果は直線もしくは円弧となる．
折線・だ円になったりすることはない

図1.5.4 ベクトル軌跡の変形

$\dot{A}$ のベクトル軌跡
$\dot{R_A}'$

$1/\dot{A}$ のベクトル軌跡
$1/\dot{R_A}'$

直線状の軌跡の逆数は円弧状となる
※もとの直線が原点に近いほど，円の直径は大きくなる

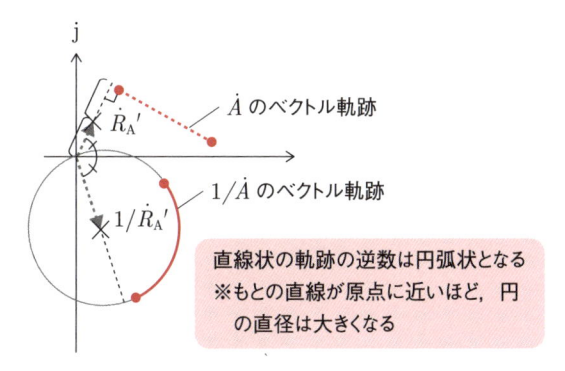

図1.5.5 ベクトル軌跡の逆数（もとの軌跡が直線状の場合）

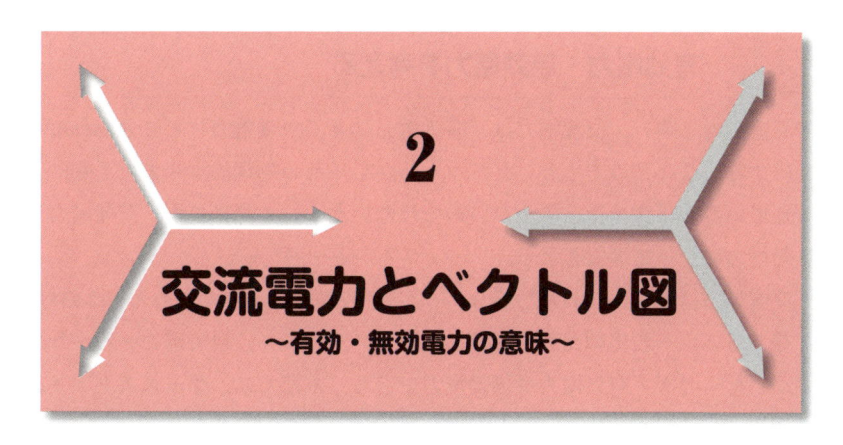

2 交流電力とベクトル図
〜有効・無効電力の意味〜

　交流回路では，電力を有効電力と無効電力とに分けて複素数表記をし，それらを複素電力と呼ぶ．1章にて述べたとおり，交流回路では，電圧，電流，インピーダンスらも同様に複素数表記をし，電圧ベクトルやインピーダンスベクトルなどと呼ぶが，同じ複素数でもこれらと電力ベクトルでは使い方，意味が大きく異なる．そこで，本章では，交流回路における"電力"に焦点を当て，その意味を考える．

　はじめに，単相回路の瞬時電力の計算を通じて，有効電力・無効電力の物理的意味を考える．その後，単相電力と三相電力の根本的違いについて述べ，三相の電力を一括してとらえる新しい概念である"三相瞬時有効・無効電力"および"瞬時空間ベクトル図"を紹介する．これは，導出過程がむずかしく，三相交流回路を深く考えなければ理解できない．だが，結論は簡単であり便利である．三相交流を正確にとらえるきっかけになるのではないかと思う．

　読者のなかには，交流電力なんていまさら，と思う方も多いだろう．しかし，交流回路における電力の物理的意味や成り立ちは奥が深く，これを正確に理解することは意外とむずかしい．交流回路を見つめ直すきっかけになれば幸いである．

2.1 有効電力・無効電力を考える

直流電力と違い，交流電力は"有効電力"と"無効電力"とに分かれることはすでにご存じの方も多いだろう．しかし，その物理的意味まで正確にとらえている人は実はそう多くないのではないか．ここではまず，有効電力・無効電力について復習しよう．

交流電力は本来，"瞬時電力"からなる．有効電力・無効電力というのは，計算あるいは一般化のための指標にすぎない．つまり，瞬時電力をわかりやすくしたものが，有効電力や無効電力である．本節では，ケーススタディを通じて，交流電力の成り立ちと物理的意味について解説する．

（1）有効電力・無効電力の定義

交流回路の電力には，有効電力，無効電力の二つの電力がある．また，副次的な扱いではあるが，皮相電力というものもある．これらは，正弦波交流回路では，電圧ベクトル$\dot{E}$，電流ベクトル$\dot{I}$および力率$\cos\theta$を用いて，次のように示される．

> ○有効電力：$P = |\dot{E}||\dot{I}|\cos\theta$
>   回路で実際に消費されるエネルギー
> ○無効電力：$Q = |\dot{E}||\dot{I}|\sin\theta$
> LやCなどのリアクタンス素子に一時的に蓄えられるエネルギー
> ○皮相電力：$S = |\dot{E}||\dot{I}|$
>   見かけ上のエネルギー
> また，$P + \mathrm{j}Q = \dot{E}\overline{\dot{I}}$である．

電圧・電流ベクトルおよび電力ベクトルを図で表すと**図2.1.1**のようになる．
"有効電力"は，回路で実際に消費されるエネルギーを示し，"無効電力"は，LやCなどのリアクタンス素子に一時的に回路にためられるエネルギーの大きさを示している．そして"皮相電力"は見かけ上のエネルギーである……と，言葉で言い表すことは簡単だが，多くの人はこれらの式や言葉を丸暗記するのみにとどまってしまってはいないか．

2.1 有効電力・無効電力を考える

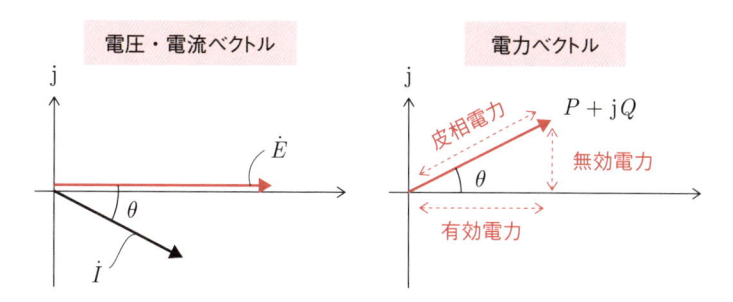

図2.1.1 有効電力と無効電力の例

先述した三つの式は回路計算において欠かせないものであり，変数に数値を当てはめるだけで簡単にエネルギーを求めることができる．しかし，これらは便宜上の式であるため，式そのものから物理的な意味をとらえようとするのはむずかしい．交流電力を使いこなすためには，式の成り立ちや，物理的意味についてじっくりと考え，ああそうかなるほど，となるレベルまで深く理解する必要がある．

（2） 交流回路の瞬時電力とは

"有効電力"および"無効電力"の意味を正しく理解するには，瞬時電力の波形について考える必要がある．"有効電力"や"無効電力"は，瞬時電力波形から一部の情報を取り出したものにすぎない．

瞬時電力とは名のとおり，その瞬間に生じる電力である．**図2.1.2**に示すように，正弦波状に振動する電圧と電流の瞬時値を掛けると，瞬時電力となる．オシロスコープで計測したときに現れる波形を掛け合わせる，と考えればイメージしやすいだろう．

電圧を $v(t) = \sqrt{2}|\dot{E}|\sin\omega t$，電流を $i(t) = \sqrt{2}|\dot{I}|\sin(\omega t - \theta)$ と一般的な形におけば，その積 $p(t)$ は，次のように展開される．

$$\begin{aligned}
p(t) &= v(t) \times i(t) \\
&= \sqrt{2}|\dot{E}|\sin\omega t \times \sqrt{2}|\dot{I}|\sin(\omega t - \theta) \\
&= 2|\dot{E}||\dot{I}|\{\sin^2\omega t \cos\theta - \sin\omega t \cos\omega t \sin\theta\} \\
&= 2|\dot{E}||\dot{I}|\left\{\frac{1-\cos 2\omega t}{2}\cos\theta - \frac{1}{2}\sin 2\omega t \sin\theta\right\}
\end{aligned}$$

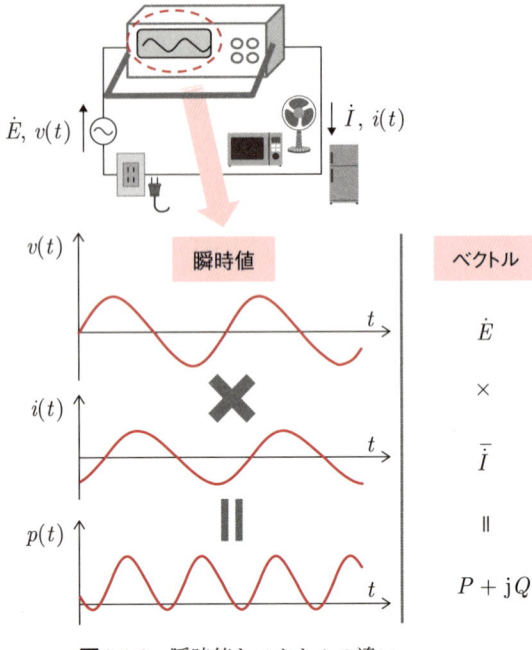

図2.1.2 瞬時値とベクトルの違い

$$= |\dot{E}||\dot{I}|\cos\theta(1-\cos 2\omega t) - |\dot{E}||\dot{I}|\sin\theta\sin 2\omega t$$
$$= |\dot{E}||\dot{I}|\cos\theta - |\dot{E}||\dot{I}|\cos(2\omega t - \theta)$$

$$p(t) = \underline{|\dot{E}||\dot{I}|\cos\theta} \; - \; \underline{|\dot{E}||\dot{I}|\cos(2\omega t - \theta)} \quad \cdots\cdots\cdots\cdots ①$$
　　　　　定値成分　　2倍周波数の正弦波成分

　式①は，三角関数を含み一見紛らわしいが，時間 t に依存しない項（第1項）と，依存する項（第2項）の二つに分けることができる．第1項の θ，$|\dot{E}|$，$|\dot{I}|$ はすべて定数であるから，第1項は定値である．一方，第2項は時間変数 t を含み，2ω を角周波数とする正弦波形である．つまり，交流正弦波回路の瞬時電力は，定値成分と2倍周波数の正弦波成分からなる．

　次に，瞬時電力波形の例を**図2.1.3**に示す．この波形をみるとさまざまなことがわかる．たとえば，瞬時電力は常に正値とはかぎらず，負の値をとることがある．これは，負荷側のコイルやコンデンサなどのリアクタンス素子が一時的に電力を蓄え，ためられた電力が電源に向かって返っていく現象を表している．

2.1 有効電力・無効電力を考える

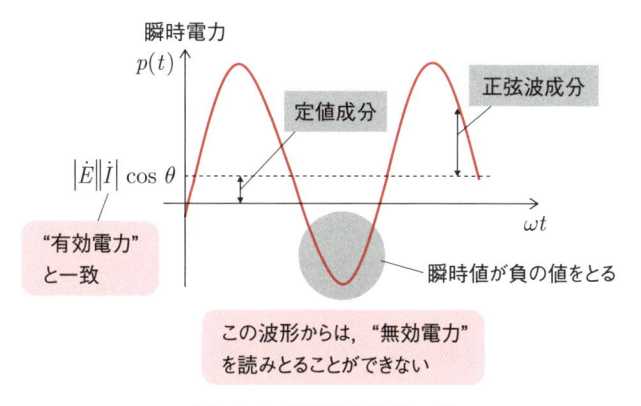

図2.1.3 瞬時電力波形の例

　"有効電力"は $P=\left|\dot{E}\right|\left|\dot{I}\right|\cos\theta$ であるから，瞬時電力波形の定値成分と一致する．"皮相電力"は $S=\left|\dot{E}\right|\left|\dot{I}\right|$ であるから，瞬時電力波形の正弦波成分の振幅と一致する．しかし，"無効電力"は $Q=\left|\dot{E}\right|\left|\dot{I}\right|\sin\theta$ であり，この波形からは直接読みとることができない．"有効電力"と"無効電力"は瞬時電力波形の情報の一部を表すものであるが，その関係性はわかりづらく，なかなか手ごわい．図2.1.3から読み取ることができる特徴を次にまとめる．

> ●一般的な瞬時電力波形の特徴
> ・"有効電力"を中心とし，電圧や電流の2倍の周波数で脈動する
> ・瞬時電力は常に正値とはかぎらず，一時的に負の値をとることもある
> ・"無効電力"は，図2.1.3からは直接読みとることができない

（3）　瞬時電力を理解する（RL並列回路モデルを使ったケーススタディ）

　一般的な数式展開では，瞬時電力と有効・無効電力との関係性がいまいち明らかにならなかった．そこで，簡単なモデルを例にケーススタディをおこない，各素子の瞬時電力を考えることで，有効電力・無効電力の物理的意味について考えよう．

　図2.1.4に RL 並列回路の例を，**図2.1.5**にそのベクトル図を示す．R は10 Ω，L はj20 Ω，電圧は100 Vの交流電源とする．

　各素子の電圧・電流ベクトルを計算によって求めると，次のようになる．

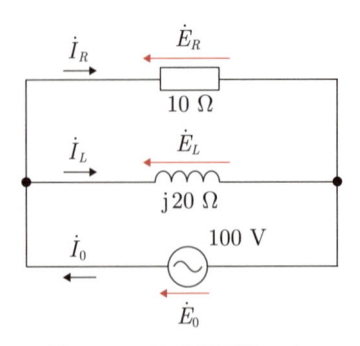

図2.1.4 RL 並列回路モデル

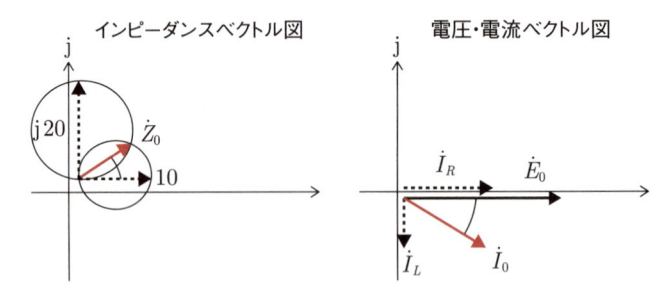

図2.1.5 RL 並列回路のベクトル図

$$\dot{E}_R = \dot{E}_L = \dot{E}_0 = 100 \text{ V}$$

$$\dot{I}_R = \frac{\dot{E}_R}{R} = \frac{100}{10} = 10 \text{ A}$$

$$\dot{I}_L = \frac{\dot{E}_L}{\text{j}X} = \frac{100}{\text{j}20} = -\text{j}5 \text{ A}$$

$$\dot{I}_0 = \dot{I}_R + \dot{I}_L = 10 - \text{j}5 \text{ A}$$

瞬時電力を求めるためには，少々面倒ではあるが，電圧・電流を実効値から瞬時値に戻して計算をおこなう．電圧や電流の複素ベクトルを正弦波に戻すときは，実数項に $\sqrt{2}\sin\omega t$ を，虚数項に $\sqrt{2}\cos\omega t$ を掛けることで簡単に変換できる（この方法は，電圧や電流において複素ベクトル表記から瞬時値を求める際に便利なので覚えておくとよい）．

それぞれ，電圧・電流に当てはめると次のようになる．

$$e_R(t) = e_L(t) = |\dot{E}_0|\sqrt{2}\sin\omega t = 100\sqrt{2}\sin\omega t$$
$$i_R(t) = |\dot{I}_R|\sqrt{2}\sin\omega t = 10\sqrt{2}\sin\omega t$$
$$i_L(t) = -|\dot{I}_L|\sqrt{2}\cos\omega t = -5\sqrt{2}\cos\omega t$$

$$i_0(t) = \mathrm{Re}(\dot{I}_0)\sqrt{2}\sin\omega t - \mathrm{Im}(\dot{I}_0)\sqrt{2}\cos\omega t$$
$$= 10\sqrt{2}\sin\omega t - 5\sqrt{2}\cos\omega t$$

さて，これらを使って回路上の素子ごとの瞬時電力を計算することで，有効電力・無効電力と照らし合わせよう．①抵抗素子，②リアクタンス素子，③電源部の三つについて，それぞれじっくりと考えたいと思う．

① 抵抗素子の電力　$p_R(t)$

はじめに，抵抗素子Rの電力に注目しよう．抵抗素子に生じる有効電力 P_R，無効電力 Q_R は，
$$P_R + \mathrm{j}Q_R = \dot{E}_R \overline{\dot{I}_R} = 100 \times 10 = 1\,000 + \mathrm{j}0$$
である．

一方，瞬時電力 $p_R(t)$ は，
$$p_R(t) = e_R(t) \cdot i_R(t) = 100\sqrt{2}\sin\omega t \cdot 10\sqrt{2}\sin\omega t$$
$$= 1\,000(1 - \cos 2\omega t)$$
となる．この波形を**図2.1.6**に示す．

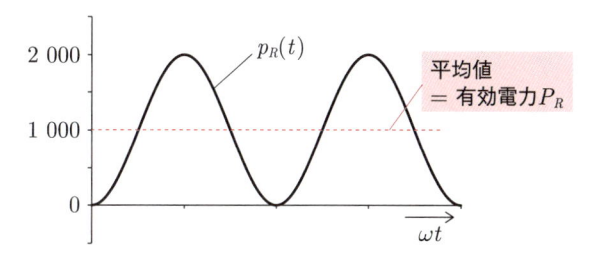

図2.1.6　抵抗素子の瞬時電力 $p_R(t)$ と有効電力

抵抗素子の瞬時電力 $p_R(t)$ は，0を最小値とし，平均値 1 000 を中心に，電圧や電流の2倍の周波数で脈動していることがわかるだろう．抵抗素子にかかる電力は，実際に消費される電力である．直流回路では消費されるエネルギーは一定であったが，交流回路では，今回のようにエネルギーが脈動することになる．

ここで，瞬時電力波形の平均値 1 000 は，有効電力 $P_R = 1\,000$ W と一致する．つまり，"有効電力"とは，抵抗素子にかかる瞬時電力の"平均値"であることがわかる．

② リアクタンス素子の電力　$p_L(t)$

次にリアクタンス素子の電力に注目しよう．コイル素子にかかる有効電力 P_L，無効電力 Q_L は，

$$P_L + \mathrm{j}Q_L = \dot{E}_L \overline{\dot{I}_L} = 100 \times \mathrm{j}5 = 0 + \mathrm{j}500$$

となる．一方，瞬時電力 $p_L(t)$ は，

$$p_L(t) = e_L(t) \cdot i_L(t) = 100\sqrt{2}\sin\omega t(-5\sqrt{2}\cos\omega t)$$
$$= -500\sin 2\omega t$$

である．この波形を**図 2.1.7** に示す．

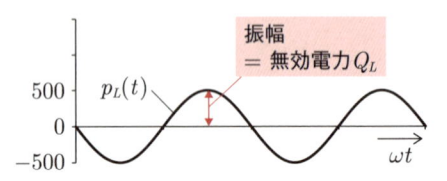

図 2.1.7　コイル素子の瞬時電力 $p_L(t)$ と無効電力

コイル素子の瞬時電力 $p_L(t)$ は，0を中心に2倍周波数で脈動していることがわかるだろう．LやCのようなリアクタンス素子はエネルギーを消費せず，エネルギーをためたり放出したりを繰り返す．そのため，今回のように平均値が0となる．

ここで，瞬時電力波形の振幅500は，無効電力 $Q_L = 500$ var と一致する．つまり，"無効電力"とは，リアクタンス素子にかかる瞬時電力の"振幅"であることがわかる．

表 2.1.1 に，有効電力と無効電力の物理的意味を対比してまとめる．

表 2.1.1　有効電力と無効電力の物理的意味

	対応する素子	瞬時電力との関係
有効電力　P	抵抗素子　R	平均値
無効電力　Q	リアクタンス素子　L, C	振幅

"有効電力"と"無効電力"は対称的な指標として用いられるが，意外なことに，その物理的意味は対称的でない．有効電力は，抵抗素子にかかる瞬時電力の"平均値"であるが，無効電力とは，リアクタンス素子にかかる瞬時電力の"振幅"である．これは大きな違いである．

2.1 有効電力・無効電力を考える

たとえば図**2.1.8**に示したようなひずんだ波形で考えてみよう．"平均値"は，ひずんだ波形においても簡単に求めることができる．数値を拾って，足し合わせ，平均処理すればよいだけである．しかし，"振幅"を正確に定義することはむずかしい．この場合の振幅はどれだろうか．一瞬でも大きな数値があればそれは振幅なのか，それともちょっとした"ヒゲ"は無視してよいのかなど，すこし考えただけでもすぐに疑問点が浮かぶ．

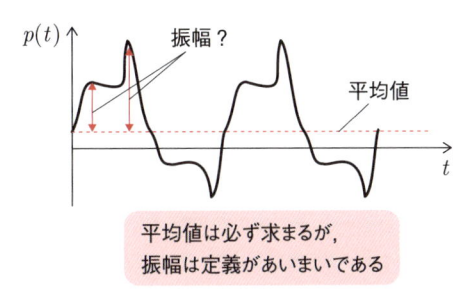

図2.1.8 ひずんだ瞬時電力波形の例

実際，無効電力を計算する場合は，基本周波数成分のみを計算する方法や，周波数分解して振幅の総和を求める方法，皮相電力^2−有効電力^{2}の2乗根をとる方法など，さまざまな方法がある．つまり，無効電力は有効電力に比べると，物理的にあいまいな指標であるといえる．

③ 電源部の電力 $p_0(t)$

さて，話は戻って，回路の電源部に目を向けよう．電源が供給する有効電力P_0，無効電力Q_0，皮相電力S_0に注目すると次のようになる．

$$P_0 + jQ_0 = \dot{E}_0 \overline{\dot{I}_0} = 100\overline{(10-j5)} = 100(10+j5)$$
$$= 1\,000 + j500$$
$$S_0 = \sqrt{P_0{}^2 + Q_0{}^2} = 500\sqrt{5}$$

一方，瞬時電力$p_0(t)$は，

$$p_0(t) = e_0(t) \cdot i_0(t) = 100\sqrt{2}\sin\omega t(10\sqrt{2}\sin\omega t - 5\sqrt{2}\cos\omega t)$$
$$= 1\,000(1-\cos 2\omega t) - 500\sin 2\omega t$$
$$= 1\,000 - 500\sqrt{5}\sin(2\omega t + \alpha)$$

この波形を図**2.1.9**に示す．

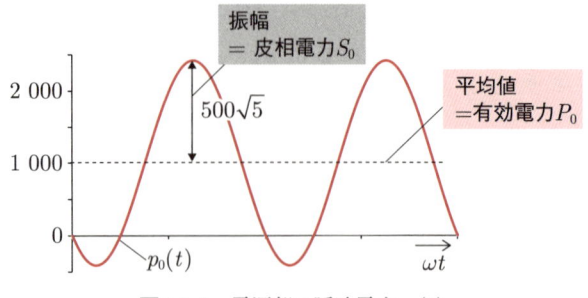

図2.1.9 電源部の瞬時電力 $p_0(t)$

　図2.1.9をみるとわかるように，$p_R(t)$ のときと同様，有効電力 $P_0 = 1\,000$ W は瞬時電力 $p_0(t)$ の平均値と一致する．一方，$p_0(t)$ の振幅は，無効電力ではなく，皮相電力 $S_0 = 500\sqrt{5}$ V·A と一致し，無効電力 $Q_0 = 500$ var は $p_0(t)$ には現れない．つまり，無効電力の大きさは，電源の供給電力の波形から直接読みとることはできず，無効電力は，コイル素子の瞬時電力 $p_L(t)$ の振幅から読みとることになる．

　なお，電源が供給する瞬時電力 $p_0(t)$ は，負荷で消費する瞬時電力を足し合わせたものと一致する．つまり，

$$p_0(t) = 1\,000(1 - \cos 2\omega t) - 500\sin 2\omega t = p_R(t) + p_L(t)$$

である．今回の例にかぎらず，瞬時電力の波形は電源側と負荷側とで必ず一致するので，覚えておくとよい．

　ポイントをまとめる．

●交流電力のポイント
- 交流回路の瞬時電力は，電圧や電流の2倍の周波数で振動する
- 電源側と，負荷側の合計の瞬時電力の波形は，常に一致する
- "有効電力"は，抵抗素子にかかる瞬時電力の平均値を表す（電源から供給される瞬時電力の平均値とも一致する）
- "無効電力"は，リアクタンス素子にかかる瞬時電力の振幅を表す
- "皮相電力"は，回路全体の瞬時電力の振幅を表す

（4） 瞬時電力の位相について考える

ここまで述べたとおり，有効電力は抵抗素子の瞬時電力の"平均値"，無効電力はリアクタンス素子の瞬時電力の"振幅"である．ここで一つの疑問がわく．交流回路の電圧や電流を足し引きする際には，その大きさ（振幅）だけでなく，正弦波の位相差を考える必要があった．電力の場合はどうだろうか．

有効電力の場合は，"平均値"であるから，足してから平均値をとっても，平均してから足しても同じである．しかし，無効電力は"振幅"である．**図 2.1.10** に示したように，位相差がある正弦波の和では，振幅は単純な和の関係にない．無効電力を足すとき，瞬時電力波形の位相差を考慮する必要はないのだろうか．

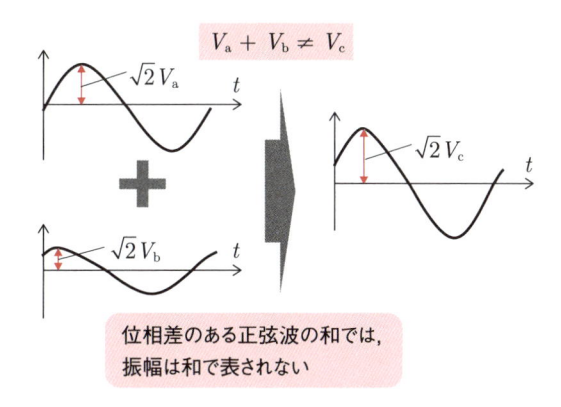

図 2.1.10 位相差のある正弦波の和と"振幅"の関係

一つの回路に，複数のリアクタンス素子が存在した場合，それぞれの位相はどうなるだろうか．**図 2.1.11** に示す RLC 回路をもとに，各素子の瞬時電力の位相について考えよう．

若干脱線するが，1章にて述べたとおり，このような直並列回路を計算する場合は，"円"を使ってベクトル図を描くとよい．並列部のインピーダンスに注目し，それぞれのインピーダンスベクトルを直径とした円の交点を利用すると，インピーダンスベクトルは**図 2.1.12** となる．

これも1章にて述べたが，電圧ベクトル図は，インピーダンスベクトル図と相似の関係になる．そのため，電圧・電流ベクトル図は**図 2.1.13** のようになる．

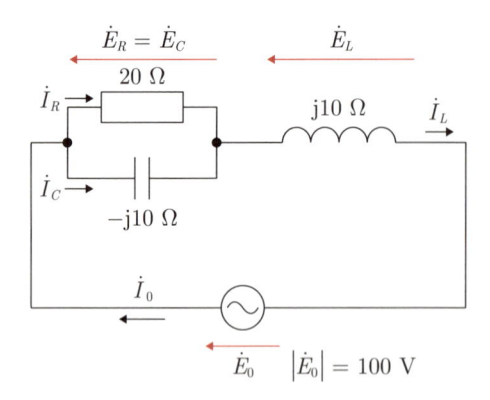

図 2.1.11 RLC 回路のモデル

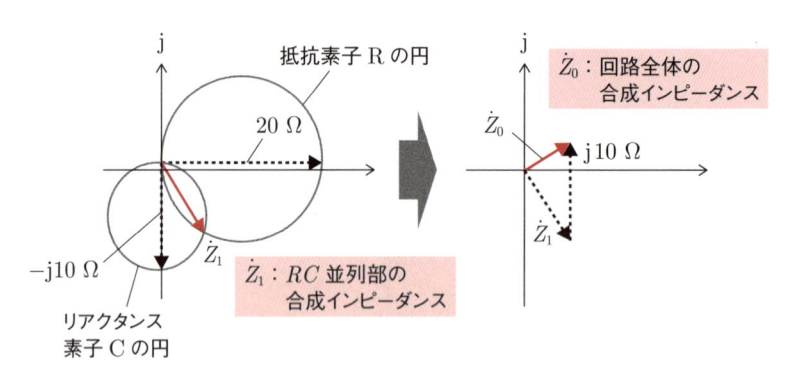

図 2.1.12 RLC 回路のインピーダンスベクトル図

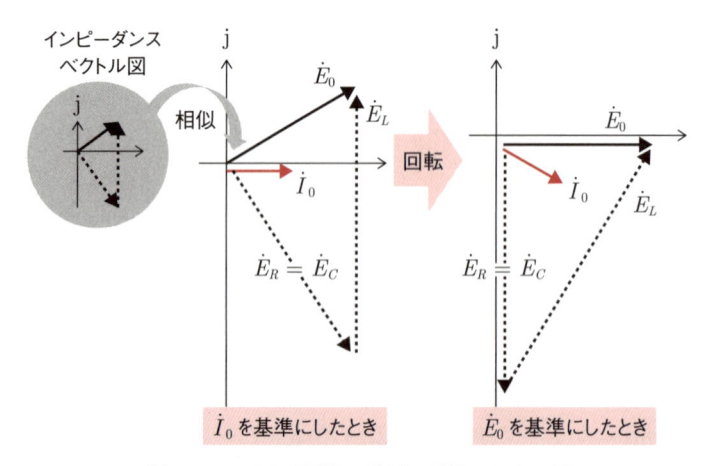

図 2.1.13 RLC 回路の電圧・電流ベクトル図

2.1 有効電力・無効電力を考える

さて，ベクトル図が描けたところで，計算をおこなう．電源電圧 $\dot{E}_0$ を基準とし，各素子の電圧値，電流値を求めると次のようになる．

$$\dot{E}_0 = 100 \text{ V}$$

$$\dot{I}_0 = \dot{I}_L = \frac{\dot{E}_0}{\dot{Z}_0} = \frac{100}{\text{j}10 + \dfrac{20(-\text{j}10)}{20 - \text{j}10}} = \frac{100}{\text{j}10 - \text{j}4(2+\text{j})} = 20 - \text{j}10 \text{ A}$$

$$\dot{E}_L = \dot{I}_L \times \text{j}10 = 100 + \text{j}200 \text{ V}$$

$$\dot{E}_R = \dot{E}_C = \dot{E}_0 - \dot{E}_L = 100 - (100 + \text{j}200) = -\text{j}200 \text{ V}$$

$$\dot{I}_R = \frac{\dot{E}_R}{20} = \frac{-\text{j}200}{20} = -\text{j}10 \text{ A}$$

$$\dot{I}_C = \frac{\dot{E}_C}{-\text{j}10} = \frac{-\text{j}200}{-\text{j}10} = 20 \text{ A}$$

一方，抵抗素子の瞬時電力を $p_R(t)$，コイル素子の瞬時電力を $p_L(t)$，コンデンサ素子の瞬時電力を $p_C(t)$ とすれば，それぞれ次のようになる．

$$\begin{aligned}
p_L(t) &= e_L(t) \cdot i_L(t) \\
&= (100\sqrt{2}\sin\omega t + 200\sqrt{2}\cos\omega t)(20\sqrt{2}\sin\omega t - 10\sqrt{2}\cos\omega t) \\
&= 4\,000\sin^2\omega t - 4\,000\cos^2\omega t + 6\,000\sin\omega t\cos\omega t \\
&= 3\,000\sin 2\omega t - 4\,000\cos 2\omega t \\
&= 5\,000\sin(2\omega t - \alpha)
\end{aligned}$$

（ただし $\alpha = \tan^{-1}\dfrac{4}{3}$ ）

$$\begin{aligned}
p_R(t) &= e_R(t) \cdot i_R(t) = (-200\sqrt{2}\cos\omega t)(-10\sqrt{2}\cos\omega t) \\
&= 4\,000\cos^2\omega t \\
&= 2\,000 + 2\,000\cos 2\omega t \\
p_C(t) &= e_C(t) \cdot i_C(t) = (-200\sqrt{2}\cos\omega t) \times 20\sqrt{2}\sin\omega t \\
&= -8\,000\sin\omega t\cos\omega t \\
&= -4\,000\sin 2\omega t
\end{aligned}$$

これらの波形を**図 2.1.14** に示す．

リアクタンス素子のコイル L とコンデンサ C は，正反対の性質を示し，L は無効電力を消費し，C は無効電力を供給する．つまり，L と C は正負の関係になくてはならないはずである．また，これまで説明したとおり，"無効電力" とは，リアクタンス素子の瞬時電力 $p_L(t)$ や $p_C(t)$ の振幅であった．

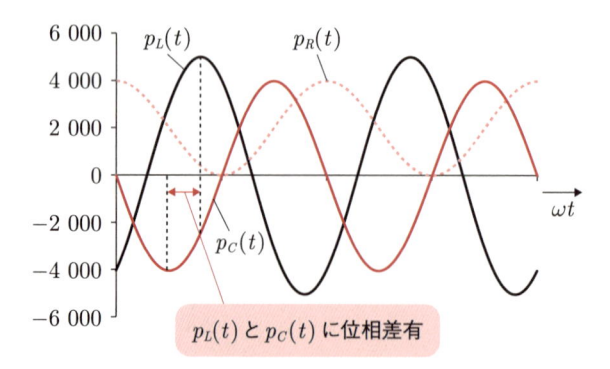

図 2.1.14 瞬時電力 $p_R(t)$, $p_L(t)$, $p_C(t)$ の波形

しかし意外なことに，図 2.1.14 をみると瞬時電力 $p_L(t)$ と $p_C(t)$ は同位相でない．L 素子と C 素子で，エネルギーが蓄えられるタイミングがずれている．この位相差は，

$$\alpha = \tan^{-1}\frac{4}{3} = 53.13°$$

となり，非常に中途半端であることがわかる．

位相差のある正弦波の和を考えるときは，単純に振幅を足し合わせることはできないはずである．そのため，一見すると回路全体の無効電力を計算するためには，$p_L(t)$ と $p_C(t)$ の振幅を足し引きするのではなく，位相差を考慮した計算をおこなわなければならないように感じるのではないか．

しかし実際は，無効電力の計算において，位相差を考慮する必要はない．これは，$p_R(t) + p_C(t)$ を計算するとよくわかる．並列部の瞬時電力 $p_R(t)$ と $p_C(t)$ を足すと，おもしろいことに $p_R(t)$ の脈動成分が $p_C(t)$ の位相を補正し，あたかも $p_L(t)$ と $p_C(t)$ が同位相になるように計算されるのである．計算過程を以下に記すので，確認してほしい．

$$p_R(t) + p_C(t) = 2\,000 + 2\,000\cos 2\omega t - 4\,000\sin 2\omega t$$
$$= 2\,000 - 1\,600\sin 2\omega t - 1\,200\cos 2\omega t$$
$$- 2\,400\sin 2\omega t + 3\,200\cos 2\omega t$$

$$\therefore\ p_R(t) + p_C(t)$$
$$= 2\,000 - 2\,000\sin\left(2\omega t + \frac{\pi}{2} - \alpha\right) - 4\,000\sin(2\omega t - \alpha) \cdots\cdots ①$$

2.1 有効電力・無効電力を考える

(ただし $\alpha = \tan^{-1}\dfrac{4}{3}$)

式①右辺の第1項は定値であり，瞬時電力の平均値である．第2項，第3項は時間に依存する正弦波成分である．ここで，第1項と第2項を，$p_R(t)$ の正弦波成分の位相がずれたものと解釈すると，第3項は，$p_C(t)$ が振幅は変化せず，位相のみがずれたものとしてとらえることができる．

つまり，第1項と第2項の和を $p_R{}'(t)$，第3項を $p_C{}'(t)$ とすれば，

$$p_R(t) + p_C(t) = p_R{}'(t) + p_C{}'(t)$$

であり，

$$p_R{}'(t) = 2\,000 - 2\,000\sin\left(2\omega t + \dfrac{\pi}{2} - \alpha\right)$$

$$p_C{}'(t) = -4\,000\sin(2\omega t - \alpha)$$

となる．一方，$p_L(t)$ は

$$p_L(t) = 5\,000\sin(2\omega t - \alpha)$$

であるから，$p_C{}'(t)$ と $p_L(t)$ は，同位相（符号が逆であるため実際は180°位相差）となる（**図2.1.15**）．

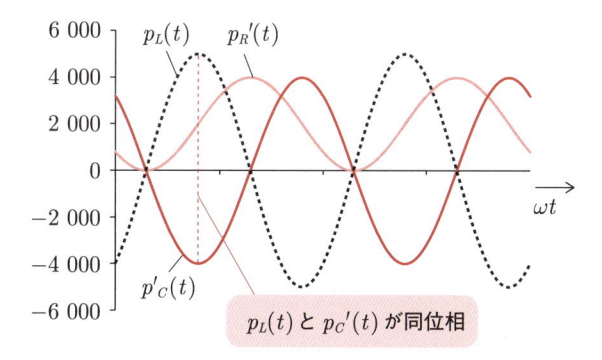

図2.1.15 瞬時電力 $p_R{}'(t)$，$p_L(t)$，$p_C{}'(t)$ の波形

つまり，C素子の瞬時電力とL素子の瞬時電力は同位相ではなかったが，並列の素子であるR素子の瞬時電力も合わせて考慮すると，同位相として考えることができることがわかる．

今回のように，交流回路では，複数のリアクタンス素子にかかる瞬時電力の位相差を考える必要はない．L素子にかかる無効電力には正の符号をつけ，

C素子にかかる無効電力には負の符号をつけて計算し，おのおの計算した値を足し合わせることで全体の無効電力を求めることができる．

たとえば，今回の回路（図2.1.11）の場合は，コイルの無効電力 Q_L およびコンデンサの無効電力 Q_C は，

$$Q_L = \mathrm{Im}\left[\dot{E}_L \overline{\dot{I}_L}\right] = \mathrm{Im}[(100+\mathrm{j}200)(20+\mathrm{j}10)] = 5\,000 \text{ var}$$

$$Q_C = \mathrm{Im}\left[\dot{E}_C \overline{\dot{I}_C}\right] = \mathrm{Im}[-\mathrm{j}200 \times 20] = -4\,000 \text{ var}$$

であるから，回路全体の無効電力 Q を求めるときは，これらを足し合わせ，

$$Q = 5\,000 - 4\,000 = 1\,000 \text{ var}$$

とすればよい．

確認のため，電源部の無効電力 Q_0 を，電源側に注目して計算すれば，

$$Q_0 = \mathrm{Im}\left[\dot{E}_0 \overline{\dot{I}_0}\right] = \mathrm{Im}[100 \times (20+\mathrm{j}10)] = 1\,000 \text{ var}$$

となり，結果は一致する．

有効電力，無効電力についてまとめる．

●有効電力

　回路上で実際に消費されるエネルギーの大きさを"有効電力"と呼ぶ．交流回路ではエネルギーが脈動しながら消費されるが，有効電力はその"平均値"を表す．

　回路上に複数個の抵抗素子がある場合は，各素子の有効電力の総和が回路全体の有効電力となる．また，これは電源から供給されるエネルギーの平均値とも一致する．

●無効電力

　リアクタンス素子に一時的に蓄えられるエネルギーの大きさを"無効電力"と呼ぶ．この指標は"振幅"を表すものであるため，波形がひずんでいる場合には，評価や扱いがむずかしい．そのため，有効電力に比べるとあいまいな指標である．

　回路上に複数個のリアクタンス素子がある場合，各素子にエネルギーが蓄えられるタイミングが一致するとはかぎらない．しかし，回路全体

の"無効電力"を求める場合は，位相差を気にせず，各素子の無効電力の総和を求めればよい．つまり，各リアクタンス素子の無効電力を足せば，回路全体に一時的に蓄えられるエネルギーの大きさとなる．ただし，L素子は無効電力を消費し，C素子は無効電力を供給するととらえ，符号を逆にする必要がある．

2.2 三相交流電力を計算しよう

　世界で採用されている電力系統は，ほとんどが三相交流式である．日本でも三相交流式が採用されており，工場や商業施設，都心のビルなどでは，三相交流をそのまま動力用電源として引き込むことも多い．

　本節では，三相平衡回路を通じて三相交流電力の基本的なポイントについて説明する．なお，本節では三相交流回路の基本的事項についてのみ取り上げ，掘り下げた議論については後述することにする．三相特有の問題点や不平衡回路への適用などについては，2.4節を参照してほしい．

（1） 三相平衡回路の有効電力と無効電力

　まず三相回路の基本を復習しよう．**図2.2.1**に示したのは，Y形結線の三相平衡回路の例である．図2.2.1をみると電源が三つあり一見複雑だが，各相に分割して考えればわかりやすい．三相平衡回路では，**図2.2.2**に示すように，独立した三つの単相回路に分けて考えることができる．そのため，三相平衡回路の電力を求めるときは，一つの相で求めた電力を3倍すればよい．a相の

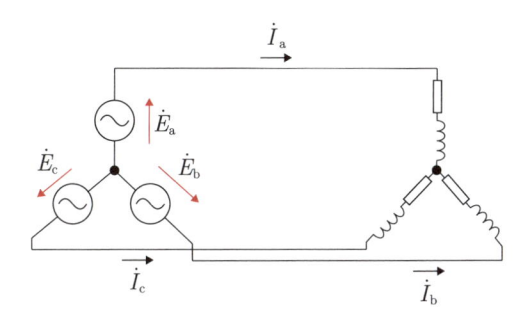

図2.2.1 三相平衡回路の例

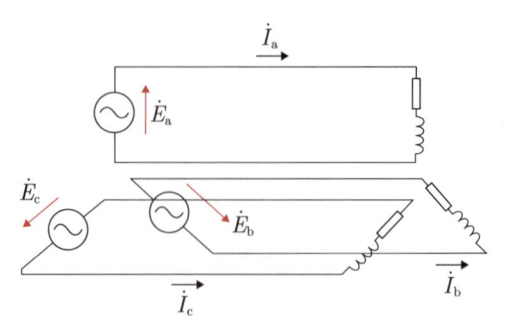

図2.2.2 三相平衡回路の相分割

電圧を$\dot{E}_a$，電流を$\dot{I}_a$とし，a相について計算すると，回路全体の有効電力および無効電力は，

有効電力：$P = 3|\dot{E}_a||\dot{I}_a|\cos\theta$

無効電力：$Q = 3|\dot{E}_a||\dot{I}_a|\sin\theta$

となる．ab相の線間電圧$|\dot{E}_{ab}|$を使えば，$|\dot{E}_{ab}|$は相電圧$|\dot{E}_a|$の$\sqrt{3}$倍であるので，

$P = \sqrt{3}|\dot{E}_{ab}||\dot{I}_a|\cos\theta$
$Q = \sqrt{3}|\dot{E}_{ab}||\dot{I}_a|\sin\theta$

となり，なじみのある公式にたどりつく．これが三相平衡回路の基本である．

なお，**図2.2.3**に示すように，$\cos\theta$はY結線1相分の負荷の力率であり，相電圧$\dot{E}_a$と電流$\dot{I}_a$の位相差である．線間電圧$\dot{E}_{ab}$と電流$\dot{I}_a$の位相差ではないので，混同しないよう注意が必要である．

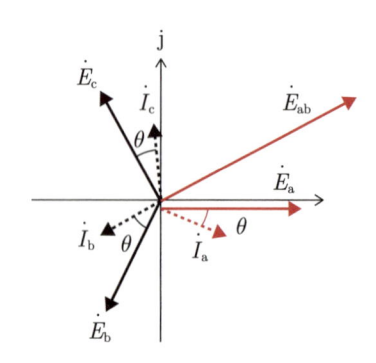

図2.2.3 三相平衡回路のベクトル図

2.2 三相交流電力を計算しよう

（2） 三相平衡回路の瞬時電力

三相平衡回路の瞬時電力は，単相とは異なり，脈動しないという大きな特徴がある．計算と図を使って解説しよう．

三相平衡回路において，相順をa，b，cとし，a相の電圧の瞬時値を$e_\mathrm{a}(t) = \sqrt{2}|\dot{E}|\sin\omega t$，電流を$i_\mathrm{a}(t) = \sqrt{2}|\dot{I}|\sin(\omega t - \theta)$とすると，b相，c相の電圧・電流は次のようになる．

$$e_\mathrm{b}(t) = \sqrt{2}|\dot{E}|\sin\left(\omega t - \frac{2}{3}\pi\right)$$

$$i_\mathrm{b}(t) = \sqrt{2}|\dot{I}|\sin\left(\omega t - \theta - \frac{2}{3}\pi\right)$$

$$e_\mathrm{c}(t) = \sqrt{2}|\dot{E}|\sin\left(\omega t - \frac{4}{3}\pi\right)$$

$$i_\mathrm{c}(t) = \sqrt{2}|\dot{I}|\sin\left(\omega t + \theta - \frac{4}{3}\pi\right)$$

これらを用いて各相の瞬時電力を求めると，次のようになる．

$$\begin{aligned}
p_\mathrm{a}(t) &= \sqrt{2}|\dot{E}|\sin\omega t \cdot \sqrt{2}|\dot{I}|\sin(\omega t - \theta) \\
&= 2|\dot{E}||\dot{I}|\sin\omega t \sin(\omega t - \theta) \\
&= |\dot{E}||\dot{I}|\cos\theta - |\dot{E}||\dot{I}|\cos(2\omega t - \theta) \\
p_\mathrm{b}(t) &= \sqrt{2}|\dot{E}|\sin\left(\omega t - \frac{2}{3}\pi\right) \cdot \sqrt{2}|\dot{I}|\sin\left(\omega t - \theta - \frac{2}{3}\pi\right) \\
&= 2|\dot{E}||\dot{I}|\sin\left(\omega t - \frac{2}{3}\pi\right)\sin\left(\omega t - \theta - \frac{2}{3}\pi\right) \\
&= |\dot{E}||\dot{I}|\cos\theta - |\dot{E}||\dot{I}|\cos\left(2\omega t - \theta - \frac{4}{3}\pi\right) \\
p_\mathrm{c}(t) &= \sqrt{2}|\dot{E}|\sin\left(\omega t - \frac{4}{3}\pi\right) \cdot \sqrt{2}|\dot{I}|\sin\left(\omega t - \theta - \frac{4}{3}\pi\right) \\
&= 2|\dot{E}||\dot{I}|\sin\left(\omega t - \frac{4}{3}\pi\right)\sin\left(\omega t - \theta - \frac{4}{3}\pi\right) \\
&= |\dot{E}||\dot{I}|\cos\theta - |\dot{E}||\dot{I}|\cos\left(2\omega t - \theta - \frac{8}{3}\pi\right)
\end{aligned}$$

これら三つの相の瞬時電力を足し合わせて，三相全体の瞬時電力を求めると次のようになる．

$$p_a(t) + p_b(t) + p_c(t) = |\dot{E}||\dot{I}|\cos\theta - |\dot{E}||\dot{I}|\cos(2\omega t - \theta)$$
$$+ |\dot{E}||\dot{I}|\cos\theta - |\dot{E}||\dot{I}|\cos\left(2\omega t - \theta - \frac{4}{3}\pi\right)$$
$$+ |\dot{E}||\dot{I}|\cos\theta - |\dot{E}||\dot{I}|\cos\left(2\omega t - \theta - \frac{8}{3}\pi\right)$$
$$= 3|\dot{E}||\dot{I}|\cos\theta - |\dot{E}||\dot{I}|\{\cos(2\omega t - \theta)$$
$$- \frac{1}{2}\cos(2\omega t - \theta) - \frac{\sqrt{3}}{2}\sin(2\omega t - \theta)$$
$$- \frac{1}{2}\cos(2\omega t - \theta) + \frac{\sqrt{3}}{2}\sin(2\omega t - \theta)\}$$
$$= 3|\dot{E}||\dot{I}|\cos\theta$$

各相の瞬時電力波形と，全体の瞬時電力の例を**図2.2.4**に示す．

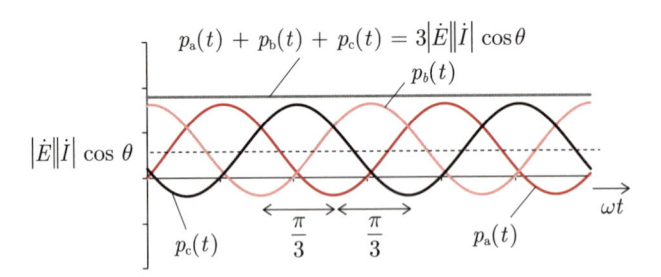

図2.2.4 三相平衡回路における瞬時電力波形の例

　図のように，三相平衡回路の瞬時電力の合計値は，常に一定となる．つまり，回路全体の消費電力は，単相回路とは違い脈動しない．これには重要な意味があり，たとえば単相交流モータではトルクが脈動してしまうが，三相モータではトルクが一定となって滑らかな回転を得ることができる．ただし，完全なる三相平衡は存在しえないので，多少の脈動は残る．

　なお，三相平衡という条件下では，交流電力を簡単に求めることができたが，三相不平衡の場合，計算をおこなうのは意外と大変である．そもそも，有効・無効電力は瞬時電力を簡素化して表すための指標の一つであり，線形回路という条件下でのみ成り立つものであった．高調波が発生したときや非線形回路では，工夫しなければ用いることができない．さらに，2.4節にて後述するとおり，三相不平衡回路においては，また別の問題が生じてしまう．

そのため，交流電力を扱う際には，基本条件を深く理解することが重要である．高調波や不平衡回路に対応することができる新しい指標については，2.4節，2.5節にて述べる．

2.3　電力計測のベクトル図

本節では，電力計測のベクトル図に焦点を当てる．はじめに，三電圧計法・三電流計法について紹介し，その後，電流力計形電力計の仕組みとベクトル図を紹介する．

三電圧計法や三電流計法は，ベクトル図を理解するためのよい教材として古くから用いられてきた．しかし，これらは実用性に乏しく，いまとなっては教科書からも徐々に削除され，日の目をみることはほとんどない．はっきりいうと，これらの技術・知識は，実務ではほとんど役に立たない．しかし，ベクトル図を活用した例として，実際に手を動かすにはよい教材である．

一方，電流力計形電力計はいまだ現役の計器であり，古い配電盤などでは設置されているところもあるだろう．機械式で，構造が簡単，堅ろうであるため，理科の実験などではいまでも活躍しているかもしれない．

これらは資格試験に頻出する．エネ管や電験などの受験を考えている方は覚えておくとよいだろう．

（1）　三電圧計法と三電流計法

交流電力は複雑である．直流に比べると，計測にも手間がかかる．

電圧を $e(t) = \sqrt{2}|\dot{E}|\sin\omega t$，電流を $i(t) = \sqrt{2}|\dot{I}|\sin(\omega t - \theta)$ とした場合の瞬時電力 $p(t)$ は次のように展開される．

$$p(t) = e(t)\cdot i(t) = \sqrt{2}|\dot{E}|\sin\omega t \cdot \sqrt{2}|\dot{I}|\sin(\omega t - \theta)$$
$$= |\dot{E}||\dot{I}|\cos\theta - |\dot{E}||\dot{I}|\cos(2\omega t - \theta)$$

有効電力は瞬時電力の平均値であるから，上式では，第1項 $|\dot{E}||\dot{I}|\cos\theta$ に相当する．そのため，有効電力を計測するためには，電圧値と電流値だけでなく，位相差 θ の情報を必要とする．直流電力を計測する場合は，電圧計と電流計を用意してその値を掛け算すればよかったが，交流電力の場合はそうはいかないのだ．

（2） 三電圧計法

古くから伝わる電力計測法の一つに，三電圧計法と呼ばれる方法がある．これは，電力計を使わずに電圧計と抵抗器を使うことで，電圧と電流の位相差 θ を求め，間接的に電力値を求める計測方法である．3回もしくは三つの電圧計を使うことから，三電圧計法と呼ばれるようになった．**図2.3.1**にその計測回路を示す．

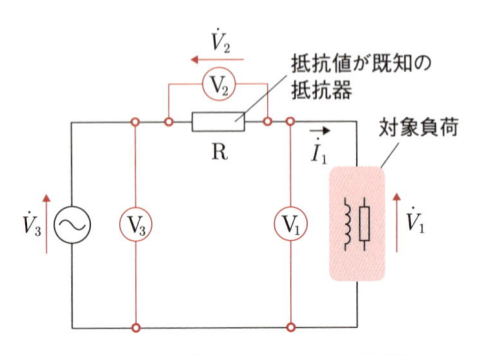

図2.3.1 三電圧計法による計測回路

電力計測をおこなう対象負荷と直列に，抵抗器Rを挿入し，V_1，V_2，V_3 の計3か所で電圧計によって電圧を測定する．このとき，電圧計の読みをそれぞれ V_1，V_2，V_3 とし，そのベクトルを $\dot{V}_1$，$\dot{V}_2$，$\dot{V}_3$ とすると，$\dot{V}_1$ を基準にしたベクトル図は**図2.3.2**のようになる．

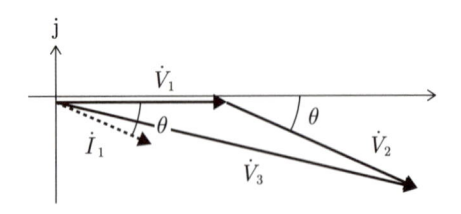

図2.3.2 三電圧計法のベクトル図

$\dot{V}_2$ と $\dot{I}_1$ は抵抗器Rにかかる電圧と電流であり，同位相となるためベクトル図上では平行になる．また，それぞれの電圧ベクトルは，$\dot{V}_3 = \dot{V}_1 + \dot{V}_2$ となりベクトル図上で三角形をなす．ただし，図中の θ は負荷にかかる電圧 $\dot{V}_1$ と電流 $\dot{I}_1$ の位相差 θ を表している．

さて，このベクトル図を用いて位相差 θ を求めよう．$\dot{V}_1$，$\dot{V}_2$，$\dot{V}_3$ を辺と

2.3 電力計測のベクトル図

する三角形に注目する．(図 **2.3.3**)

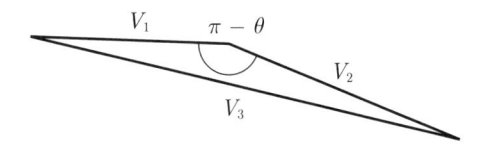

図 2.3.3 電圧ベクトルによる三角形

三角形の3辺の長さはそれぞれ，V_1，V_2，V_3である．余弦定理の公式に図の三角形を当てはめると，以下のように位相角θを求めることができる．

$$V_3{}^2 = V_1{}^2 + V_2{}^2 - 2V_1V_2\cos(180°-\theta) = V_1{}^2 + V_2{}^2 + 2V_1V_2\cos\theta$$

$$\cos\theta = \frac{V_3{}^2 - V_1{}^2 - V_2{}^2}{2V_1V_2}$$

位相角θを求めてしまえば，後は簡単である．単相正弦波交流回路の有効電力は，

$$P = V_1 I_1 \cos\theta$$

であるので，抵抗器Rの抵抗値を$R\,[\Omega]$とすると，

$$P = V_1 I_1 \cos\theta = V_1 \cdot \frac{V_2}{R} \cdot \frac{V_3{}^2 - V_1{}^2 - V_2{}^2}{2V_1V_2}$$

$$= \frac{V_3{}^2 - V_1{}^2 - V_2{}^2}{2R}$$

となり，電圧計だけで回路の有効電力を求めることができる．

試しに，数値を入れて計算してみよう．100 Vの電圧源に，$R = 20\ \Omega$の抵抗素子を用いて，三電圧計法を行ったところ，電圧計の読みが$V_1 = 85$ V，$V_2 = 17$ V，$V_3 = 100$ Vであったとする．このとき，ベクトル図は**図 2.3.4**のようになる．

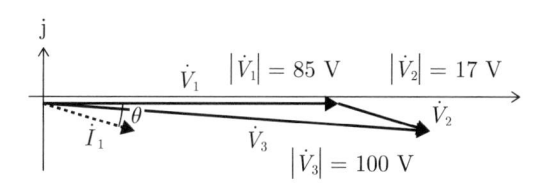

図 2.3.4 三電圧計法の例

余弦定理に当てはめると，力率 $\cos\theta$ は以下のように導かれる．

$$\cos\theta = \frac{V_3^2 - V_1^2 - V_2^2}{2V_1V_2} = \frac{100^2 - 85^2 - 17^2}{2\times 85\times 17} = 0.86$$

そして，有効電力 P は

$$P = V_1 I_1 \cos\theta = 85 \times \frac{17}{20} \times 0.86 = 62 \text{ W}$$

となる．三電圧計法は，計算の段階で力率を求めることができるため，有効電力だけでなく無効電力に関しても算出可能である．

ここまで，三電圧計法の計測方法とそのベクトル図，計算方法について述べた．しかし，近年この方法を用いて電力計測をおこなうことはほとんどない．三電圧計法があまり使用されない理由の一つは，抵抗器Rによる電圧降下にある．通常，定格100 Vの負荷の電力を求めるためには，100 Vの電圧をかけた状態で電力計測をおこなわなければ意味がない．しかし，三電圧計法の測定回路でこの条件を満たすためには，100 V以上の電源を用意し，かつ負荷にかかる電圧が100 Vになるように抵抗器Rの抵抗値を選定しなくてはならない．仮に，これらの条件を整えたとしても，有効電力値を求めるためには計測後，先のような面倒な計算を必要とする．

このようにほとんど実用されていない三電圧計法だが，ベクトル図の教育・理解においては有用であり，資格試験などにおいて頻出する．覚えておいて損はないだろう．

（3） 三電流計法

電圧計の代わりに，電流計を用いても電力計測をおこなうことができる．三つの電流計と抵抗値が既知の抵抗器を用いて電力計測をおこなうのが三電流計法である．**図2.3.5**に三電流計法の計測回路を示す．

三電流計法は，三電圧計法と違い，抵抗器Rを負荷に並列に接続する．そのため，電圧降下がなく，三電圧計法に比べて利用しやすい特徴がある．三電流計法のベクトル図を**図2.3.6**に示す．

このように，三電流計法のベクトル図は三電圧計法と非常によく似た図になる．計算方法もほぼ同じであるため割愛する．

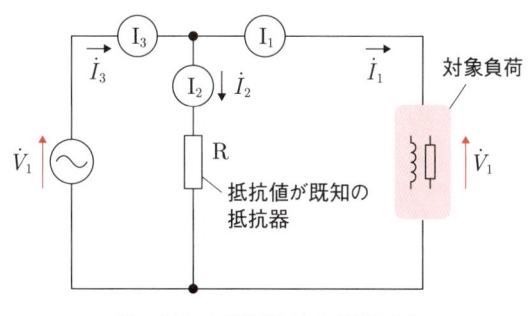

図2.3.5 三電流計法の計測回路

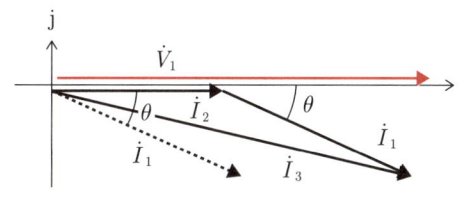

図2.3.6 三電流計法のベクトル図

（4） 電力計を用いた電力の計測

　一般的に電力を計測する場合は，専用の計器（電力計）を用いて，直接計測することがほとんどである．

　電力計には古い機械式から最新型の電子式まで，さまざまな種類がある．近年では電子式を使うことが多く，電子回路を用いて電圧と電流の掛け算を演算するアナログ乗算方式や，電圧や電流をディジタル変換しマイコンなどによって瞬時値の掛け算をおこなうディジタル乗算方式などがある．電子式の場合は，計測した値を電子信号に変換し，通信線などによって遠方まで情報伝達することが可能であり，非常に便利である．

　一方，機械式の電力計は，アナログな機械的構造によって電力を計測するものである．代表的なものとして，電流力計形電力計がある．電流力計形電力計は，構造が機械的で簡単かつ堅ろうという特徴があり，古くから用いられてきた．電子式の電力計のなかには，ノイズを多く含む回路では使えないものも多く，インバータなどの高調波を多く含む機器の電力測定には，いまだに機械式の計測器を用いることも多い．

　ここでは，機械式である電流力計形電力計を用いた電力測定について取り上げる．電子式・機械式など，さまざまあるが，電力測定をおこなううえで

必要となる考え方やベクトル図はどれも同じである．

図2.3.7に示したのは，電流力計形電力計の有効電力の計測回路図である．

電流力計形電力計の内部には二つのコイルが備わっており，コイルに流れる電流の同位相成分により電磁力によるトルクが発生し，指針を動作させる仕組みとなっている．二つのコイルはそれぞれ電流コイル（固定コイル），電圧コイル（可動コイル）と呼ばれ，電圧コイルにばねと指針が接続されている．

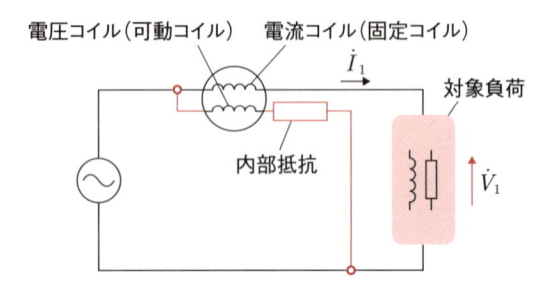

図2.3.7 電流力計形電力計による有効電力計測回路図

この計器は，両コイルに流れる電流の同相成分を乗算した平均値を示すように調整される．図2.3.7の場合，電圧コイルに流れる電流が，$\dot{V}_1$と同相であることがポイントである．なお，今回は図に内部抵抗を明記したが，この内部抵抗は図から省略されることもあるので注意が必要である．

一方，**図2.3.8**のように，同様の電流力計形電力計を用いて無効電力を計測することもできる．有効電力を計測するときとの違いは，直列に接続される素子が，抵抗素子であるかコイル素子であるかという点である．この計測回路を用いたとき，電圧コイルに流れる電流は，$\dot{V}_1$よりも90°遅れる．そのため，無効電力値を示すことが可能となる．

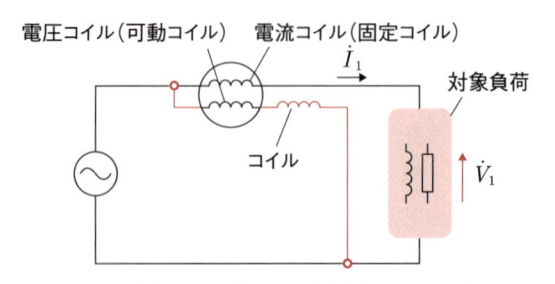

図2.3.8 電流力計形電力計の無効電力計測回路図

2.3 電力計測のベクトル図

電流力計形電力計においては，接続された素子が抵抗器かコイルかでその用途が大きく異なるので，混同しないよう気をつけてほしい．

（5） 三相交流回路の電力計測

続いて，三相交流回路の有効電力計測について述べる．単相回路において，有効電力とは瞬時電力の平均値であったが，三相回路においてもその考え方は変わらない．

三相3線交流回路の有効電力測定図を**図2.3.9**に示す．瞬時電力 $p(t)$ は，瞬時相電圧，瞬時相電流を使えば，

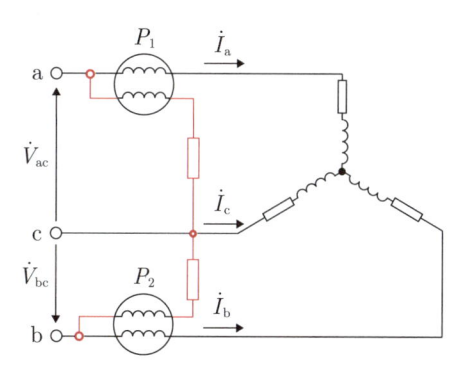

図2.3.9 三相3線回路の有効電力測定図

$$p(t) = v_a i_a + v_b i_b + v_c i_c$$

と表される．$i_a + i_b + i_c = 0$ であることを考慮し，代入すると，

$$p(t) = (v_a - v_c)i_a + (v_b - v_c)i_b = v_{ac}i_a + v_{bc}i_b$$

三相有効電力 P は $p(t)$ の平均電力なので，図2.3.9の各電力計の指示を P_1，P_2 とすれば，以下のように表すことができる．

$$P = \frac{1}{T}\int_0^T p(t)\,dt = \frac{1}{T}\int_0^T v_{ac}i_a\,dt + \frac{1}{T}\int_0^T v_{bc}i_b\,dt = P_1 + P_2$$

つまり3線の三相電力を測定するには，二つの単相電力計を図2.3.9のように設置し，その指示を足し合わせればよい．念のため補足するが，三相不平衡であっても，この結果は変わらない．これをブロンデル（Blondel）の定理という．ベクトル図を**図2.3.10**に示す．

なお，三相4線回路の場合は，$i_a + i_b + i_c = 0$ が成り立たないため，二つ

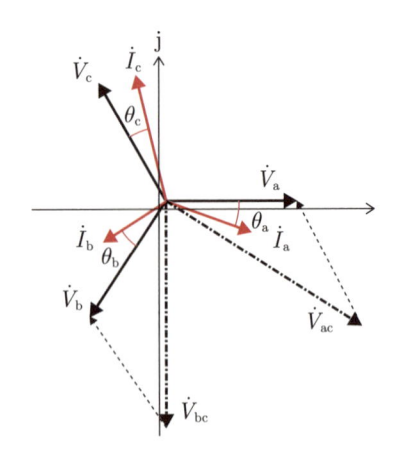

図2.3.10 三相3線回路のベクトル図

の単相電力計で全体の有効電力を計測することはできず，三つの電力計を用いる必要がある．

2.4 三相交流回路における無効電力の問題点と瞬時空間ベクトル図

本節では，単相と三相の根本的な違いについて述べ，三相交流回路では無効電力を定義づけるのに問題が生じることを述べる．そして，それらを解決する「三相瞬時無効電力」と「瞬時空間ベクトル図」を紹介する．

これらは，三相の無効電力を一括してとらえる新しい概念であり，理解しようとしてもなかなかむずかしい．しかし，従来の無効電力では説明できなかった三相回路の瞬時電力を明確にしたものであり，大変便利である．図を多く交えてわかりやすく解説するので，構えずに気軽な気持ちで読んでほしい．

（1） 三相交流回路における無効電力の問題点その1

三相回路において，無効電力とはいったい何を表す指標だろうか．そもそも，三相回路の無効電力は，単相回路の無効電力とは本質的に大きく異なるということを認識しなくてはならない．

2.1節にて述べたとおり，交流回路の"無効電力"とは，リアクタンス素子にかかる瞬時電力の"振幅"を指す指標である．

単相回路では，回路上に複数のリアクタンス素子がある場合も，各素子の

2.4 三相交流回路における無効電力の問題点と瞬時空間ベクトル図

無効電力の和が回路全体の無効電力と一致し，わかりやすい指標であった．ひずんだ波形の場合は何点かの問題が生じるものの，正弦波であれば大きな矛盾点が生じることはなかった．

一方，三相回路の場合，回路全体の電力は，各相の電力を足し合わせたものである．有効電力は"平均値"であり，相をまたがった場合も容易に足し算できるが，無効電力は"振幅"である．振幅を足し算するときは，問題が発生してしまう．

図 **2.4.1** の回路を用いて説明しよう．図に示したのは，ab 相にコンデンサを，bc 相に抵抗素子を，ca 相にコイルを接続し，△結線とした不平衡回路である．電圧は三相平衡で，線間電圧が 100 V，相順は a，b，c とする．

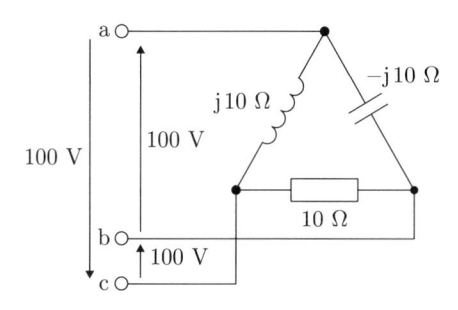

図 2.4.1 三相不平衡回路の例

ab，bc，ca の各相の有効電力，無効電力を求めると，次のようになる．

$$P_{ab} + jQ_{ab} = -j1\,000$$
$$P_{bc} + jQ_{bc} = 1\,000$$
$$P_{ca} + jQ_{ca} = j1\,000$$

一般に三相回路全体の有効電力 P，無効電力 Q は，各相の電力を足し合わせたものであるので，

$$\begin{aligned} P + jQ &= P_{ab} + jQ_{ab} + P_{bc} + jQ_{bc} + P_{ca} + jQ_{ca} \\ &= 1\,000 + j1\,000 - j1\,000 \\ &= 1\,000 \text{ W} \end{aligned}$$

$$\therefore \quad P = 1\,000 \text{ W}, \quad Q = 0 \text{ var}$$

と求めることができる．回路全体の皮相電力 S に関しても同様に，各相の皮相電力を足し合わせると，

$$S = \left|P_{ab} + jQ_{ab}\right| + \left|P_{bc} + jQ_{bc}\right| + \left|P_{ca} + jQ_{ca}\right| = 3\,000 \text{ V·A}$$

となる．しかし，ここで P，Q，S の関係を考えると，

$$P^2 + Q^2 \neq S^2$$
$$(1\,000^2 + 0^2 \neq 3\,000^2)$$

となり，単相回路では当たり前に成立した電力の基本式が，三相回路では成り立たないことがわかる．今回は極端な例であったが，今回に限らず現実の世界には完全な三相平衡回路などありえないから，三相回路では同様の問題が必ず起きるのである．

（2） 三相交流回路における無効電力の問題点その2

もう一点，単相無効電力と三相無効電力には大きな違いがある．前項では負荷が不平衡の場合の矛盾点を取り上げたが，仮に三相平衡回路であったとしても，単相と三相ではエネルギーフローが大きく異なるのである．

図2.4.2の回路をもとに説明しよう．これは，リアクトルのみで構成された三相平衡回路の一例である．

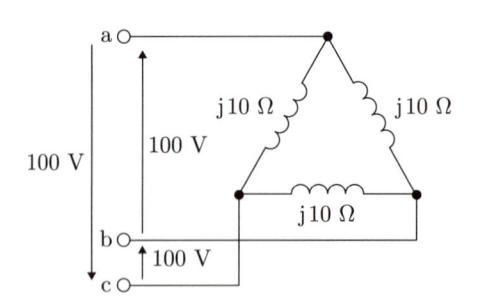

図2.4.2 リアクトルで構成された三相平衡回路

この回路において，回路全体の無効電力 Q を計算すると，

$$Q = Q_{ab} + Q_{bc} + Q_{ca} = 1\,000 + 1\,000 + 1\,000 = 3\,000 \text{ var}$$

となる．しかし，このとき各相に流れる瞬時電力を $p_{ab}(t)$，$p_{bc}(t)$，$p_{ca}(t)$ として波形に表すと，その様子は**図2.4.3**のようになる．実際の瞬時電力の波形は，図のように120°ずつの位相差をもった正弦波となり，足し合わせると，

$$p(t) = p_{ab}(t) + p_{bc}(t) + p_{ca}(t) = 0$$

となってしまい，3 000 var に対応する波形はどこにも現れない．

これは，電源から回路に流れ込むエネルギーの合計値がゼロということである．つまり，電源側に無効電力を発生する装置がなくても，たとえばスイッ

2.4 三相交流回路における無効電力の問題点と瞬時空間ベクトル図

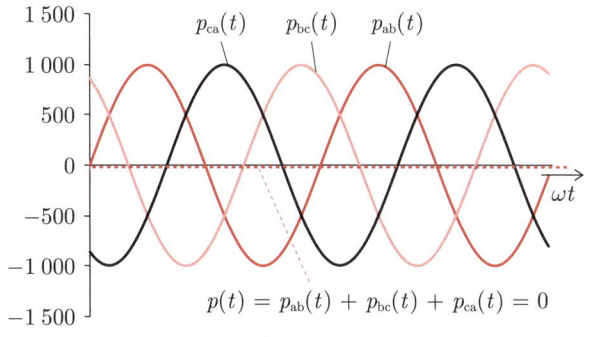

図2.4.3 各相の瞬時電力とその合計の波形

チング素子などによって各相の無効電力を融通してやれば，回路全体の無効電力を補償できる可能性があるということを意味している．

単相回路において無効電力とは，たとえば図2.4.3の$p_{ab}(t)$のように，ゼロを平均値として2倍周波数にて振動するものであった．そのため，単相回路ではコンデンサやコイルなど，一時的にエネルギーを蓄えるためのリアクタンス素子による設備が必要であった．

一方，三相回路では，単相回路×3として考えるのではなく，三相回路全体を一括してとらえることにより，これらの設備が不要となる可能性があり，新しい考え方が誕生するのである．先に述べたとおり，図2.4.3には無効電力Qに対応する波形は現れない．つまり，三相回路において，無効電力は実態に即した指標ではないのではないか．

（3） 三相瞬時有効・無効電力の紹介

(1)，(2)項で述べたとおり，三相交流回路の無効電力にはいくつかの問題がある．そこで，本書では従来の無効電力に代わる「三相瞬時無効電力」という新しい考え方を紹介する．これは，従来の無効電力とは違い，三相を一括してとらえた新しい考え方である．

この概念は，1970年ごろからアクティブフィルタ制御や，三相交流誘導機のインバータ制御の発展とともに研究されてきたものであり，「三相瞬時有効・無効電力」「瞬時虚電力」「$p-q$理論」「クロスベクトル理論」「瞬時空間ベクトル理論」など，さまざまな呼び名や指標がある．どれも根本的な考え方は同じであり，日本では，とりわけ「$p-q$理論」という呼び名が定着して

いるように思う．

　その歴史は意外と古く，$p-q$理論が1982年に日本で発表されて以来，理論構築はもちろん，アクティブフィルタやインバータ制御などにおける応用技術も広く知れ渡り，いまでは定着した技術となった．大学院の講義に取り入れているところもあるようである．しかし残念なことに従来の無効電力のイメージが強すぎることもあってか，"無効電力"に代わる"指標"としての浸透はなかなか進んでいない．

　あらかじめいっておくと，三相瞬時無効電力の計算と概念はむずかしく，初学者にとっては理解しづらいかもしれない．ここでは，「こんな概念もあるんだな」程度の気持ちで気軽に読んでもらえればと思う．

　本書では，1997年に難波江らが提唱した三相瞬時有効・無効電力をもとにこれらの技術を紹介することにする．これは，$p-q$理論を初学者にも理解しやすいよう，"ベクトル図化"し，わかりやすくしたものである．なお，考え方や計算結果は$p-q$理論と一致するので，詳しく勉強したい方は，$p-q$理論に関する文献を参照されたい．

（4）　新しい指標（三相瞬時電力）と，従来の有効・無効電力の類似点，相違点

　三相瞬時有効・無効電力を計算するためには，まず三相回路で得た電圧，電流の瞬時値を3相2相変換（$\alpha-\beta$座標変換）し，それを回転座標上の$d-q$座標へ変換する．$d-q$軸上で得られた電圧と電流について，電圧を基準に再度回転をおこない，$\gamma-\delta$座標変換する．このとき，得られた電圧と電流をそれぞれ，瞬時空間電圧ベクトル$\dot{v}(t)$，瞬時空間電流ベクトル$\dot{i}(t)$と呼び，$\gamma-\delta$座標上の"ベクトル"としてとらえる．この電圧ベクトルと電流ベクトルの位相差ϕを，三相瞬時力率$\cos\phi(t)$とすれば，三相瞬時電力は以下のように定義される．

●三相瞬時有効・無効電力の定義

　三相瞬時有効電力：$p(t)=|\dot{v}(t)||\dot{i}(t)|\cos\phi(t)$

　三相瞬時無効電力：$q(t)=|\dot{v}(t)||\dot{i}(t)|\sin\phi(t)$

　この式は，単相における電力の定義式とよく似ていることがわかるだろう

2.4 三相交流回路における無効電力の問題点と瞬時空間ベクトル図

か．以下に，従来の単相における有効電力・無効電力の定義式を記載するので見比べてみてほしい．

（参考）従来の有効電力・無効電力の定義（単相）

有効電力：$P = |\dot{V}||\dot{I}|\cos\theta$

無効電力：$Q = |\dot{V}||\dot{I}|\sin\theta$

実効値か瞬時値かという違いはあるものの，計算式自体はほとんど同じである．また，**図2.4.4**に新しいベクトル図（瞬時空間ベクトル図）の例を示すが，これも，従来のものに似ていることがわかるだろう．

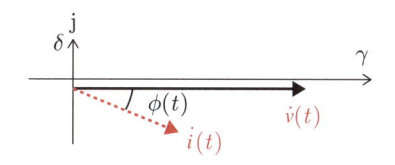

図2.4.4 新しいベクトル図（瞬時空間ベクトル図）の例

このように，新しいベクトル図と新しい三相瞬時電力は，従来のものに非常によく似ていてわかりやすい．

※「瞬時空間ベクトル図」に，"空間"という単語が入っているが，"3次元のベクトル図"という意味ではないので，誤解しないよう注意してほしい．空間ベクトルという名は，3相2相変換に由来する．インバータ変調法の一つである"空間ベクトル変調"が，3次元ベクトルではなく平面上のベクトルを利用していることに似ている．なお，"瞬時ベクトル""空間ベクトル"などと呼ばれることもある．

新しいベクトル図の導出はさておき，まずは結果について比較しよう．実は三相平衡の場合，この新しいベクトル図は従来のものとほとんど変わらない．

図2.4.5をみていただきたい．これは，三相平衡のケースについて，従来のベクトル図（電圧ベクトル・電流ベクトル）と新しいベクトル図（瞬時空間電圧ベクトル・瞬時空間電流ベクトル）を比較した一つの例である．

Y結線1相分の電圧・電流が，

三相平衡のとき

従来のベクトル図（Y結線1相分）

$\dot{V}_a = 100/\sqrt{3}$ V

$\dot{I}_a = 40 - j20$ A

大きさのみ $\sqrt{3}$ 倍

新しいベクトル図（瞬時空間電圧・電流ベクトル）

$\dot{v}(t) = 100$

$\dot{i}(t) = (40 - j20)\sqrt{3}$

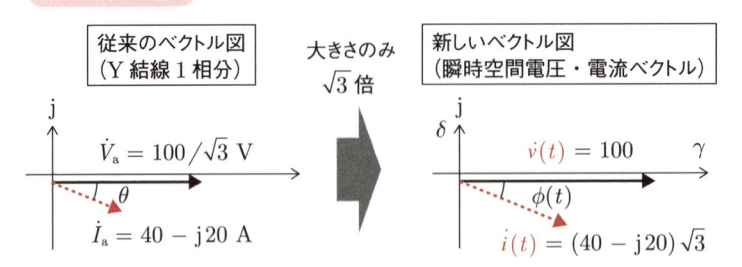

図2.4.5 三相平衡の例（左：従来のベクトル図，右：瞬時空間ベクトル図）

$$\dot{V}_a = \frac{100}{\sqrt{3}} \text{ V}$$

$$\dot{I}_a = 40 - j20 \text{ A}$$

であり，各相が平衡状態にあるとき，従来のベクトル図は図2.4.5（左）となる．

このとき，新しい概念に基づく瞬時空間電圧・電流ベクトルを計算すると，次のようになる．

$$\dot{v}(t) = 100$$

$$\dot{i}(t) = (40 - j20)\sqrt{3}$$

つまり，三相平衡のケースでは，新しいベクトル図と従来のベクトル図を比較すると，ベクトルの大きさが $\sqrt{3}$ 倍になっただけであり，図の外形は全く同じとなる．また，このときの三相瞬時有効・無効電力について計算すると，次のようになり，従来の有効・無効電力と一致する．

●三相平衡時の三相瞬時有効電力と従来の有効電力の比較

三相瞬時有効電力： $p(t) = |\dot{v}(t)||\dot{i}(t)|\cos\phi(t) = 100 \times 40\sqrt{3}$
$= 4000\sqrt{3}$

有効電力（3相分）： $P = 3|\dot{V}_a||\dot{I}_a|\cos\theta = 3 \times 100 \times 40/\sqrt{3}$
$= 4\,000\sqrt{3}$ W

よって，三相瞬時有効電力＝有効電力　となる

2.4 三相交流回路における無効電力の問題点と瞬時空間ベクトル図

●三相平衡時の三相瞬時無効電力と従来の無効電力の比較

三相瞬時無効電力：$q(t) = |\dot{v}(t)||\dot{i}(t)|\sin\phi(t) = 100 \times 20\sqrt{3}$
$= 2\,000\sqrt{3}$

無効電力（3相分）：$Q = 3|\dot{V}||\dot{I}|\sin\theta = 3 \times 100 \times 20\sqrt{3}$
$= 2\,000\sqrt{3}$ var

よって，三相瞬時無効電力＝無効電力　となる

※新しい指標である，三相瞬時有効電力と三相瞬時無効電力には，該当する単位が設定されていない．ただし，三相瞬時有効電力は単位をWやV·Aとしても理論上は差し支えない．

続いて，三相不平衡時における結果を示す．三相不平衡のケースについて，従来のベクトル図と，新しい概念とおけるベクトル図を比較すると，**図2.4.6**のようになる．

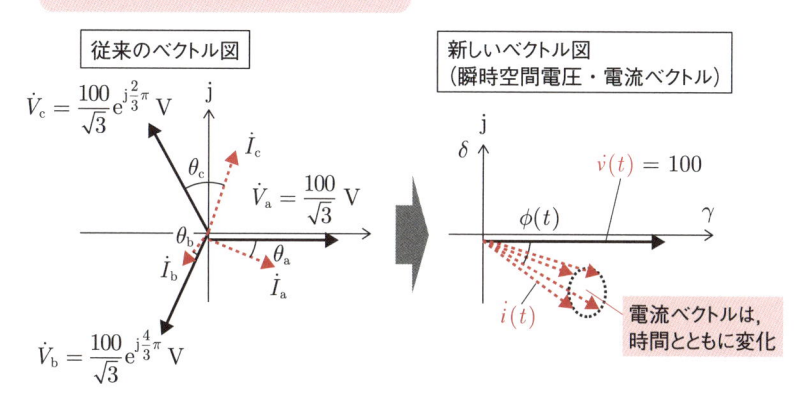

図2.4.6　三相不平衡の例（左：従来のベクトル図，右：瞬時空間ベクトル図）

図は，電圧は三相平衡，電流は不平衡というケースである．この場合，新しい電流ベクトルは時間とともに変化し，その軌跡はだ円状となることが多い．今回の例では電圧は三相平衡であるため，図2.4.5同様，電圧ベクトルは時間に依存しない定値となる．

このときの三相瞬時電力を計算すると，三相瞬時有効電力の平均値は従来

の有効電力と，三相瞬時無効電力の平均値は従来の無効電力と一致する．これらを数式で表現すると次のようになる．

● **三相不平衡時の三相瞬時有効電力と従来の有効電力**

有効電力 (3相分)：$P = |\dot{V}_\mathrm{a}||\dot{I}_\mathrm{a}|\cos\theta_\mathrm{a} + |\dot{V}_\mathrm{b}||\dot{I}_\mathrm{b}|\cos\theta_\mathrm{b} + |\dot{V}_\mathrm{c}||\dot{I}_\mathrm{c}|\cos\theta_\mathrm{c}$

三相瞬時有効電力：$p(t) = |\dot{v}(t)||\dot{i}(t)|\cos\phi(t) = P + C_p(t)$

● **三相不平衡時の三相瞬時無効電力と従来の無効電力**

無効電力 (3相分)：$Q = |\dot{V}_\mathrm{a}||\dot{I}_\mathrm{a}|\sin\theta_\mathrm{a} + |\dot{V}_\mathrm{b}||\dot{I}_\mathrm{b}|\sin\theta_\mathrm{b} + |\dot{V}_\mathrm{c}||\dot{I}_\mathrm{c}|\sin\theta_\mathrm{c}$

三相瞬時無効電力：$q(t) = |\dot{v}(t)||\dot{i}(t)|\sin\phi(t) = Q + C_q(t)$

※ $C(t)$ は振動成分（平均値はゼロ）

つまり，三相平衡であろうと不平衡であろうと，（ひずんだ波形でなければ）新しい指標である三相瞬時有効・無効電力の平均値は，従来の有効・無効電力と一致するということである．

ここまでで，新しい指標と従来の指標の類似点について，ご理解いただけたことと思う．次に，新しい指標がもつメリットと，従来の指標との相違点について触れておこう．三相瞬時有効・無効電力には次のような物理的意味がある．

● **三相瞬時有効電力 $p(t)$**

三相瞬時有効電力 $p(t)$ は，各相の瞬時電力の合計値と一致し，電源から回路へ流れるエネルギーの大きさを表す．

● **三相瞬時無効電力 $q(t)$**

三相瞬時無効電力 $q(t)$ は，各相に発生する瞬時電力のうち，相間で融通することができるエネルギーの大きさを表す．

三相瞬時有効電力は各相の瞬時電力の合計であるから，新しい概念とまではいえず，有効電力を深掘りしたものである．一方，三相瞬時無効電力は，従来のものとは全く異なる．三相瞬時無効電力を定めることにより，従来の無

効電力を，相間で融通可能なものと，融通不可能なものとに分けることができる．融通不可能な場合は，コンデンサなどの無効電力貯蔵設備を設置し，電源側から補償しなくてはならない．

また，瞬時空間電圧・電流と，三相瞬時有効・無効電力には，従来のものにはない大きなメリットがもう一つある．従来の電圧や電流，電力は振幅や平均値を示すものであるため，たとえばディジタルサンプリング方式にて計測するためには，算出のため複数個のデータを計測し，データの平均値をとったり，最大値を推定したりするような計算処理が必要であった．

一方，新しい指標（瞬時空間電圧・電流・電力）は瞬時値である．そのため，一つのサンプリングデータでよく，時間遅れなしで数値を算出できる．また，その算出は，定数を掛けたり足したりするのみであり，推定や平均などのあいまいな処理が介在しない（**図2.4.7**）．

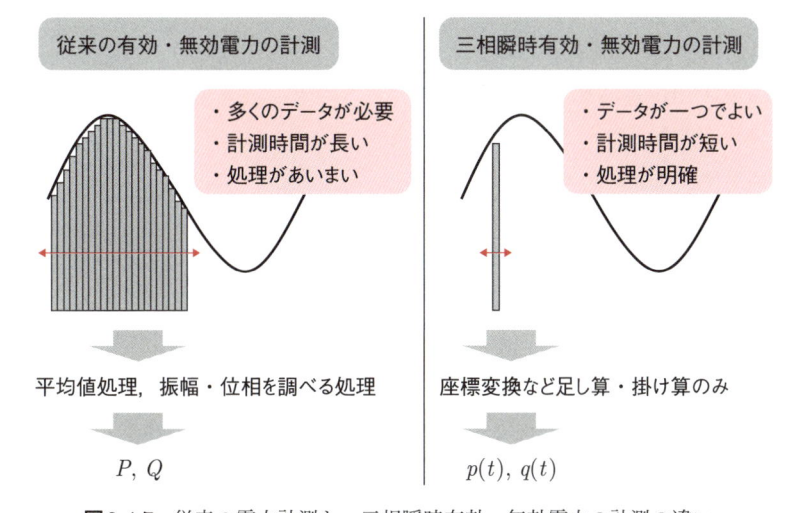

図2.4.7 従来の電力計測と，三相瞬時有効・無効電力の計測の違い

このことは，無効電力を制御システムに組み込むときなどに大きく効いてくる．たとえば，10個のサンプリングデータが必要だったものが，1個のサンプリングですめば，遅れ時間は1/10である．加えて，推定処理などのあいまいな処理をおこなわないので，得られる数値の精度は高まる．つまり，迅速な応答と高い精度という，制御上の大きな二つのポイントを同時に解決することができる．

新しい瞬時空間電圧・電流ベクトル図は，複数回にわたる座標変換など理解しづらい点もあるが，従来のベクトル図とよく似ているうえ，従来の概念を網羅したうえでさらに発展させており，有用性が高い．イメージだけでも理解しておくと何かの役に立つことがあるだろう．

2.5　三相瞬時有効・無効電力の計算例と解析

さて，ここからは実際に三相瞬時有効・無効電力を計算してみよう．

三相瞬時有効・無効電力の算出は簡単である．決まった定数を掛けたり，足し合わせたりするくらいでむずかしい計算はない．しかし，計算自体は簡単でも，導出の過程やその意味を考えると意外と理解しづらく，深く追っていこうとするとどうしても過程が長くなってしまう．

そこで，計算を以下，五つのフローに分け，その物理的意味についてもできるかぎりわかりやすく説明することとする．

◎フロー0：線電圧・電流を計測する
◎フローⅠ：α–β 座標変換する
◎フローⅡ：d–q 座標変換する
◎フローⅢ：γ–δ 座標変換する
◎フローⅣ：三相瞬時有効・無効電力を求める

フロー0は，理論上の回路でのみ計算が必要なフローである．現実では，計測器を用いて電圧値および電流値を計測すればよいため"フロー0"とした．

また，フローⅠ～Ⅱは，d–q 座標に変換するためのフローである．d–q 座標という名前に聞きおぼえがある方も多いだろう．この座標変換は，インバータのベクトル制御などで用いる d–q 座標変換と同じものである．また，発電機の d 軸・q 軸なども同様である．この座標変換は，電気業界ではどの分野でもよく用いられる変換なので，覚えておいて損はない．すでによくご存じの方は，フローⅠ，Ⅱは飛ばしていただいても構わない．2.5節(4)項のフローⅢからご覧いただければと思う．

（1）　フロー0：線電圧・電流を求める

さて，座標変換の準備として線電圧・線電流を求めよう．

図2.5.1 の相順をabcとし，aの線電圧 $\dot{V}_\mathrm{a}$ を基準としたときのベクトル図

2.5 三相瞬時有効・無効電力の計算例と解析

を図 2.5.2 に示す．

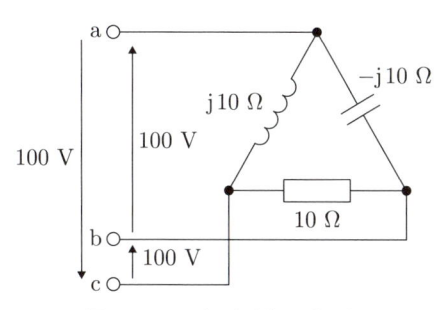

図 2.5.1 三相不平衡回路の例

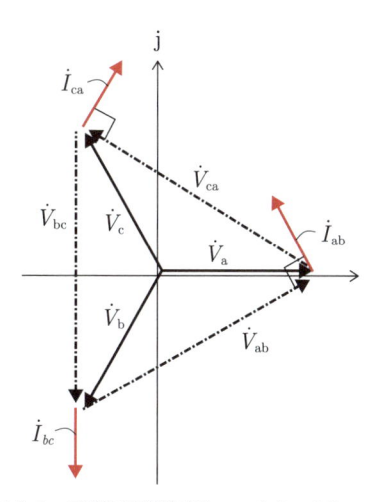

図 2.5.2 三相不平衡回路のベクトル図

この回路の線電圧・線電流を計算で求めよう．電圧は三相平衡であるので，各線電圧は次のようになる．

$$\dot{V}_a = \frac{100}{\sqrt{3}} \text{ V}$$

$$\dot{V}_b = \frac{-50 - j50\sqrt{3}}{\sqrt{3}} \text{ V}$$

$$\dot{V}_c = \frac{-50 + j50\sqrt{3}}{\sqrt{3}} \text{ V}$$

よって，ab 相，bc 相，ca 相に流れる電流は，次のようになる．

$$\dot{I}_{ab} = \left\{\frac{100}{\sqrt{3}} - \frac{-50 - j50\sqrt{3}}{\sqrt{3}}\right\}\frac{1}{-j10} = -5 + j5\sqrt{3} \text{ A}$$

$$\dot{I}_{bc} = \left\{\frac{-50 - j50\sqrt{3}}{\sqrt{3}} - \frac{-50 + j50\sqrt{3}}{\sqrt{3}}\right\}\frac{1}{10} = -j10 \text{ A}$$

$$\dot{I}_{ca} = \left\{\frac{-50 + j50\sqrt{3}}{\sqrt{3}} - \frac{100}{\sqrt{3}}\right\}\frac{1}{j10} = 5 + j5\sqrt{3} \text{ A}$$

さらに，各線に流れる電流は，

$$\dot{I}_a = \dot{I}_{ab} - \dot{I}_{ca} = -10 \text{ A}$$
$$\dot{I}_b = \dot{I}_{bc} - \dot{I}_{ab} = 5 - j10 - j5\sqrt{3} \text{ A}$$
$$\dot{I}_c = \dot{I}_{ca} - \dot{I}_{bc} = 5 + j10 + j5\sqrt{3} \text{ A}$$

さて，ここからは，ベクトルを瞬時値に変換しなくてはならない．電圧・電流の瞬時値は，複素数の実数項に$\sqrt{2}\sin\omega t$を，虚数項に$\sqrt{2}\cos\omega t$を掛け合わせることで計算できるので，

$$v_a(t) = \frac{100}{\sqrt{3}}\sqrt{2}\sin\omega t \text{ [V]}$$

$$v_b(t) = \frac{-50\sqrt{2}\sin\omega t - 50\sqrt{3}\sqrt{2}\cos\omega t}{\sqrt{3}} \text{ [V]}$$

$$v_c(t) = \frac{-50\sqrt{2}\sin\omega t + 50\sqrt{3}\sqrt{2}\cos\omega t}{\sqrt{3}} \text{ [V]}$$

$$i_a(t) = -10\sqrt{2}\sin\omega t \text{ [A]}$$
$$i_b(t) = 5\sqrt{2}\sin\omega t - (10 + 5\sqrt{3})\sqrt{2}\cos\omega t \text{ [A]}$$
$$i_c(t) = 5\sqrt{2}\sin\omega t + (10 + 5\sqrt{3})\sqrt{2}\cos\omega t \text{ [A]}$$

となる．

（2） フローⅠ：$\alpha-\beta$座標変換する

得られた各相の電圧値，電流値の瞬時値を使って，最初の座標変換をおこなう．$\alpha-\beta$座標変換は3相2相変換とも呼ばれ，あらゆる場面で使われる，基本的な座標変換である．以下，①〜③をおこなうことで実現する．

念のため補足するが，αやβは，単なる記号である．xやyでもよいのだが，3相-2相変換の際は，(a, b, c相) → (α, β相) と記号を振るのが慣例である．

2.5 三相瞬時有効・無効電力の計算例と解析

●α-β座標変換フロー
① a相，b相，c相の電圧瞬時値$v_a(t)$，$v_b(t)$，$v_c(t)$をそれぞれ，α-β座標上に120°ずつずれた軸（図2.5.3のa〜c軸上）に並べる
② ①で並べたベクトルをそれぞれ$\sqrt{\dfrac{2}{3}}$倍し，足し合わせる．合成された電圧ベクトル$\boldsymbol{v}'(t) = \begin{bmatrix} v_\alpha'(t) \\ v_\beta'(t) \end{bmatrix}$を得る
③ 電流瞬時値$i_a(t)$，$i_b(t)$，$i_c(t)$も同様にしてa，b，c軸上に並べ，$\sqrt{\dfrac{2}{3}}$倍し平面上で足し合わせて，電流ベクトル$\boldsymbol{i}'(t) = \begin{bmatrix} i_\alpha'(t) \\ i_\beta'(t) \end{bmatrix}$を得る

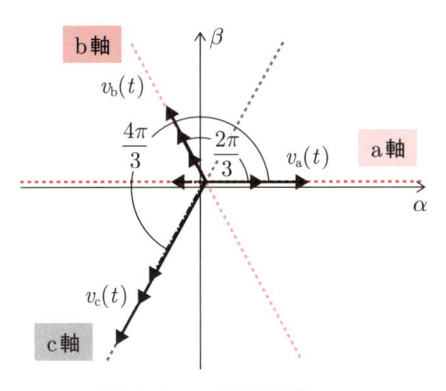

図2.5.3 α-β座標変換

※$v_a(t)$，$v_b(t)$，$v_c(t)$は瞬時値であり，従来の電圧ベクトルとは異なるので注意してほしい．交流回路における電圧・電流はたとえ定常状態にあったとしても周波数とともに時々刻々と変化するから，$v_a(t)$，$v_b(t)$，$v_c(t)$は，それぞれ軸上で伸び縮みすることになる．

※瞬時値を空間的に対称に並べたものを，"空間ベクトル"と呼ぶ．できあがったベクトル図を，瞬時"空間"電圧ベクトルと呼ぶのは，このことに由来する．

※②，③において，必ずしも行列による計算を用いる必要はない．座標平面上のα，β成分（横軸，縦軸成分）がわかればよい．

言葉で書くとすこしややこしいが，実際の計算では，次の式に当てはめる

ことで容易に計算できる.

$$\begin{bmatrix} v_\alpha{}'(t) \\ v_\beta{}'(t) \end{bmatrix} = \sqrt{\frac{2}{3}} \begin{bmatrix} 1 & -\dfrac{1}{2} & -\dfrac{1}{2} \\ 0 & \dfrac{\sqrt{3}}{2} & -\dfrac{\sqrt{3}}{2} \end{bmatrix} \begin{bmatrix} v_a(t) \\ v_b(t) \\ v_c(t) \end{bmatrix}$$

$$\begin{bmatrix} i_\alpha{}'(t) \\ i_\beta{}'(t) \end{bmatrix} = \sqrt{\frac{2}{3}} \begin{bmatrix} 1 & -\dfrac{1}{2} & -\dfrac{1}{2} \\ 0 & \dfrac{\sqrt{3}}{2} & -\dfrac{\sqrt{3}}{2} \end{bmatrix} \begin{bmatrix} i_a(t) \\ i_b(t) \\ i_c(t) \end{bmatrix}$$

文字が多く出てきて，わかりづらいかもしれないが，実際に数値を入れてみると簡単である．たとえば，三相交流電圧波形を示した**図2.5.4**上で，$t = t_1$ のときは，

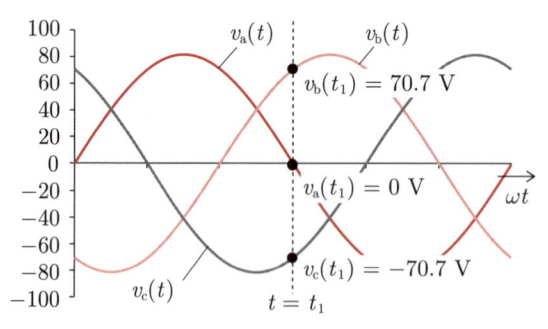

図2.5.4 三相交流電圧波形

$$v_a(t_1) = 0, \quad v_b(t_1) = 70.7 \text{ V}, \quad v_c(t_1) = -70.7 \text{ V}$$

であるから，

$$\boldsymbol{v}'(t_1) = \begin{bmatrix} v_\alpha{}'(t_1) \\ v_\beta{}'(t_1) \end{bmatrix} = \sqrt{\frac{2}{3}} \begin{bmatrix} 1 & -\dfrac{1}{2} & -\dfrac{1}{2} \\ 0 & \dfrac{\sqrt{3}}{2} & -\dfrac{\sqrt{3}}{2} \end{bmatrix} \begin{bmatrix} v_a(t_1) \\ v_b(t_1) \\ v_c(t_1) \end{bmatrix}$$

$$= \sqrt{\frac{2}{3}} \begin{bmatrix} 1 & -\frac{1}{2} & -\frac{1}{2} \\ 0 & \frac{\sqrt{3}}{2} & -\frac{\sqrt{3}}{2} \end{bmatrix} \begin{bmatrix} 0 \\ 70.7 \\ -70.7 \end{bmatrix} = \sqrt{\frac{2}{3}} \begin{bmatrix} 0 \\ 122.45 \end{bmatrix}$$

$$= \begin{bmatrix} 0 \\ 100 \end{bmatrix}$$

つまり，$\boldsymbol{v}'(t_1) = \begin{bmatrix} 0 \\ 100 \end{bmatrix}$ となる．

これは，図にして視覚的に考えると非常にわかりやすい．**図2.5.5**に示すので確認してほしい．

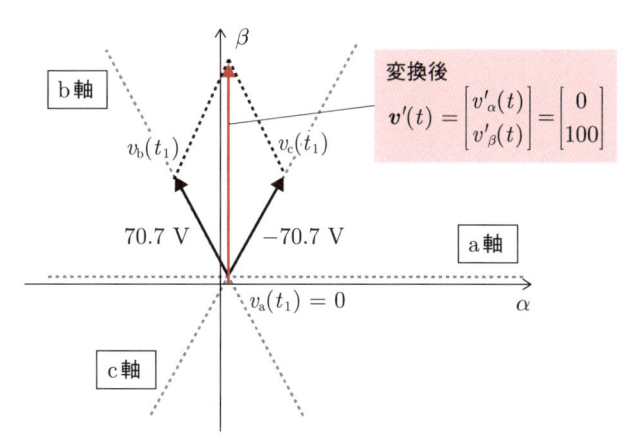

図2.5.5 $t = t_1$のときのα–β座標変換例

これが，α–β座標変換である．イメージがわいただろうか．
$t = t_1$以外の場合についても考えれば，

$$v_a(t) = \frac{100}{\sqrt{3}} \sqrt{2} \sin \omega t$$

$$v_b(t) = \frac{-50\sqrt{2} \sin \omega t - 50\sqrt{3}\sqrt{2} \cos \omega t}{\sqrt{3}}$$

$$v_c(t) = \frac{-50\sqrt{2} \sin \omega t + 50\sqrt{3}\sqrt{2} \cos \omega t}{\sqrt{3}}$$

を代入して，

$$\boldsymbol{v}'(t) = \begin{bmatrix} v_\alpha'(t) \\ v_\beta'(t) \end{bmatrix} = \sqrt{\frac{2}{3}} \begin{bmatrix} 1 & -\frac{1}{2} & -\frac{1}{2} \\ 0 & \frac{\sqrt{3}}{2} & -\frac{\sqrt{3}}{2} \end{bmatrix} \begin{bmatrix} v_a \\ v_b \\ v_c \end{bmatrix}$$

$$= \sqrt{\frac{2}{3}} \begin{bmatrix} \dfrac{150\sqrt{2}\sin\omega t}{\sqrt{3}} \\ -\dfrac{100\sqrt{3}\cos\omega t}{\sqrt{2}} \end{bmatrix}$$

$$= \begin{bmatrix} 100\sin\omega t \\ -100\cos\omega t \end{bmatrix}$$

を得る．このようにして，α–β 座標上に表された新しい電圧ベクトル $\boldsymbol{v}'(t)$ を，**図 2.5.6** に示す．

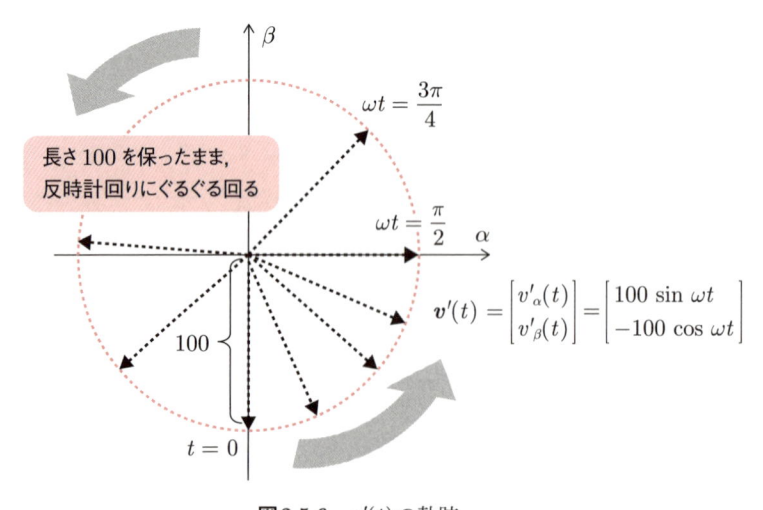

図 2.5.6 $\boldsymbol{v}'(t)$ の軌跡

おもしろいことに，$\boldsymbol{v}'(t)$ は長さ 100 を保ったまま，α–β 平面上を反時計回りにぐるぐると回る．これは，電動機や発電機などにおいて，三相交流が回転磁界をつくる原理と同じである．さて，電流も同様に計算すれば，

2.5 三相瞬時有効・無効電力の計算例と解析

$$\boldsymbol{i}'(t) = \begin{bmatrix} i_\alpha{}'(t) \\ i_\beta{}'(t) \end{bmatrix} = \sqrt{\frac{2}{3}} \begin{bmatrix} 1 & -\frac{1}{2} & -\frac{1}{2} \\ 0 & \frac{\sqrt{3}}{2} & -\frac{\sqrt{3}}{2} \end{bmatrix} \begin{bmatrix} i_a \\ i_b \\ i_c \end{bmatrix}$$

$$= \begin{bmatrix} -10\sqrt{3}\sin\omega t \\ -(20+10\sqrt{3})\cos\omega t \end{bmatrix}$$

通常，$\boldsymbol{i}'(t)$ も $\boldsymbol{v}'(t)$ と同様，α–β 平面上を反時計回りにぐるぐると回る．今回のように不平衡な場合，その軌跡はだ円状となることが多い（**図2.5.7**）．なお，今回は特殊な不平衡回路の例について考えているため，時計回りに回る．

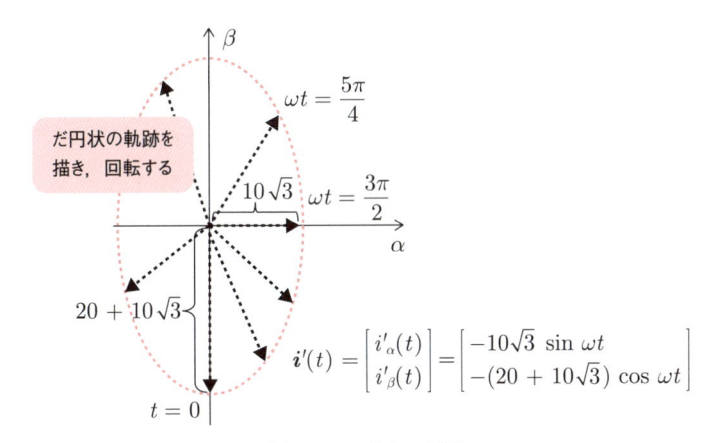

図2.5.7 $\boldsymbol{i}'(t)$ の軌跡

このようにして，α–β 座標変換をおこなうことで，$\boldsymbol{v}'(t)$ および $\boldsymbol{i}'(t)$ を得ることができた．

（3） フローⅡ：d–q 座標変換する

このままでは $\boldsymbol{v}'(t)$ と $\boldsymbol{i}'(t)$ がともに回り続けることになり，電圧と電流の関係がつかみにくい．そこで，この回転を止めるために座標系も一緒に回転させてしまおうというのが d–q 座標変換である．

回転を止めるには，次の二つの方法がある．

> ● $d-q$ 座標変換方法
> ① $\alpha-\beta$ 平面を複素平面としてとらえ，α 方向を実数，β 方向を虚数とし，$\{v_\alpha'(t) + \mathrm{j}v_\beta'(t)\}\mathrm{e}^{-\mathrm{j}\omega t}$，$\{i_\alpha'(t) + \mathrm{j}i_\beta'(t)\}\mathrm{e}^{-\mathrm{j}\omega t}$ を計算する
> ② 行列 $\boldsymbol{v}'(t)$ および $\boldsymbol{i}'(t)$ に，回転行列 $\begin{bmatrix} \cos\omega t & \sin\omega t \\ -\sin\omega t & \cos\omega t \end{bmatrix}$ をそれぞれ左から掛ける

※②を用いる場合，実際の計算では $\alpha-\beta$ 変換と $d-q$ 変換を併せて一度に行ってしまうことが多い．その場合，計算上は，二つの行列式をあらかじめ掛けておくことで省力化することができる．2回に分けても1回で実施しても答えは同じである．

①，②どちらの手法をとっても答えは同じだが，一般に電気系エンジニアは行列計算よりも複素平面のほうが得意であると思われる．そこで，ここでは①の方法を使ってみよう．

$\alpha-\beta$ 座標上の $\boldsymbol{v}'(t)$ を，$\boldsymbol{v}''(t) = v_d''(t) + \mathrm{j}\, v_q''(t)$ へ変換すると，

$$\boldsymbol{v}''(t) = v_d''(t) + \mathrm{j}v_q''(t) = \{v_\alpha'(t) + \mathrm{j}v_\beta'(t)\}\mathrm{e}^{-\mathrm{j}\omega t}$$
$$= (100\sin\omega t - \mathrm{j}100\cos\omega t)(\cos\omega t - \mathrm{j}\sin\omega t)$$
$$= -\mathrm{j}100$$

このように $d-q$ 座標上では，電圧ベクトルは回転を止め，時間 t に依存しない定値となった．定値となったのは，電圧が平衡状態にあったためである．もし電圧が不平衡であった場合は，$\boldsymbol{v}''(t)$ は t の関数となり，時々刻々と変化する．

電流についても同様に，

$$\boldsymbol{i}''(t) = i_d''(t) + \mathrm{j}i_q''(t) = \{i_\alpha'(t) + \mathrm{j}i_\beta'(t)\}\mathrm{e}^{-\mathrm{j}\omega t}$$
$$= \{-10\sqrt{3}\sin\omega t - \mathrm{j}(20+10\sqrt{3})100\cos\omega t\}(\cos\omega t - \mathrm{j}\sin\omega t)$$
$$= -(10+10\sqrt{3})\sin 2\omega t - \mathrm{j}\{10+(10+10\sqrt{3})\cos 2\omega t\}$$

と求まる．今回の例では電流は不平衡であるので，$\boldsymbol{i}''(t)$ は時間に依存して変化する．

この $\boldsymbol{v}''(t)$，$\boldsymbol{i}''(t)$ を $d-q$ 座標上に描くと，**図2.5.8**となる．$\boldsymbol{v}''(t)$ は定値であり，$\boldsymbol{i}''(t)$ は t とともに変化するベクトル軌跡となる．その軌跡には周期性があり，円弧状の軌跡となる．

2.5 三相瞬時有効・無効電力の計算例と解析

$$\boldsymbol{i}''(t) = -(10 + 10\sqrt{3})\sin 2\omega t - \mathrm{j}\{10 + (10 + 10\sqrt{3})\cos 2\omega t\}$$
円弧状の軌跡を描く

$$\boldsymbol{v}''(t) = -\mathrm{j}100$$
定値のまま

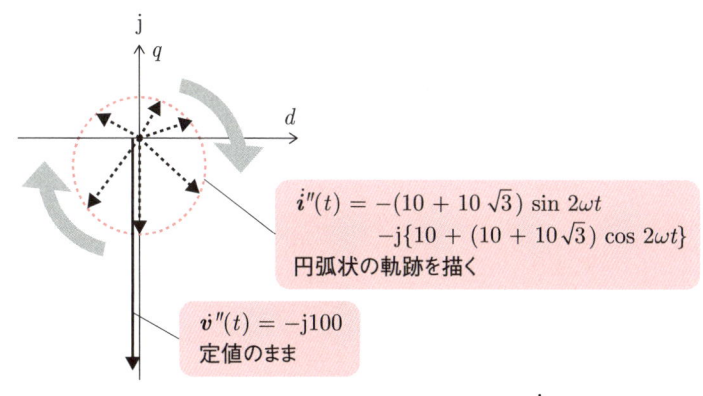

図2.5.8 $d-q$座標変換後の $\dot{\boldsymbol{v}}''(t)$ および $\dot{\boldsymbol{i}}''(t)$

(4) フローⅢ：$\gamma-\delta$座標変換する

だんだん目指す形が見えてきた．ようやく最後の座標変換に移る．

多くの方は，電圧を基準としたベクトル図を見慣れていることと思う．そこで，$\gamma-\delta$座標変換をおこない，電圧ベクトルを基準にベクトル図を描き直そう．

●$\gamma-\delta$座標変換方法

$\alpha-\beta$平面上の$\dot{\boldsymbol{v}}''(t)$，$\dot{\boldsymbol{i}}''(t)$について，$\dot{\boldsymbol{v}}''(t)$が向く向きを実数軸"$\gamma$軸"として描き直す．

$$\dot{v}(t) = \left|\dot{v}''(t)\right|$$

$$\dot{i}(t) = \frac{\left|\dot{v}''(t)\right|}{\dot{v}''(t)}\dot{i}''(t)$$

上記数式に当てはめると，

$$\dot{v}(t) = \left|\dot{v}''(t)\right| = \left|-\mathrm{j}100\right| = 100$$

$$\begin{aligned}\dot{i}(t) &= \frac{\left|\dot{v}''(t)\right|}{\dot{v}''(t)}\dot{i}''(t) \\ &= \frac{100}{-\mathrm{j}100}\times\left[-(10+10\sqrt{3})\sin 2\omega t - \mathrm{j}\{10+(10+10\sqrt{3})\cos 2\omega t\}\right] \\ &= 10 + (10+10\sqrt{3})\cos 2\omega t - \mathrm{j}(10+10\sqrt{3})\sin 2\omega t\end{aligned}$$

となる．数式ではわかりにくいかもしれないが，図にすると，この変換は非常に簡単である．図2.5.8の図を90°回転させるだけでよい．

座標変換後の$\dot{v}(t)$，$\dot{i}(t)$および位相差$\phi(t)$を**図2.5.9**に示す．

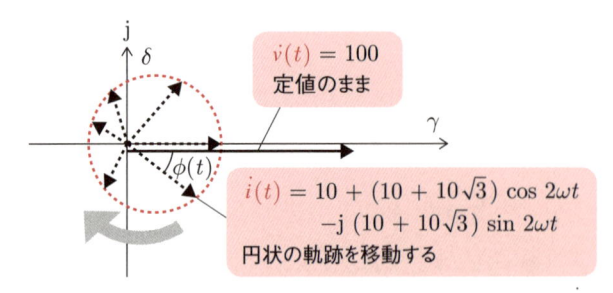

図2.5.9 γ–δ座標変換後の$\dot{v}(t)$，$\dot{i}(t)$（図2.5.8を90°回転した状態）

これが新しいベクトル図の最終形である．今回の場合，$\dot{v}(t)$は定値であるが，$\dot{i}(t)$および$\phi(t)$は，時間とともに変化するベクトル軌跡として表される．

※今回の例では電圧が三相平衡であったため，γ–δ座標変換は，α–β座標を90°回転しただけとなり，あまり意味をもたないように感じるかもしれない．しかし，電圧が不平衡の場合，電圧ベクトルは円弧状の軌跡を描く．そのとき，このγ–δ座標変換は，電圧ベクトルの回転を止め扱いやすくするという意味がある．

（5） フロー Ⅳ：三相瞬時有効・無効電力を求める

いよいよ最後のフローである．得られた新しいベクトル図を使って，三相瞬時有効電力$p(t)$と三相瞬時無効電力$q(t)$を求めよう．

$p(t)$は$\dot{v}(t)$と$\dot{i}(t)$の同相成分を掛けたものであり，$q(t)$は$\dot{v}(t)$と$\dot{i}(t)$の90°位相が異なる成分を掛けたものである．従来の有効・無効電力の定義と同じであるので，イメージしやすいだろう．定義式を次に示す．

●三相瞬時有効・無効電力の計算

三相瞬時有効電力： $p(t) = |\dot{v}(t)||\dot{i}(t)|\cos\phi(t) = \mathrm{Re}\left[\dot{v}(t)\overline{\dot{i}(t)}\right]$

三相瞬時無効電力： $q(t) = |\dot{v}(t)||\dot{i}(t)|\sin\phi(t) = \mathrm{Im}\left[\dot{v}(t)\overline{\dot{i}(t)}\right]$

なお，$p(t) + \mathrm{j}q(t) = \dot{v}(t)\overline{\dot{i}(t)}$ と表すことも可能である．
今回の例において当てはめると，

$$p(t) = 100 \times \{10 + (10 + 10\sqrt{3})\cos 2\omega t\}$$
$$= 1\,000 + (1\,000 + 1\,000\sqrt{3})\cos 2\omega t$$
$$q(t) = 100 \times (10 + 10\sqrt{3})\sin 2\omega t$$
$$= (1\,000 + 1\,000\sqrt{3})\sin 2\omega t$$

こうして，新しい定義である三相瞬時有効電力 $p(t)$ および三相瞬時無効電力 $q(t)$ を求めることができた．

（6） 新しいベクトル図と三相瞬時有効・無効電力の意味

さて，(5)項にて求めた計算結果をもとに，三相瞬時有効電力・無効電力と，従来の有効電力・無効電力との比較をおこなう．

以下に，今回解析した回路図を再掲する（**図 2.5.1**）．従来の有効電力・無効電力は図から容易に計算可能であり，$P = 1\,000$ W，$Q = 0$ var である．

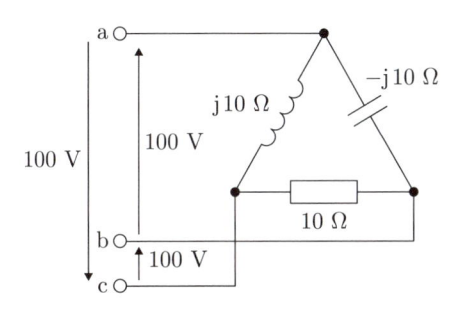

図 2.5.1（再掲） 今回解析した三相不平衡回路

一方，新しい指標である三相瞬時有効・無効電力は，以下のとおりであった．
　　　三相瞬時有効電力：$p(t) = 1\,000 + (1\,000 + 1\,000\sqrt{3})\cos 2\omega t$
　　　三相瞬時無効電力：$q(t) = (1\,000 + 1\,000\sqrt{3})\sin 2\omega t$

この三相瞬時有効電力 $p(t)$ は，各相の瞬時電力を足し合わせたものと等しい．このことは，次式を展開すれば簡単に確認できる．計算については割愛する．

$$v_a(t)i_a(t) + v_b(t)i_b(t) + v_c(t)i_c(t)$$
$$= 1\,000 + (1\,000 + 1\,000\sqrt{3})\cos 2\omega t$$
$$= p(t)$$

※参考

上記式が成り立つことは，次の線電圧・線電流を代入すれば確認可能である．なお，相電圧・相電流で計算しても結果は同じである．
(以下，2.5節(1)項より再掲)

$$v_a(t) = \frac{100}{\sqrt{3}}\sqrt{2}\sin\omega t\,[\mathrm{V}]$$

$$v_b(t) = \frac{-50\sqrt{2}\sin\omega t - 50\sqrt{3}\sqrt{2}\cos\omega t}{\sqrt{3}}\,[\mathrm{V}]$$

$$v_c(t) = \frac{-50\sqrt{2}\sin\omega t + 50\sqrt{3}\sqrt{2}\cos\omega t}{\sqrt{3}}\,[\mathrm{V}]$$

$$i_a(t) = -10\sqrt{2}\sin\omega t\,[\mathrm{A}]$$

$$i_b(t) = 5\sqrt{2}\sin\omega t - (10 + 5\sqrt{3})\sqrt{2}\cos\omega t\,[\mathrm{A}]$$

$$i_c(t) = 5\sqrt{2}\sin\omega t + (10 + 5\sqrt{3})\sqrt{2}\cos\omega t\,[\mathrm{A}]$$

従来の有効電力とは，各相の瞬時電力の平均値の合計であった．平均してから合計しても，合計してから平均しても，値は変わらない．そのため，従来の有効電力 P は，$p(t)$ の平均値と同じ値となる．今回の例では，10 Ω の抵抗器によって 1 000 W の有効電力が消費されており，そのことが三相瞬時有効電力 $p(t)$ からも読みとることができる．

一方，三相無効瞬時電力 $q(t)$ は，相間で融通することが可能なエネルギーである．そして，基本波のみについて考える場合は，$q(t)$ の平均値は，従来の定義の無効電力 Q と一致する．今回の例では，コイルによる 1 000 var とコンデンサによる -1 000 var が打ち消しあうため，従来の無効電力は 0 var である．今回の $q(t)$ の平均値は 0 となり，一致することがわかる．参考に，$p(t)$ および $q(t)$ の波形を図 2.5.10 に示す．

次に，従来のベクトル図と新しいベクトル図を比較しよう．今回の例に関して，ベクトル図を比較したものを図 2.5.11 に示す．

2.5 三相瞬時有効・無効電力の計算例と解析

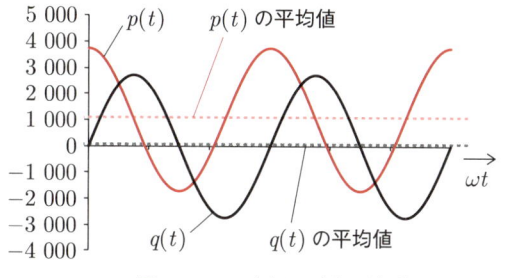

図 2.5.10 $p(t)$ と $q(t)$ の波形

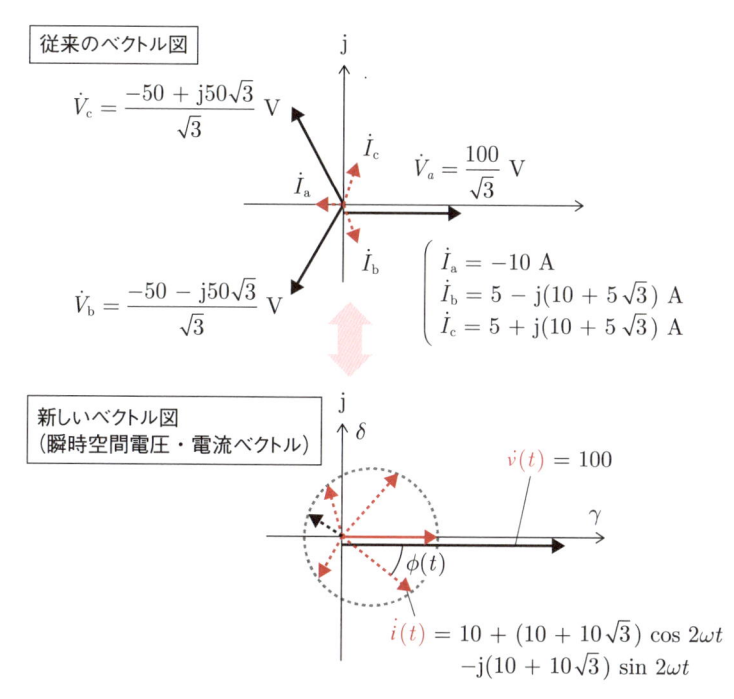

図 2.5.11 従来のベクトル図と新しいベクトル図の比較

従来のベクトル図では，電圧・電流ともにそれぞれ3本のベクトルが必要であった．一方，新しいベクトル図は電圧・電流ともにベクトル線は1本ずつである．その代わり，瞬時値をベクトル化しているため，不平衡回路の場合は，図の電流 $i(t)$ のようにベクトル軌跡を描く．

なお，今回は通常ではありえないような極端な不平衡回路を例に用いたため，すこしわかりにくかったかもしれない．そこで，もう少し一般的な回路

のベクトル図の例も示しておこう．ベクトル図の例を**図2.5.12**，**図2.5.13**，**図2.5.14**に示す．

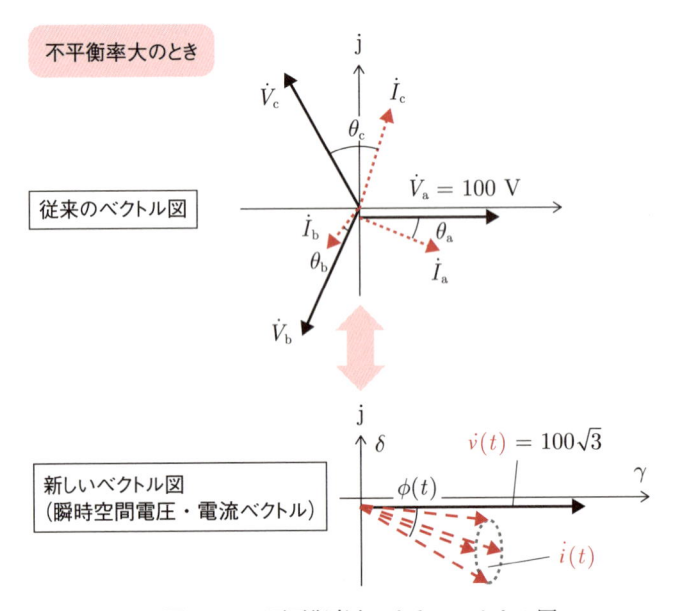

図2.5.12 不平衡率大のときのベクトル図

細かい計算は割愛するが，図2.5.12と図2.5.13の違いは，不平衡率にある．前項で述べたとおり，三相平衡のときは，新しいベクトル図は電圧・電流どちらも軌跡ではなくなり，完全に1本のベクトルとなる（図2.5.14）．不平衡になればなるほど，軌跡は大きくなり，いずれ図2.5.10のように大きな円となる．つまり，新しいベクトル図は，不平衡率を可視化することが可能である．

三相瞬時有効・無効電力．新しいベクトル図は，これまでの考え方では説明しきれなかった，三相回路における電力の流れを解明することができる大変便利なものである．これらは，従来の有効電力・無効電力，従来のベクトル図とは別次元の概念であるが，算出方法は従来のものと似ていて覚えやすい．また，三相瞬時電力の考え方は，高調波を含んだひずんだ波形において大きな効力を発揮する．特にインバータ制御などにおいては頻出する考え方である．

2.5 三相瞬時有効・無効電力の計算例と解析

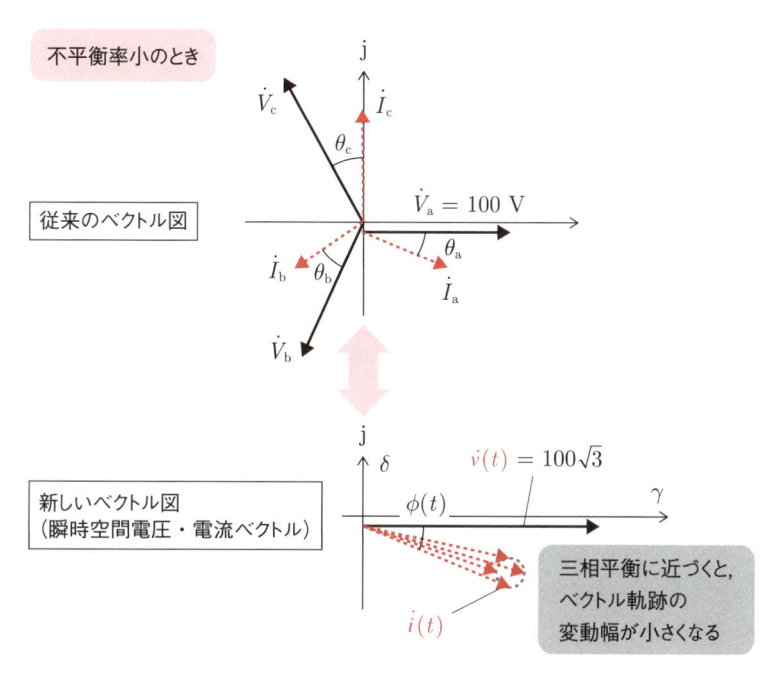

図2.5.13 不平衡率小のときのベクトル図

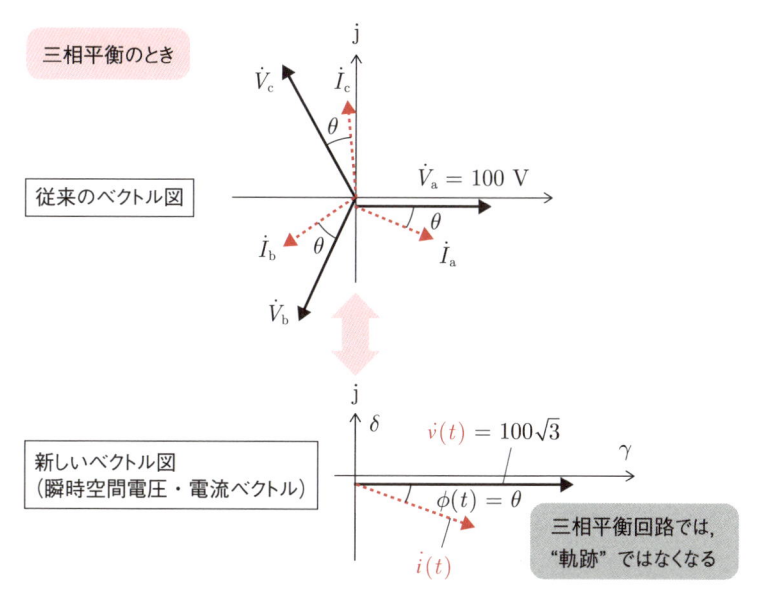

図2.5.14 三相平衡のときのベクトル図

2.6 まとめ

1. 交流電力は直流電力に比べ複雑である．有効・無効電力は，瞬時電力を簡素化して表す指標であるので，これらを使う際は，その前提条件や物理的意味をよく理解しなくてはならない．
2. 交流回路の電力は，2倍周波数で脈動する正弦波状の波形となる．有効電力とは，抵抗素子の瞬時電力の"平均値"であり，無効電力とはリアクタンス素子の瞬時電力の"振幅"である（**図 2.6.1**）．
3. 無効電力は"振幅"であるため，有効電力に比べてあいまいかつわかりにくい．たとえばひずんだ波形では，無効電力を明確に定めることがむずかしい（**図 2.6.2**）．
4. 回路上に複数個のリアクタンス素子がある場合，各素子に無効電力が蓄えられるタイミングが一致するとはかぎらない．しかし，回路全体の無効電力を求める場合は，瞬時電力の位相差を気にせず，各素子の無効電力の総和を求めればよい．
5. 三相回路に無効電力を取り入れようとすると，二つの問題が生じる．そこで，従来の有効電力・無効電力とは違い，三相を一括してとらえる"三相瞬時有効・無効電力"という新しい概念を紹介した．この概念により，これらの問題を解決するうえ，さらなるメリットを享受することができる．従来の指標に対するメリットの一つが，計測性の向上である．瞬時に計測可能なうえ，高い精度の計測値を得ることができる（**図 2.6.3**）．
6. "三相瞬時有効・無効電力"をイメージしやすくするため，新しいベクトル図である，"瞬時空間ベクトル図"が提唱されている．これを描くためには，数回の座標変換をする必要があるが，外形や使い方が従来のベクトル図に似ていて理解しやすい（**図 2.6.4**）．

2.6 まとめ

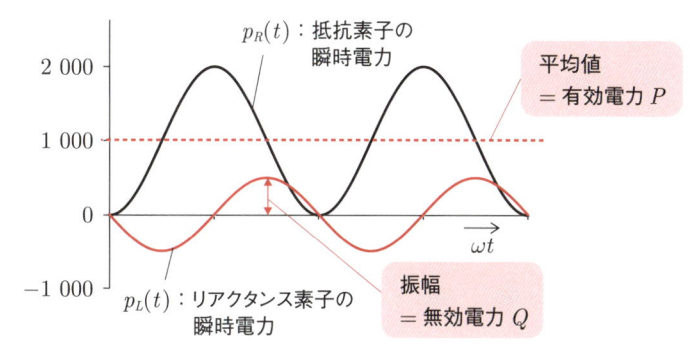

図 2.6.1 瞬時電力波形と有効・無効電力

- $p_R(t)$：抵抗素子の瞬時電力
- $p_L(t)$：リアクタンス素子の瞬時電力
- 平均値 ＝ 有効電力 P
- 振幅 ＝ 無効電力 Q

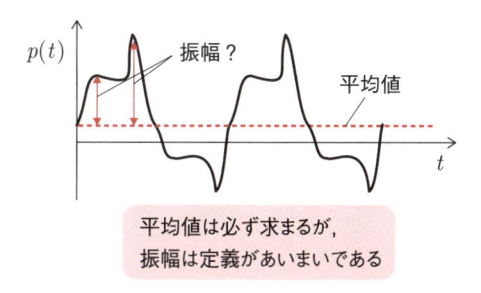

図 2.6.2 高調波を含んだ回路における瞬時電力波形の例

- 振幅？
- 平均値
- 平均値は必ず求まるが、振幅は定義があいまいである

有効・無効電力の計測
- 多くのデータが必要
- 計測時間が長い
- 処理があいまい

平均値処理，振幅・位相を調べる処理

P, Q

三相瞬時有効・無効電力の計測
- データが一つでよい
- 計測時間が短い
- 処理が明確

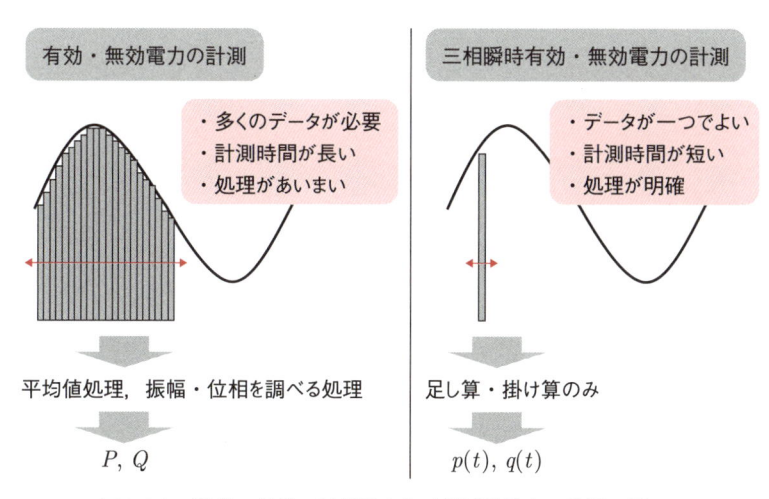

足し算・掛け算のみ

$p(t), q(t)$

図 2.6.3 従来の有効・無効電力と三相瞬時電力の計測の違い

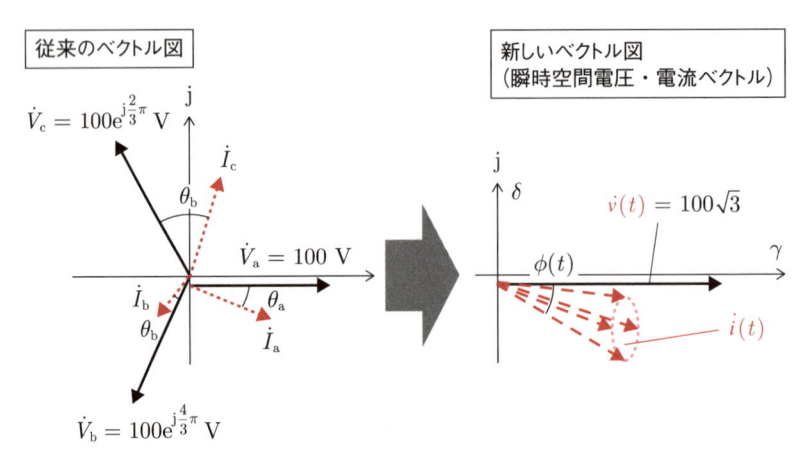

図 2.6.4 従来のベクトル図と新しいベクトル図の例

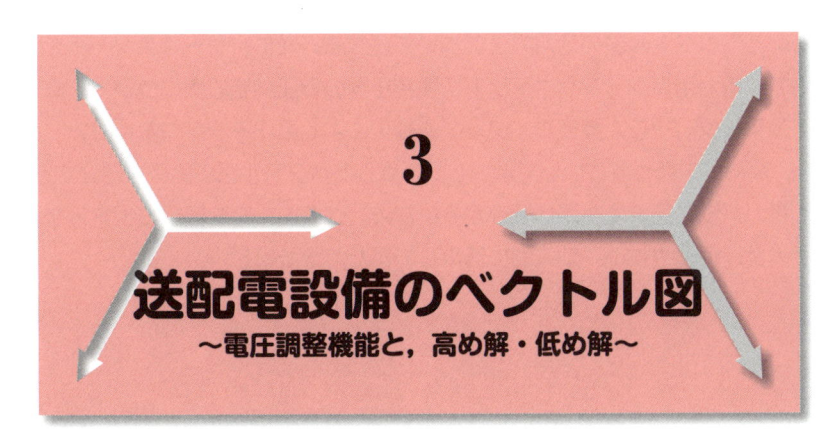

3 送配電設備のベクトル図
～電圧調整機能と，高め解・低め解～

3章～5章では，"電力系統"におけるベクトル図の活用法について述べる．

電力系統を電気回路としてとらえると，その回路はとてつもなく広大で入り乱れたものとなる．そのため，すべてを一括して考えるのはむずかしく，機能別もしくは地域別に区切って，それぞれの特性について考えるのが一般的である．

そこで本書では，**図3.1**のように電力系統を機能別に切り分け，順を追って考えていくこととする．本章は，発電設備と負荷設備の中間の設備である"送配電設備"にフォーカスを当てる．これは電気を変成・流通させ，電気のネットワークの機能を担う設備である．

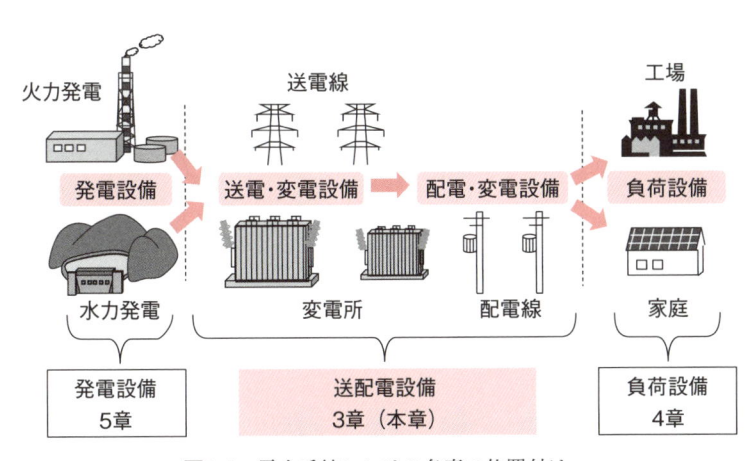

図3.1 電力系統における各章の位置付け

はじめに，送配電設備の等価回路を使って，力率や潮流の変化による電圧の

変化と，ベクトル図の活用方法について述べる．次に，ケーススタディを用いて，電力用コンデンサやタップ切換変圧器の電圧調整設備について，原理と効果を説明する．最後に，タップ逆動作による電圧不安定現象について述べ，高め解・低め解について解説し，これらとベクトル図の関係を紹介する．

　電力系統の現象は複雑な計算が多いため，ベクトル図を使って視覚化すると大変理解しやすい．効果的に活用していただきたい．

3.1 電力系統という大きな回路を計算するには

電力系統の計算をする際には，まずそれらを等価回路に変換する必要がある．電力系統の等価回路を考えるにあたって，重要なことが三つある．
① 回路の一部分を切り取る
② 三相平衡を前提とする
③ 単位法やパーセント法を使う

（1） 電力系統を等価回路に落とし込むときの注意点
① 回路の一部分を切り取る

電力系統を電気回路に置き換えて計算する際には，電気回路の一部分だけを切り取って議論したり，回路に外部条件をつけて計算したりすることが多い．そのため，切り取られた，いわば未完成の回路や，条件付き回路の計算に慣れなければならない．回路の一部分を切り取る理由は二つある．

一つは，電力系統が放射状あるいはループ状に広がっており，すべてがつながっていることにある．日本では九州から北海道まで広い範囲の電力系統が接続され，すべてがなんらかの形で影響しあっている．これらは**図3.1.1**のように，広大であるうえ入り乱れている．そのため，これを一つの回路モデルに落とし込むのは大変である．もし，これらすべてを一つの回路に落とし込んだとしても，その計算は高い処理能力をもった計算機でないと不可能であり，複雑すぎるため結果を検証するのも困難である．

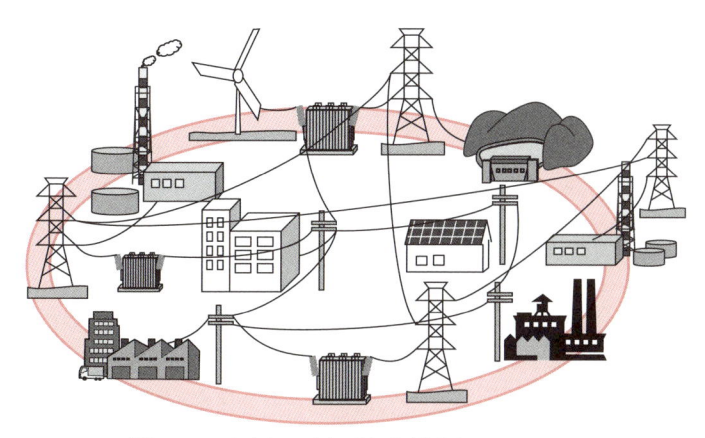

図3.1.1 広大かつ入り乱れた電力ネットワーク

もう一つは，"事業者"の違いにある．ネットワークに流れる電力を最終的に消費する電気機器は，家庭や工場などの"需要家"の設備である．そのため，それらがどのような電気機器で，どのように使われているかについて，電力会社は知り得ない．加えて，近年は発電事業者についても多くの新規参入があり，発電事業者は1社ではない．他事業者の設備については，設備仕様・条件など基本的事項は開示されるものの，運用方法や特性の詳細など，わからないことも多い．

そのため，これら広いネットワークから，便宜的に一部分を切り取って（もしくは代表回路に模擬して）等価回路に落とし込み，一つひとつを理解していくことが重要である．

② 三相平衡を前提とする

通常，電力系統の等価回路を考える場合は，負荷や条件を三相平衡とみなし，1相分のみを議論することになる．実際の配電系統を考えれば，家庭への負荷供給は単相であり，各相によって条件が異なる．しかし，実際の運用上では，可能なかぎり三相平衡状態になるよう，うまく負荷を割り振っており，不平衡の影響はほとんどない．そのため，電力系統全体にまつわる事象を考える場合は，1相分のみを考えれば十分である．

なお，事故現象の解析の際は，不平衡事故についても検討する必要があるが，これは事故点の電圧や事故電流など，事故にまつわる条件を不平衡と仮定するものであり，モデルが三相平衡を基本としていることに変わりはない．この場合は，対称座標法などの方法を用いて計算することが多い．対象座標法を使うと，一般化が可能であり，3相それぞれを計算する場合に比べればずいぶん簡単になる．

③ 単位法やパーセント法を使う

電力系統では，単位法やパーセント法を使って計算することがほとんどである．単位はVやA，Ωではなく，p.u.や％を使うことになる．

図3.1.2に示すように，電力系統では，電気が発電されて消費されるまでの間に，何度も変圧器を通じて変成される．これら変圧器にまたがる計算をする場合は，その一次側と二次側で換算をしなくてはならない．変圧器にまたがる換算の計算は，非常に面倒であり，数値感をつかみにくい．そのため，

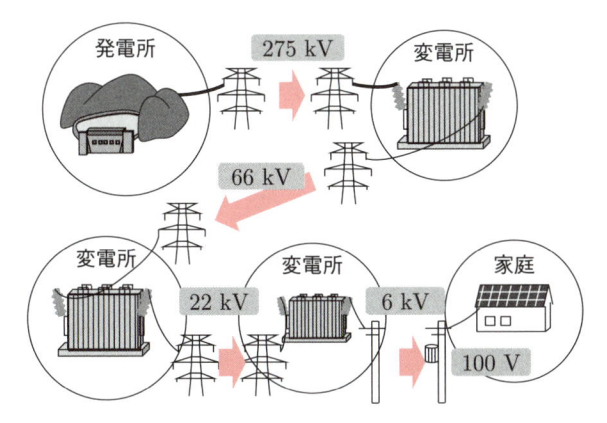

3.1 電力系統という大きな回路を計算するには 101

図3.1.2 電力ネットワークにおける変成

単位法やパーセント法を使用して，省力化することになる．単位法・パーセント法については後述する．

（2） 回路の一部分を切り取って議論するとは

ネットワークの一部分を切り取って，かつ1相分のみを議論するとはどういうことか，補足しよう．

図3.1.3に，送電線のπ形等価回路を示す．π形等価回路とは，線路のインピーダンスを送電線路の中央に集中し，アドミタンス成分を二分して送電端と受電端に配置した場合の近似法であり，送電線を等価回路に置き換える際によく用いられるモデルである．

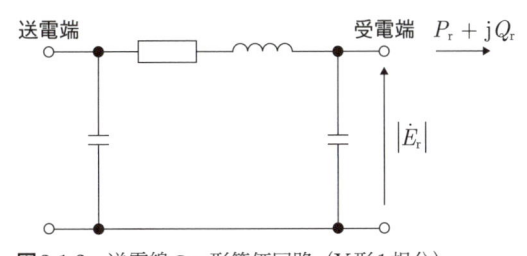

図3.1.3 送電線のπ形等価回路（Y形1相分）

この回路には，電源もなければ負荷もない．また送電線は実際には3本あるが，これは1相分のみである．電力系統における応答を考えるときは，このいわば未完成の回路を使って，"もし，この回路に〇〇 Vの電圧がかかり，

△△ Aの電流が流れた場合は，どんな応答を示すか？"といった風に話を展開することになる．つまり，この場合は，電源も負荷も正確なモデル化はされておらず，送電線だけを切り取った回路に条件をつけることで，回路計算をおこなわなければならない．

ただし，厄介なことに，この割り切りが不適切であるために，よい検討ができない可能性も残る．そのため，これら条件付けが妥当かどうかは，技術者自身が深く理解しなくてはならない．

また，条件の幅にも気をつけなければならない．特に電流や電力潮流の変動幅は広く，一つの回路をさまざまな場合についてじっくりと吟味することになる．

（3） 単位法・パーセント法って何だっけ

さて，単位法・パーセント法についても補足しておこう．

単位法とは，等価回路において，電圧や電流をある基準電圧や基準電流に対する倍数として表す方法である．単位にはp.u.（Per Unit）を用い，定格値や基準値に対する割合で示す．インピーダンスについては，単位法表示を100倍して，％で表すパーセント法を使うことも多い．

たとえば，200 V回路の電圧が"160 V"に低下したとき，その電圧値は単位法で"0.8 p.u."と表される．"160 V"とだけ聞いても，100 V回路なのか200 V回路なのかがわからなければ，これが通常よりも高いのか低いのかわからない．一方，単位法で"0.8 p.u."と記載すれば，定格値より低下していることがすぐにわかる．

単位法を用いる際には，まず基準容量 W_{BASE} と基準電圧 V_{BASE} を設定する．この二つを設定すれば，電流やインピーダンス，アドミタンスなどの基準値を求めることができ，単位法に変換することができる．

それぞれのパラメータを変換する式は次のとおりである．

◎線間電圧：$V\,[\mathrm{p.u.}] = \dfrac{V}{V_{\mathrm{BASE}}}$

◎相電圧：$E\,[\mathrm{p.u.}] = \dfrac{E}{E_{\mathrm{BASE}}}$

ただし，$E_{\mathrm{BASE}} = \dfrac{V_{\mathrm{BASE}}}{\sqrt{3}}$

3.1 電力系統という大きな回路を計算するには

◎有効電力：$P\,[\text{p.u.}] = \dfrac{P}{W_{\text{BASE}}}$

◎無効電力：$Q\,[\text{p.u.}] = \dfrac{Q}{W_{\text{BASE}}}$

◎線電流：$I\,[\text{p.u.}] = \dfrac{I}{I_{\text{BASE}}}$

ただし，$I_{\text{BASE}} = \dfrac{\dfrac{W_{\text{BASE}}}{3}}{\dfrac{V_{\text{BASE}}}{\sqrt{3}}} = \dfrac{W_{\text{BASE}}}{\sqrt{3}V_{\text{BASE}}}$

◎インピーダンス：$Z\,[\text{p.u.}] = \dfrac{Z}{Z_{\text{BASE}}}$

ただし，$Z_{\text{BASE}} = \dfrac{E_{\text{BASE}}}{I_{\text{BASE}}} = \dfrac{\dfrac{V_{\text{BASE}}}{\sqrt{3}}}{\dfrac{W_{\text{BASE}}}{\sqrt{3}V_{\text{BASE}}}} = \dfrac{(V_{\text{BASE}})^2}{W_{\text{BASE}}}$

ここで，実際に各パラメータを単位法表示に変換してみよう．

図3.1.4に示したのは，500 kV送電線のπ形等価回路の例である．パラメータは以下のとおりとする．

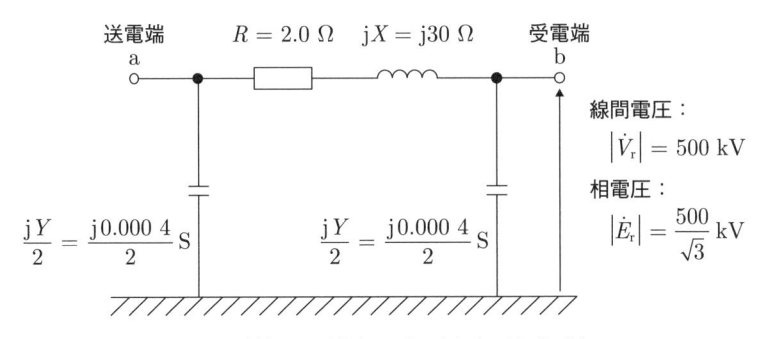

図3.1.4 送電線のπ形等価回路の例（Y形1相分）

◎電線1条当たりの抵抗：$R = 2.0\ \Omega$
◎電線1条当たりのリアクタンス：$X = 30\ \Omega$
◎電線1条当たりの並列アドミタンス：$Y = 0.000\ 4\ \text{S}$

◎受電端電圧（線間電圧）： $V_\mathrm{r} = 500$ kV

◎受電端対地電圧（相電圧）： $E_\mathrm{r} = \dfrac{500}{\sqrt{3}}$ kV

　この送電線は電圧階級が500 kVであるので，基準電圧 $V_\mathrm{BASE} = 500$ kVとする．基準容量には，機器の場合は自己の定格容量を，ネットワークの場合は10 MV·Aもしくは1 000 MV·Aなど，切りのよい数字を用いることが多い．ここでは，基準容量 $W_\mathrm{BASE} = 1\,000$ MV·Aとすることとしよう．

　これらのパラメータを単位法表示に変換すると，次のようになる．また，単位法表示に置き換えた等価回路を**図3.1.5**に示す．

(1 000 MV·A 基準)

送電端 a ─── $R = 0.008$ p.u.　　$jX = j0.12$ p.u. ─── 受電端 b

線間電圧： $|\dot{V}_\mathrm{r}| = 1.0$ p.u.

相電圧： $|\dot{E}_\mathrm{r}| = 1.0$ p.u.

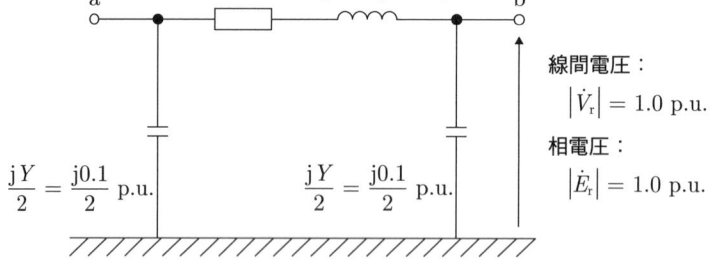

$\dfrac{jY}{2} = \dfrac{j0.1}{2}$ p.u.　　$\dfrac{jY}{2} = \dfrac{j0.1}{2}$ p.u.

図3.1.5　単位法で表した送電線のπ形等価回路

◎電線1条当たりの抵抗：

$$R = \dfrac{R}{Z_\mathrm{BASE}} = \dfrac{R}{\dfrac{(V_\mathrm{BASE})^2}{W_\mathrm{BASE}}} = \dfrac{2.0}{\dfrac{(500\times 10^3)^2}{1\,000\times 10^6}} = 0.008 \text{ p.u.}$$

◎電線1条当たりのリアクタンス：

$$X = \dfrac{X}{Z_\mathrm{BASE}} = \dfrac{X}{\dfrac{(V_\mathrm{BASE})^2}{W_\mathrm{BASE}}} = \dfrac{30}{\dfrac{(500\times 10^3)^2}{1\,000\times 10^6}} = 0.12 \text{ p.u.}$$

◎電線1条当たりの並列アドミタンス：

$$Y = \dfrac{Y}{Y_\mathrm{BASE}} = \dfrac{Y}{\dfrac{W_\mathrm{BASE}}{(V_\mathrm{BASE})^2}} = \dfrac{0.000\,4}{\dfrac{1\,000\times 10^6}{(500\times 10^3)^2}} = 0.1 \text{ p.u.}$$

3.1 電力系統という大きな回路を計算するには

◎受電端電圧（線間電圧）：

$$V_\mathrm{r} = \frac{V_\mathrm{r}}{V_\mathrm{BASE}} = \frac{500 \times 10^3}{500 \times 10^3} = 1.0 \text{ p.u.}$$

◎受電端対地電圧（相電圧）：

$$E_\mathrm{r} = \frac{E_\mathrm{r}}{E_\mathrm{BASE}} = \frac{E_\mathrm{r}}{\frac{V_\mathrm{BASE}}{\sqrt{3}}} = \frac{\frac{500 \times 10^3}{\sqrt{3}}}{\frac{500 \times 10^3}{\sqrt{3}}} = 1.0 \text{ p.u.}$$

図3.1.5で注目すべきなのは，線間電圧と相電圧の値が同じ1.0 p.u.になるということだ．単位法の計算では，$\sqrt{3}$ や 3 などの三相交流回路で必要な係数を考慮する必要がない．つまり，単位法を使うと，三相回路を単相回路と同じように計算することができ，ケアレスミスが少ないという利点がある．

たとえば，**図3.1.6**において，受電端電圧 $\dot{E}_\mathrm{r}$ [p.u.] は，

$$\dot{E}_\mathrm{r} \text{ [p.u.]} = \dot{E}_\mathrm{s} \text{ [p.u.]} - jX \text{ [p.u.]} \dot{I} \text{ [p.u.]}$$

と表すことができる．このとき，線間電圧 $\dot{V}_\mathrm{r}$ [p.u.] について考えると，

$$\dot{V}_\mathrm{r} \text{ [p.u.]} = \dot{V}_\mathrm{s} \text{ [p.u.]} - jX \text{ [p.u.]} \dot{I} \text{ [p.u.]}$$

となり，式の形は線間電圧でも相電圧でも変わらない．しかし，単位法でなく，Ω や V，A を使った計算の場合は，

$$\dot{V}_\mathrm{r} \text{ [V]} = \dot{V}_\mathrm{s} \text{ [V]} - j\sqrt{3}X \text{ [Ω]} \dot{I} \text{ [A]}$$

となり $\sqrt{3}$ の係数が掛かる．これらを混同しないよう注意が必要である．

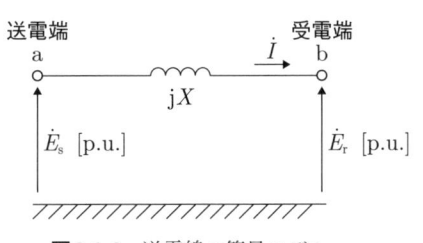

図3.1.6 送電線の簡易モデル

加えて，前述のとおり，単位法を使う場合は，電圧階級が違う系統においても一次・二次の換算をする必要がないというメリットがある．これはベクトル図を描くときにも非常に役に立つ．電圧階級が異なる場合，全体の回路について換算をおこなわなければ，一つの図に描くことができない．しかし

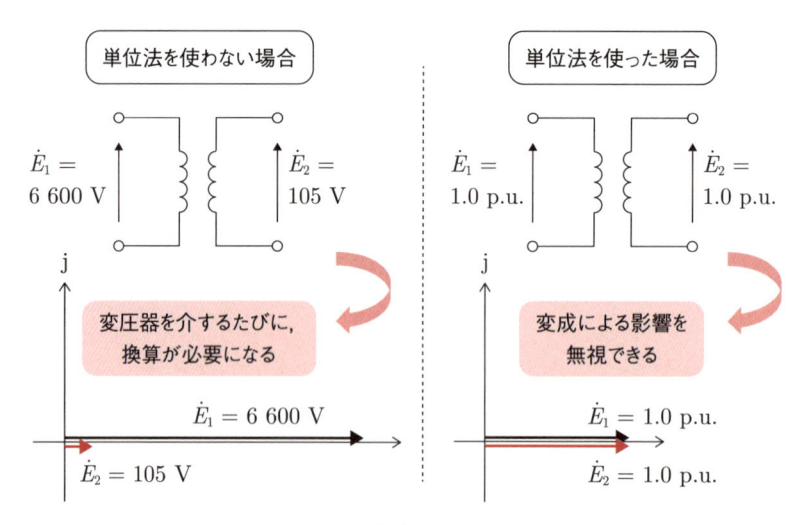

図 3.1.7 単位法のメリット

単位法を使えば，変圧器による変成があったとしても，特に気にせず一つのベクトル図に描き表すことができる．

実務はもちろん，試験などにおいても単位法による出題は多くみられる．ぜひマスターしてほしい．

3.2 送配電設備の等価回路とベクトル図の特徴

本節では，電力系統の送配電設備のベクトル図の基本について述べる．潮流の変化と電圧降下についてフォーカスし，電圧降下やフェランチ現象，それらに伴うベクトル図の変化について解説する．

"送配電設備"とは，送電線や変電設備の総称である．これらをモデル化すると，ほとんどが直列接続のリアクタンス成分となる．送電線や変圧器，どれも同様にリアクタンス成分がほとんどである．そこで，ここから先は，思い切ってほかのパラメータをすべて無視し，直列リアクタンス成分のみを使った等価回路にてさまざまな現象を考えることにする．

(1) 送電線の簡易等価回路と電圧降下

図 3.2.1 に示したのは，送電線の簡易モデルである．パラメータは**表 3.2.1**のとおりとする．

3.2 送配電設備の等価回路とベクトル図の特徴

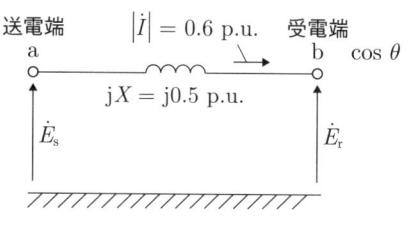

図3.2.1 送電線の簡易モデル

表3.2.1 パラメータ

	記号	パラメータ
送電端電圧	E_s	1.0 p.u.
送電リアクタンス	jX	j0.5 p.u.
潮流	I	0.6 p.u.
負荷力率（受電端力率）	$\cos\theta$	1.0

これを，受電端電圧 $\dot{E}_r$ を基準にベクトル図で示すと，**図3.2.2**のようになる．

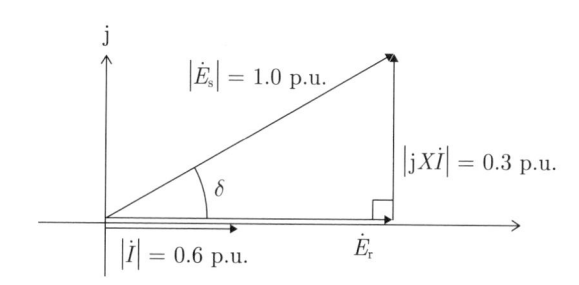

図3.2.2 送電線のベクトル図（力率1.0のとき）

※受電端電圧 $\dot{E}_r$ と送電端電圧 $\dot{E}_s$ の位相差を相差角と呼び，通常 "δ" を使って表す．

さて，このときの受電端電圧 $\dot{E}_r$ の大きさを求めよう．計算は，ベクトル図を使うと簡単である．$\dot{E}_s$，$\dot{E}_r$，$jX\dot{I}$ は直角三角形になるので，

$$|\dot{E}_r| = \sqrt{1 - 0.3^2} = 0.954 \text{ p.u.}$$

となる．これは，送電端電圧 E_s に比べ受電端電圧 E_r が約5％電圧降下していることを示している．このように送電線に電流が流れると，その距離（線路リアクタンス）に応じて電圧が低下する．

（2） 力率の変化とベクトル図

　図3.2.2では負荷の力率を1として計算したが，実系統での負荷の力率は時期や時間帯によって変化する．仮に，ほかの条件は変えずに，力率のみを遅れ力率$\cos\theta = 0.9$とすると，ベクトル図は**図3.2.3**のようになる．

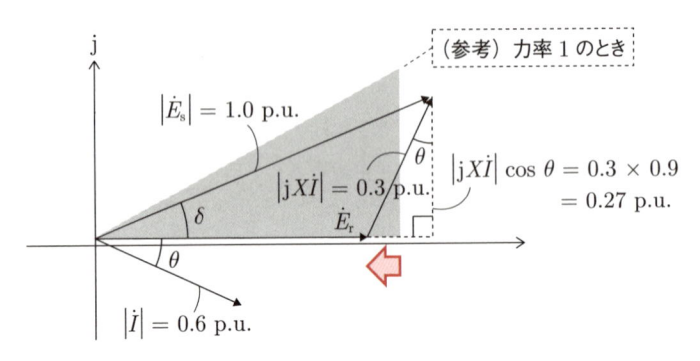

図3.2.3 遅れ力率（$\cos\theta = 0.9$）としたとき

　このとき，図3.2.3を用いて受電端電圧E_rを求めると，
$$|\dot{E}_r| = \sqrt{1 - 0.27^2} - 0.3\sin\theta = 0.832 \text{ p.u.}$$
となり，前述の力率1.0のとき（ハッチング部）よりもさらに大きく電圧が低下することがわかる．このように，線路に流れる電流の大きさが同じ場合，力率が遅れ側にいけばいくほど電圧降下幅は大きくなる．

　次に，逆に，何かしらの理由で負荷の力率が進み力率となった場合を考えよう．**図3.2.4**に，進み力率で$\cos\theta = 0.9$としたときのベクトル図を示す．

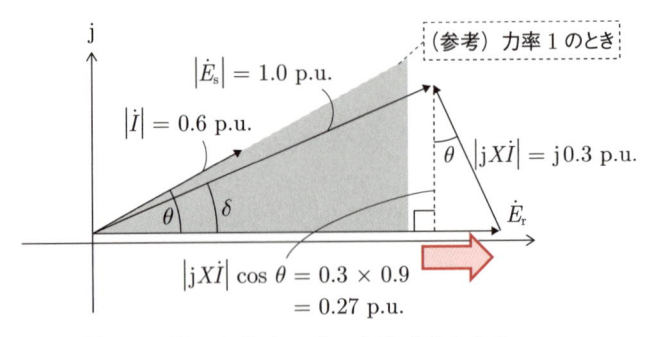

図3.2.4 進み力率（$\cos\theta = 0.9$）としたとき

　このとき，受電端電圧E_rは

3.2 送配電設備の等価回路とベクトル図の特徴

$$|\dot{E}_\mathrm{r}| = \sqrt{1 - 0.27^2} + 0.3\sin\theta = 1.094 \text{ p.u.}$$

となるから，送電端電圧 E_s よりも大きくなることがわかる．これはフェランチ現象と呼ばれるものであり，特に日本では夜間の軽負荷時に発生しやすい．需要家側で常に電力用コンデンサを投入したままの運用をとっていると発生しやすいので，注意が必要である．

今回の例について，負荷力率の変化と，受電端電圧の大きさの関係を**表3.2.2**にまとめる．

表3.2.2 負荷力率の変化と，受電端電圧の大きさ

負荷力率	送電端電圧 E_s	受電端電圧 E_r	電圧降下幅
進み0.9	1.0 p.u.	1.09 p.u.	電圧増加（フェランチ現象）
力率1	1.0 p.u.	0.95 p.u.	小
遅れ0.9	1.0 p.u.	0.83 p.u.	大

たとえ送電線に流れる電流の大きさが同じでも，力率の"進み""遅れ"の変化によって，受電端電圧 E_r の大きさは変化する．負荷力率が遅れである場合は，電圧降下が大きくなり，進みの場合は電圧降下が小さくなる．力率が悪化した（遅れとなった）ときのベクトル図の変化を，**図3.2.5**に示す．

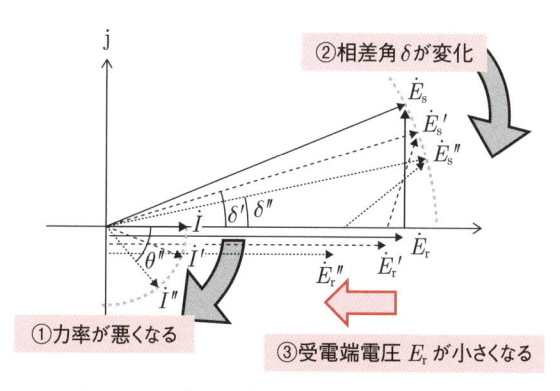

図3.2.5 力率の悪化に伴うベクトル図の変化

（3） 電流の大きさとベクトル図の変化

ここまでは，力率とベクトル図の変化について述べた．ここからは，負荷力率を一定として（通常は遅れであるので遅れとして），電流の大きさを増減

させたときの受電端電圧の大きさとベクトル図の変化について考えよう．

図3.2.6に示す送電線の簡易等価回路において，力率を$\cos\theta = 0.9$とし，電流の大きさ$|\dot{I}|$のみを変化させ，ベクトル図の変化をみていこうと思う．

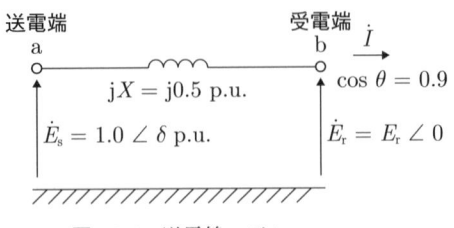

図3.2.6 送電線モデル

まず，電流を$|\dot{I}| = 0.4$ p.u.とすると，ベクトル図は，**図3.2.7**のようになる．

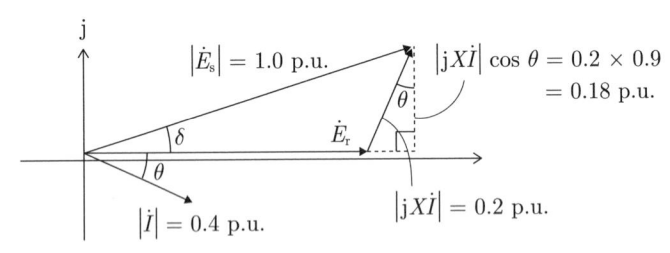

図3.2.7 軽負荷（電流$|\dot{I}| = 0.4$ p.u.）のとき

このとき，受電端電圧E_rは

$$|\dot{E}_r| = \sqrt{1 - 0.18^2} - 0.2\sin\theta = 0.896 \text{ p.u.}$$

次に，電力需要が増え，電流$|\dot{I}| = 0.8$ p.u.となった場合を考えると，ベクトル図は**図3.2.8**のようになる．このときの受電端電圧E_rは

$$|\dot{E}_r| = \sqrt{1 - 0.36^2} - 0.4\sin\theta = 0.759 \text{ p.u.}$$

となり，電流が大きくなれば，受電端電圧が小さくなることがわかる．

ここでポイントとなるのは，相差角δの変化である．電流が増えると，その分相差角δが大きくなって，電圧降下の度合いも大きくなるというフローになる．

電流の変化と受電端電圧の大きさを，**表3.2.3**にまとめる．

電流が増えると受電端電圧に与える影響が大きくなるという傾向は，今回の例にかぎったものではない．電流の増減に伴うベクトル図の変化を，**図**

3.2 送配電設備の等価回路とベクトル図の特徴

(参考) 軽負荷のとき

$|\dot{E}_s| = 1.0$ p.u.

$|jX\dot{I}| = 0.4$ p.u.

$|jX\dot{I}|\cos\theta = 0.4 \times 0.9 = 0.36$ p.u.

$|\dot{I}| = 0.8$ p.u.

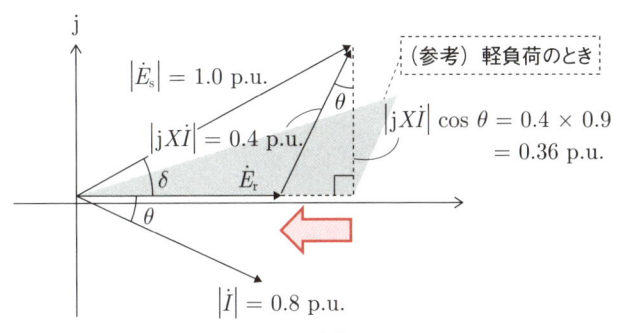

図 3.2.8 重負荷（電流 $|\dot{I}| = 0.8$ p.u.）のとき

表 3.2.3 電流の変化と受電端電圧の大きさ

電流 I	送電端電圧 E_s	受電端電圧 E_r	電圧降下幅
小 (0.4 p.u.)	1.0 p.u.	0.90 p.u.	小
大 (0.8 p.u.)	1.0 p.u.	0.76 p.u.	大

3.2.9 に示す．図に示したように"①電流 I が大きくなる""②相差角 δ が増える""③受電端電圧 E_r が小さくなる"が同時に発生する．

世界と比べて，日本では電力需要変動が激しく，潮流の大きさは，季節や時間，天候などによって大きく変化する．特に昼と夜で寒暖差が激しい日などは，同じ1日のなかでも時間帯によって需要が最大と最小で2倍もの差と

② 潮流が重くなると相差角 δ が増える

① 電流 I が大きくなる

③ 受電端電圧 E_r が小さくなる

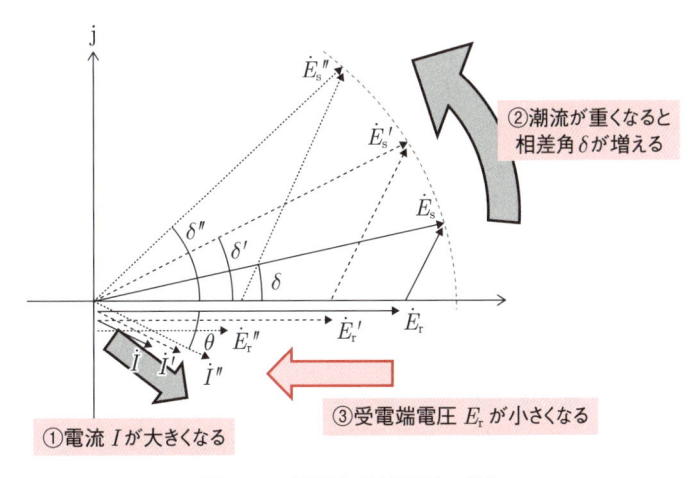

図 3.2.9 潮流と電圧降下の変化

なるといわれている．そのため，電力系統のベクトル図を考える場合は，さまざまな変化に応じて，ベクトル図を変化させる必要がある．

3.3 潮流の大きさとベクトル図

　ここまで，電圧や電流の変化に注目することで，ベクトル図の変化について考えた．すこし視点を変えることで理解を深めよう．

　前述のとおり，電力需要は日々刻々と変化している．そのため，電力系統を考えるうえで，その潮流の大きさを考えることは，重要なポイントとなる．そこで本節では，"電力"に注目しベクトル図を描くことで，新たなベクトル図の活用法について考える．

（1） 有効電力とベクトル図

　図 3.3.1 に示したのは，送電線の簡易等価回路である．この等価回路において，受電端電圧 $\dot{E}_\mathrm{r}$ を基準にベクトル図を描くと，図 3.3.2 のようになる．

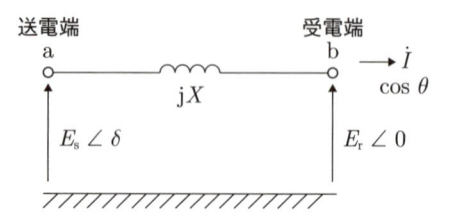

図 3.3.1　送電線の簡易等価回路

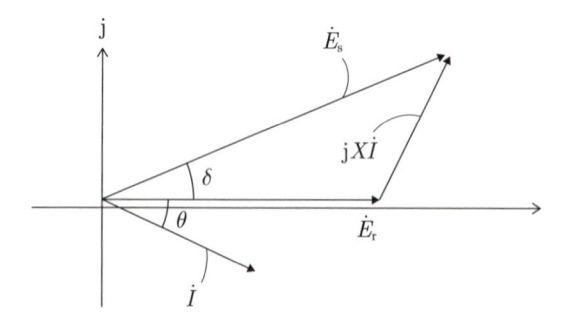

図 3.3.2　電力系統のベクトル図

3.3 潮流の大きさとベクトル図

　図3.3.2のベクトル図は，電力系統の基本となるベクトル図である．送電線にかぎらず，変圧器や配電線など，ほとんどの電力設備は直列リアクタンス成分で表すことができ，似たようなベクトル図となる．しかし，これは"電圧"や"電流"に着目した図であるため，電圧や電流の変化はすぐにわかるものの，"電力"の変化については，一見するだけでは理解することがむずかしい．そこで，すこし工夫することで，"電力"の変化についても視覚的に理解しよう．

　図3.3.2を図形的にとらえ，送電線電圧$\dot{E}_\mathrm{s}$から実数軸に垂線を下ろすと，その角度は負荷力率θとなる（**図3.3.3**）．

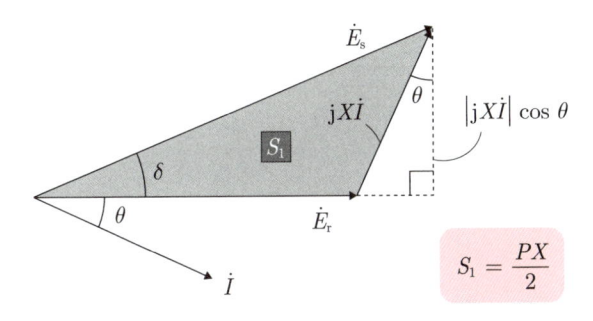

図3.3.3 ベクトル図における"電力"の視覚化

　垂線の長さは$|\mathrm{j}X\dot{I}|\cos\theta$となるので，$\dot{E}_\mathrm{s}$と$\dot{E}_\mathrm{r}$のなす三角形の面積$S_1$を計算すれば，

$$S_1 = \frac{1}{2}|\dot{E}_\mathrm{r}||\mathrm{j}X\dot{I}|\cos\theta = \frac{1}{2}X|\dot{E}_\mathrm{r}||\dot{I}|\cos\theta$$

　ここで，送電線が送り出す電力P（受電端で需要家が受け取る電力）は，単位法表示で表せば，

$$P = |\dot{E}_\mathrm{r}||\dot{I}|\cos\theta$$

となるから，

$$S_1 = \frac{1}{2}PX$$

となり，三角形の面積S_1が送電線リアクタンスXと系統の送電電力Pに比例することがわかる．

　送電線リアクタンスXは送電線固有の値であるので，系統が事故によって

切り離されたり連結されないかぎりは，変化することがない．つまり，このベクトル図では，三角形の面積 S_1 が送電電力 P（有効電力）の大きさを表している，ととらえることができる．

さて，この性質を使うことで，電力についてベクトル図を使って深掘りしよう．実際の電力系統では，受電端電圧 $|\dot{E}_r|$ および送電端電圧 $|\dot{E}_s|$ は，ある程度一定の値に保たれている．そのため，大きく変動する項目は相差角 δ のみである．そこで，送電端電圧および受電端電圧は一定に保たれているとし，相差角 δ のみを徐々に増やしていくと，ベクトル図は**図3.3.4**のようになる．

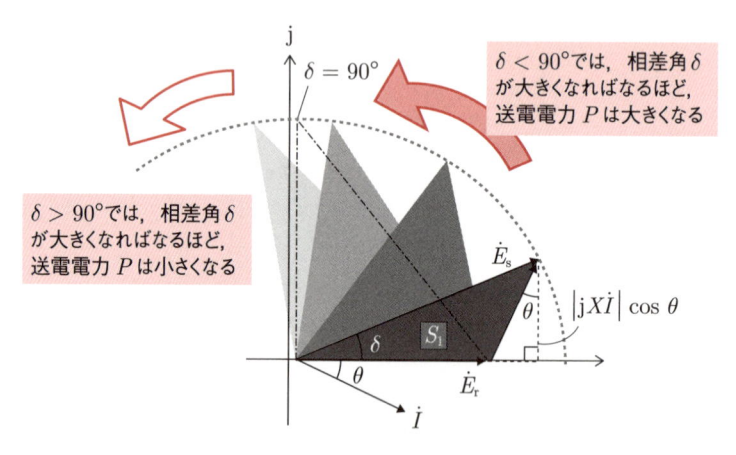

図3.3.4 相差角 δ と送電電力 P の変化

相差角 δ が $0 \leq \delta < 90°$ の範囲では，相差角が大きくなればなるほど，送電電力 P を表す三角形の面積 S_1 は大きくなる．しかし，相差角 δ が $90°$ を超えると，逆に相差角が大きくなればなるほど三角形の面積 S_1 は小さくなる．そのため，電力は $\delta = 90°$ のとき最大値をとり，それ以上の電力を送ることはできない．たとえ送電端に設置された発電所が大きな電力を発電したとしても，送電線の特性によってはそれらをすべて送り出すことはできないのである．

このことは，数式展開を使った方法によっても確認することができる．図3.3.4の垂線（$|\mathrm{j}X\dot{I}|\cos\theta$ の部分）に注目すれば，

$$X|\dot{I}|\cos\theta = |\dot{E}_s|\sin\delta$$

$$|\dot{I}|\cos\theta = \frac{|\dot{E}_\text{s}|\sin\delta}{X}$$

となるので，送電電力 P は相差角 δ を用いて，

$$P = |\dot{E}_\text{r}||\dot{I}|\cos\theta = \frac{|\dot{E}_\text{s}||\dot{E}_\text{r}|\sin\delta}{X}$$

と表すことができる．

送電端電圧 $|\dot{E}_\text{s}|$ および受電端電圧 $|\dot{E}_\text{r}|$，送電線リアクタンス X は一定であり，$\sin\delta$ は $-1 \leq \sin\delta \leq 1$ である．そのため，送電電力の最大値 P_MAX は，$\delta = 90°$ のときであり，

$$P_\text{MAX} = \frac{|\dot{E}_\text{s}||\dot{E}_\text{r}|}{X}$$

となる．この条件下では，送電線の送り出す有効電力 P は，P_MAX 以上の値をとることはできない．

（2） 無効電力とベクトル図

ベクトル図を使うと，電力 P と同様，無効電力 Q についても視覚的にとらえることができる．無効電力 Q は，単位法を使えば，

$$Q = |\dot{E}_\text{r}||\dot{I}|\sin\theta$$

であるから，**図3.3.5** に示す $\dot{E}_\text{r}$ と $\dot{I}$ のなす三角形の面積 S_2 に注目すれば，

$$S_2 = \frac{1}{2}|\dot{E}_\text{r}||\dot{I}|\sin\theta = \frac{1}{2}Q$$

となる．つまり，無効電力 Q は，ベクトル図において受電端電圧 $\dot{E}_\text{r}$ と負荷電流 $\dot{I}$ のなす三角形の面積 S_2 に比例する．

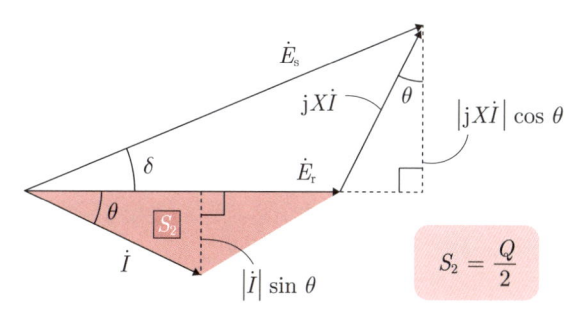

図3.3.5 ベクトル図における"無効電力"の視覚化

また，図3.3.5の実数軸と平行の点線部に注目すれば，
$$X|\dot{I}|\sin\theta = |\dot{E}_\mathrm{s}|\cos\delta - |\dot{E}_\mathrm{r}|$$
$$|\dot{I}|\sin\theta = \frac{|\dot{E}_\mathrm{s}|\cos\delta - |\dot{E}_\mathrm{r}|}{X}$$
となるので，
$$Q = |\dot{E}_\mathrm{r}||\dot{I}|\sin\theta = \frac{|\dot{E}_\mathrm{s}||\dot{E}_\mathrm{r}|\cos\delta - |\dot{E}_\mathrm{r}|^2}{X}$$

$\cos\delta$は$\sin\delta$と同様に$-1 \leq \cos\delta \leq 1$の範囲しかとることができないため，無効電力$Q$の取り得る範囲についても，上記式によってかぎられる．つまり，送電線の特性によって，送り出すことができる無効電力の量が決まってしまうということである．

ただし，無効電力は有効電力と違い，送配電系統に設置された調相設備によって安価に供給・消費をおこなうことができるため，このことがあまり大きな問題とはならない．仮に上流側で無効電力が足りなくなったとしても，下流側に設置された電力用コンデンサや分路リアクトルなどを用いて，無効電力を増量したり，減量したりと調整することが可能であるのだ．

有効電力Pと無効電力Qの供給フローの違いについて，**図3.3.6**，**図3.3.7**を用いて補足しよう．有効電力Pは発電設備でしか発生できないのに対し，無効電力Qは発電設備でも変電所でも，発生・消費することが可能である．そもそも，有効電力を生み出すためには，化石燃料などの高い費用が必要になるのに対して，無効電力Qは固定費のみで発生可能であり，しかも安い．ただし，無効電力の供給量は電圧に大きな影響を与えるので，電圧の維持の

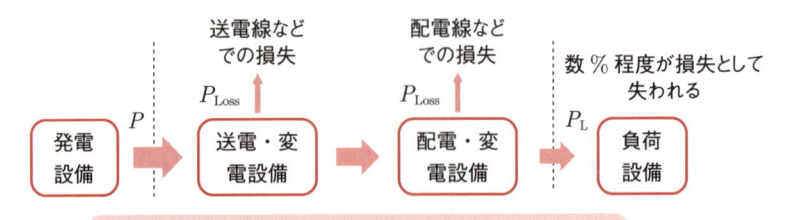

図3.3.6 有効電力の供給フロー

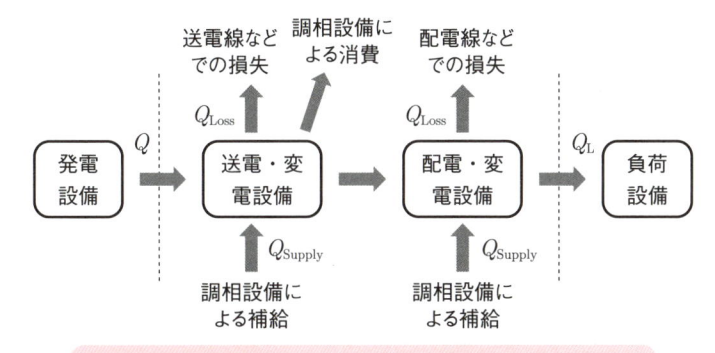

3.3 潮流の大きさとベクトル図

無効電力の流れ

発電設備はもちろん，送配電設備からも安価に供給することが可能．ただし，むやみに無効電力供給量を多くすると，電圧降下幅が大きくなり，受電端電圧が低下する．

そのため，各設備にて無効電力を調整することにより，各地点の電圧を一定に保っている．

図 3.3.7 無効電力の供給フロー

ために適宜調整する必要がある．

つまり電力系統では，①電圧を維持すること，②有効電力をできるかぎりロスなく需要家に届けること，の二つを優先し，これら二つの条件を満たすように，無効電力の供給量・消費量を調整しているのである．

さて，話をベクトル図に戻そう．ベクトル図を使えば，P と Q の値を視覚的に比べることもできる．**図 3.3.8** のように，送電端電圧 $\dot{E}_\mathrm{s}$ から実数軸に下ろした垂線による直角三角形に注目すれば，二つの線が交わる角度は負荷力率と同じ θ となるので，

$$縦軸成分：横軸成分＝有効電力：無効電力＝P：Q$$

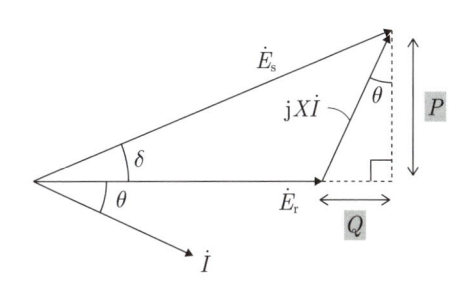

図 3.3.8 ベクトル図における有効電力・無効電力の比較

もちろん，電流ベクトル$\dot{I}$の偏角がわかっている場合は，この方法は不要である．しかし，たとえば，送電端電圧$|\dot{E}_\mathrm{s}|$と受電端電圧$|\dot{E}_\mathrm{r}|$，相差角δのみがわかっている場合では，これを使って，視覚的にイメージするとよいだろう．

3.4 電圧調整設備（電力用コンデンサ）の機能と効果

これまで述べたように，潮流の大きさや力率が変化すると，受電端電圧の大きさは変化する．そのため送配電設備には，電圧を調整する設備が設置されており，これを使うことで受電端電圧を適切な範囲に制御している．電圧調整の方法は，大きく分けて2種類ある．一つは電力用コンデンサなどによって無効電力を調整する方法，もう一つは，タップ切換変圧器などによって電圧自身を増減する方法である．

本節・次節では，これら電圧調整設備に注目し，ケーススタディを通じてその機能と効果について解説をおこなう．本節では，電力用コンデンサにフォーカスする．

電力用コンデンサは，無効電力を供給することで電圧を上昇させるものである．近年では，省エネや，力率改善による電気料金の低減などを目的として，これを需要家側で設置することも多い．図を中心にご覧いただきたい．

（1） 電圧調整設備の必要性

受電端電圧は，潮流の大きさや力率によって大きく変動する．力率が遅れ方向に悪化すると受電端電圧は小さくなり，逆に進み方向に向かうと大きくなる．また，負荷電流が増加すれば電圧は低下し，負荷電流が減少すれば電圧は上昇する．この変化は，**図3.4.1**のようにベクトル軌跡として表すことができる．

日本の電力需要の変化は激しく，季節や時間，天候などによって左右される．**図3.4.2**に，夏季の日本における1日の電力需要の変動の例を示す．6時と15時の電力需要で，2倍以上の差が出ていることがわかるだろうか．電力需要が変化すれば，送電線に流れる電流の大きさも変化し，力率も大きく変化する．

前述したように，潮流が変化すると電圧降下の幅は大きく変わるため，こ

3.4 電圧調整設備（電力用コンデンサ）の機能と効果　　　119

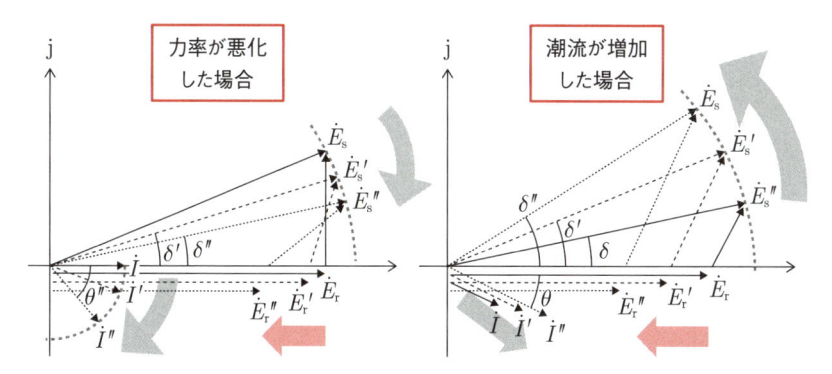

図3.4.1 潮流の変化と，ベクトル図

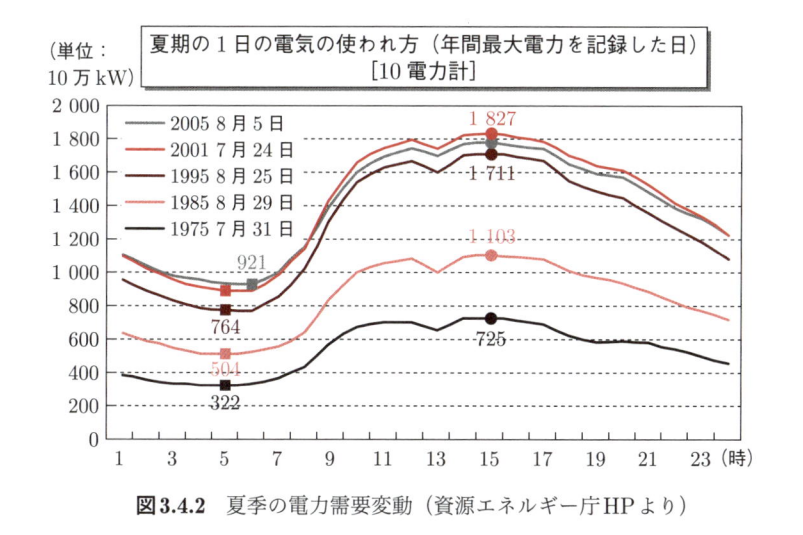

図3.4.2 夏季の電力需要変動（資源エネルギー庁HPより）

のままでは昼と夜とで受電端電圧の大きさが変化してしまう．たとえば，家庭において夜間100 Vだった電圧が，昼間の高需要時に80 Vに下がってしまっては困る．そのため，この潮流の変化に対応し，電圧を一定の範囲に制御しなくてはならない．ここで活躍するのが，これから述べる電圧調整設備である．

（2）ケーススタディの準備と負荷の模擬

さて，ケーススタディを使って電圧調整設備の機能と効果について確認したいのだが，そのためには，受電端から先の"負荷"を模擬する必要がある．

負荷についてはさまざまな模擬方法があるが，ここでは，一つの定インピーダンス性の負荷で代表した**図3.4.3**のモデルを使うこととする．

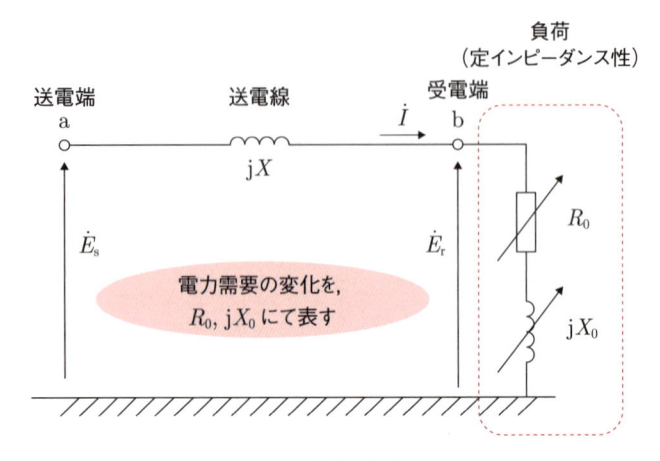

図3.4.3 送電線＋負荷のモデル

ここでいう"負荷"とは，受電端から下流全体の設備を模擬するものであり，4章にて述べる"負荷"とはすこし性質が違う．4章にて述べる"負荷"は，需要家に設置され電力を消費する機器という観点のものであるが，ここでいう"負荷"とは，送電線の受電端から先の設備を一括してとらえたものであり，配電線や変圧器などの電気機器も含んで一括している．

詳しくは4章で述べるが，需要家に設置される電力機器を電気的に分類すると，定インピーダンス性のほかに，定電力性のものや動的負荷として分類されるものがある．これらは，模擬の仕方に多少の違いはあるものの，電圧調整設備の効果や現象を考えるうえでは，どれを用いても大きな差はない．そのため本章では，計算の利便性を優先し，定インピーダンス性のみで負荷を模擬することにする．

さて，負荷を模擬するうえで注意点が2点あるので参考に補足しておこう．

一つ目の注意点は，高需要時，R_0およびX_0は大きくならず，逆に小さくなることである．**図3.4.4**にインピーダンス$R_1 + jX_1$をn個接続した場合の例を示す．同じインピーダンスの負荷がn個接続された場合，そのインピーダンスは，$R_1/n + jX_1/n$となる．個数nが増えれば増えるほど，インピーダンスが小さくなることがわかるだろうか．

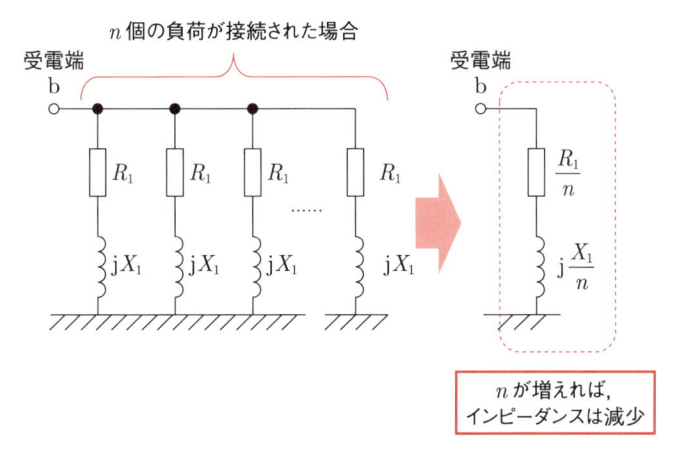

3.4 電圧調整設備（電力用コンデンサ）の機能と効果　　　121

図3.4.4 需要の増加と，回路上の負荷インピーダンス

　系統にぶら下がる負荷の数が多くなると，負荷全体のインピーダンス $R_0 +$ jX_0は小さくなる．逆に，ぶら下がる負荷の数が減ると，全体のインピーダンス $R_0 +$ jX_0は大きくなって潮流が軽くなる．大小がややこしい動きをするので，注意が必要である．

　二つ目の注意点は，X_0が正の値も負の値も取り得ることだ．もし負荷が遅れ力率であればX_0は正の値を，進み力率であれば負の値をとる．また負荷力率が1.0のときは，X_0はゼロとなってインピーダンスはR_0のみとなる．

（3） 電力用コンデンサ（SC）の役割と効果

　さて，いよいよ本題に入る．電力用コンデンサ（SC，通称スタコン）は，電力系統に供給する無効電力を増減することで電圧を調整するための設備である．系統−大地間に設置され，遮断器などを使って入切することができる．変電所や配電系統，工場などに多く設置されており，電圧や潮流，あらかじめ決められたタイムスケジュールなどによって，自動制御で入切されるものが多い．

　さて，**図3.4.5**のモデルを使って，受電端に設置された電力用コンデンサを入切することを考えよう．パラメータは**表3.4.1**のとおりとする．

　コンデンサ投入前，等価回路にパラメータを入れれば**図3.4.6**のようになる．$\dot{E}_s$を基準として受電端（b点）の電圧E_rを求めれば，

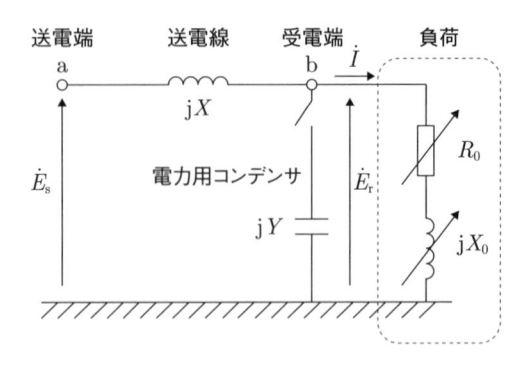

図3.4.5 受電端に電力用コンデンサを設置した場合

表3.4.1 パラメータ

	記号	パラメータ
送電端電圧	E_s	1.1 p.u.
負荷インピーダンス	$R_0 + jX_0$	$1.2 + j0.6$ p.u.
送電線リアクタンス	jX	$j0.5$ p.u.
電力用コンデンサアドミタンス	jY	$j0.2$ p.u.
（インピーダンス）	$(1/jY)$	$(-j5)$

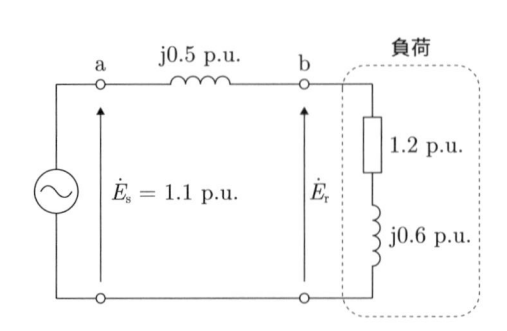

図3.4.6 電力用コンデンサ投入前の等価回路

$$\dot{E}_r = \dot{E}_s \cdot \frac{1.2 + j0.6}{j0.5 + 1.2 + j0.6} = 1.1 \times \frac{1.2 + j0.6}{1.2 + j1.1}$$

$$|\dot{E}_r| = 1.1\sqrt{\frac{1.2^2 + 0.6^2}{1.2^2 + 1.1^2}} = 0.906\,6 \text{ p.u.}$$

一方，受電端（b点）に電力用コンデンサ $1/jY = -j5$ p.u. を投入すると

3.4 電圧調整設備（電力用コンデンサ）の機能と効果

図 **3.4.7** のようになる．

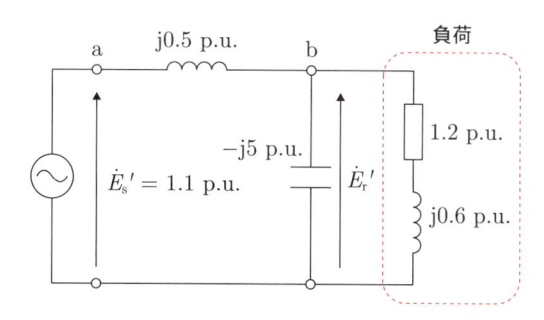

図 3.4.7 電力用コンデンサ投入後

図 3.4.7 において b 点の電圧 $\dot{E}_r'$ を求めれば，

$$\dot{E}_r' = \dot{E}_s' \cdot \frac{\dfrac{(1.2 + j0.6)(-j5)}{1.2 + j0.6 - j5}}{\dfrac{(1.2 + j0.6)(-j5)}{1.2 + j0.6 - j5} + j0.5} = 1.1 \times \frac{3 - j6}{5.2 - j5.4}$$

$$\left| \dot{E}_r' \right| = 1.1 \sqrt{\frac{3^2 + 6^2}{5.2^2 + 5.4^2}} = 0.984\ 3\ \text{p.u.}$$

コンデンサの投入前後の受電端電圧の変化を**表 3.4.2** にまとめる．

表 3.4.2 コンデンサ投入前後の受電端電圧

	送電端電圧 E_s	受電端電圧 E_r
コンデンサ投入前	1.1 p.u.	0.907 p.u.
コンデンサ投入後	1.1 p.u.	0.984 p.u.

　コンデンサの投入によって，受電端電圧 E_r が上昇したことがわかるだろうか．この現象は，負荷と投入された電力用コンデンサとの合成インピーダンスを考えるとわかりやすい．インピーダンスベクトルは，**図 3.4.8** のように合成される．電力用コンデンサを投入することにより力率が改善し，電圧降下幅が小さくなったために受電端電圧 E_r が上昇した，というように理解するとわかりやすいだろう．

　ここで，コンデンサの投入箇所を変えるとどうなるだろうか．**図 3.4.9** のよ

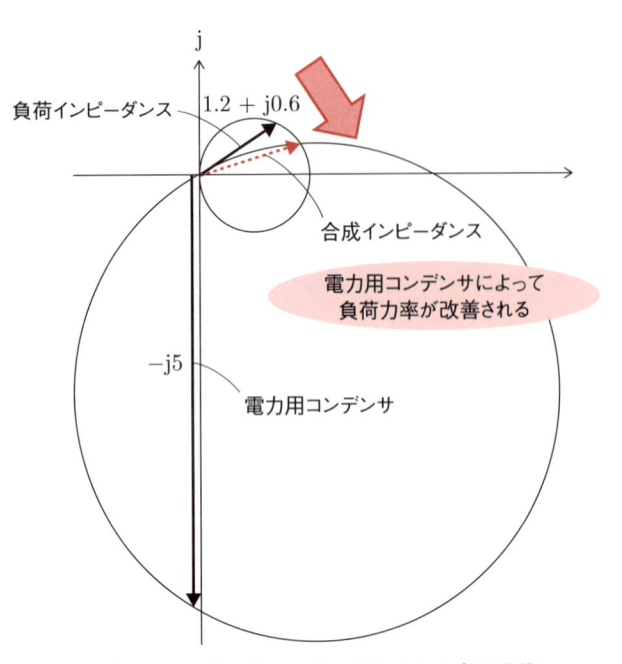

図3.4.8 電力用コンデンサによる力率の改善

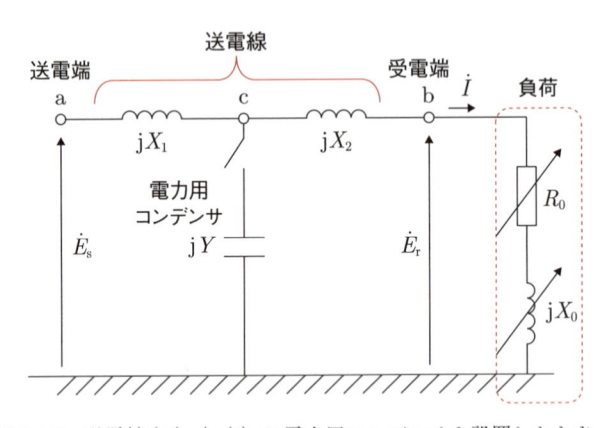

図3.4.9 送電線中央（c点）に電力用コンデンサを設置したとき

うに，送電線の途中（任意の場所）のc点に電力用コンデンサを設置することを考える．

仮に，c点を送電線を3：2に分割する点（$X_1 = 0.3$）とし，その他のパラメータは，表3.4.1同様とすれば，その等価回路は**図3.4.10**のようになる．

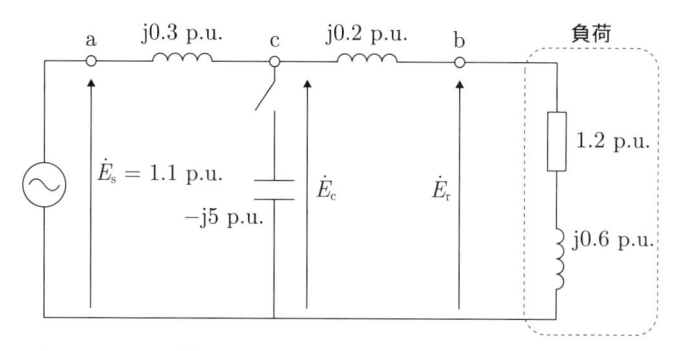

3.4 電圧調整設備（電力用コンデンサ）の機能と効果

図3.4.10 送電線中央に電力用コンデンサを設置した場合

$\dot{E}_s$ を基準とすれば，c点にコンデンサを投入する前の電圧 $\dot{E}_c$ は，

$$\dot{E}_c = \dot{E}_s \cdot \frac{1.2+j0.6+j0.2}{1.2+j0.6+j0.5} = 1.1 \times \frac{1.2+j0.8}{1.2+j1.1}$$

$$|\dot{E}_c| = 1.1\sqrt{\frac{1.2^2+0.8^2}{1.2^2+1.1^2}} = 0.9745 \text{ p.u.}$$

となる．一方，c点にコンデンサを投入した後の電圧 $\dot{E}_c''$ は，次のようになる．

$$\dot{E}_c'' = \dot{E}_s'' \cdot \frac{\dfrac{(j0.2+1.2+j0.6)(-j5)}{j0.2+1.2+j0.6-j5}}{\dfrac{(j0.2+1.2+j0.6)(-j5)}{j0.2+1.2+j0.6-j5}+j0.3} = 1.1 \times \frac{4-j6}{5.26-j5.64}$$

$$|\dot{E}_c''| = 1.1\sqrt{\frac{4^2+6^2}{5.26^2+5.64^2}} = 1.029 \text{ p.u.}$$

また，すこし戻ってb点にコンデンサを投入したとき（図3.4.7）のc点相当の電圧を $\dot{E}_c'$ とすれば，

$$\dot{E}_c' = \dot{E}_s' \cdot \frac{\dfrac{(1.2+j0.6)(-j5)}{1.2+j0.6-j5}+j0.2}{\dfrac{(1.2+j0.6)(-j5)}{1.2+j0.6-j5}+j0.5} = 1.1 \times \frac{3.88-j5.76}{5.2-j5.4}$$

$$|\dot{E}_c'| = 1.1\sqrt{\frac{3.88^2+5.76^2}{5.2^2+5.4^2}} = 1.019 \text{ p.u.}$$

つまり，E_c（コンデンサなし）と E_c'（b点投入時），E_c''（c点投入時）を比べると，

$$|\dot{E}_\mathrm{c}| = 0.975 \text{ p.u.} < |\dot{E}_\mathrm{c}'| = 1.019 \text{ p.u.} < |\dot{E}_\mathrm{c}''| = 1.029 \text{ p.u.}$$

次に，c点にコンデンサを投入したときの受電端電圧 $\dot{E}_\mathrm{r}''$ を求めれば，

$$\dot{E}_\mathrm{r}'' = \dot{E}_\mathrm{c}'' \cdot \frac{1.2 + \mathrm{j}0.6}{\mathrm{j}0.2 + 1.2 + \mathrm{j}0.6} = 1.1 \times \frac{4 - \mathrm{j}6}{5.26 - \mathrm{j}5.64} \times \frac{1.2 + \mathrm{j}0.6}{1.2 + \mathrm{j}0.8}$$

$$|\dot{E}_\mathrm{r}''| = 1.029\sqrt{\frac{1.2^2 + \mathrm{j}0.6^2}{1.2^2 + 0.8^2}} = 0.957 \text{ p.u.}$$

コンデンサの投入箇所・投入前後の電圧の変化を**表3.4.3**，**図3.4.11**にまとめる．

表3.4.3 コンデンサ投入前後の電圧の変化

	送電端電圧 E_s	c点の電圧 E_c	受電端電圧 E_r
コンデンサなし	1.1 p.u.	0.975 p.u.	0.907 p.u.
b点に投入	1.1 p.u.	1.019 p.u.	0.984 p.u.
c点に投入	1.1 p.u.	1.029 p.u.	0.957 p.u.

図3.4.11は横軸に位置（線路リアクタンス）を，縦軸に電圧の大きさを示した図である．図のとおり，電力用コンデンサは，投入した箇所の電圧を押し上げるという特徴をもっている．

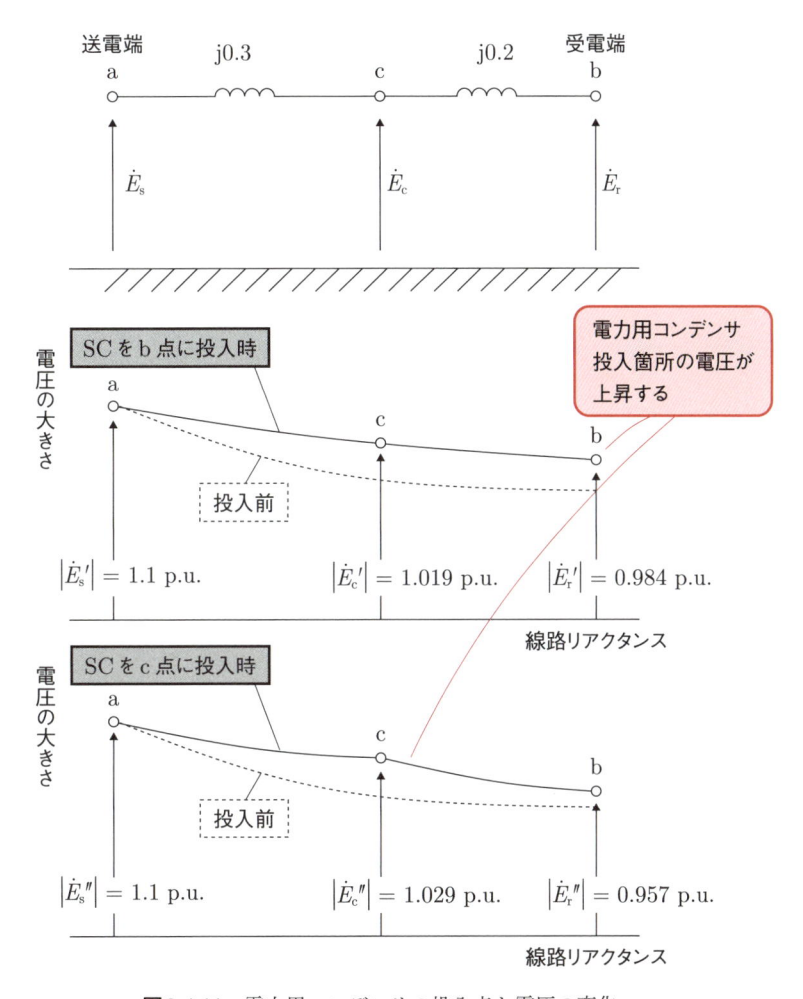

3.4 電圧調整設備（電力用コンデンサ）の機能と効果　　　　　　　　　　　　*127*

図3.4.11　電力用コンデンサの投入点と電圧の変化

（4）　電力用コンデンサ投入時のベクトル図と活用法

　ここで，電力用コンデンサによる電圧補償を行ったときのベクトル図について補足しよう．受電端に設置された電力用コンデンサを，負荷側の設備の一つとしてとらえることもできるが，そうではなく，系統側の設備としてとらえてベクトル図を描くと新たな発見がある．たとえば，**図3.4.12**の回路を用いてベクトル図を描くと，**図3.4.13**のようになる．

　※このようなベクトル図を描く際は，ベクトルの方向を間違えないように

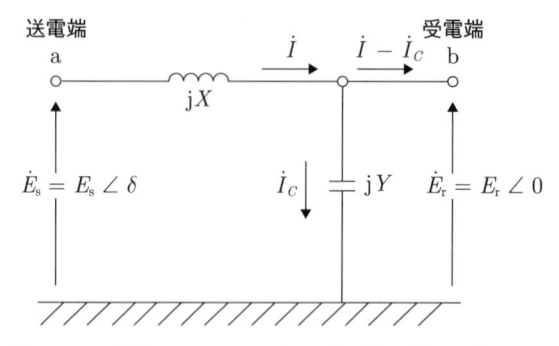

図3.4.12 電力用コンデンサ投入時の簡易等価回路

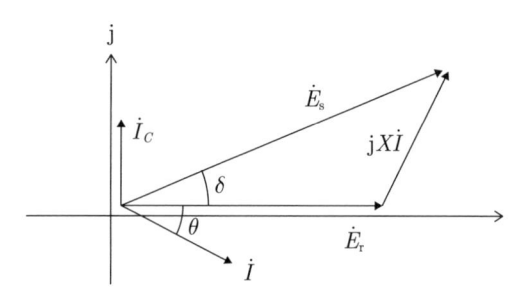

図3.4.13 送電線と電力用コンデンサのベクトル図

注意してほしい．$\dot{I}_C$は電力用コンデンサに流れる電流であり，大地に向かって流れる方向である．そのため，基準電圧$\dot{E}_r$に対して進みとなる．進み方向のベクトルは虚数軸方向を向くので，図3.4.13のように上向きのベクトルとなる．このように，順序立ててベクトル図を描くと間違いが少ない．

受電端に電力用コンデンサを投入すると，その効果によって受電端電圧$|\dot{E}_r|$は補償される．しかし，ベクトル図上に示される電力用コンデンサに流れる電流$\dot{I}_C$は，あくまでも無効電力にしか寄与しない電流である．そのため，このような場合の送電線が供給する送電電力をベクトル図上で考えると，前節にて述べたとおり，**図3.4.14**のハッチング部の面積に比例することになる．

一方，無効電力について考えると事情が異なる．系統が送り出す無効電力Qを考えると，送電線を通って受電端に供給される無効電力Q_Xとは別に，電力用コンデンサによって供給される無効電力Q_Cがあり，これらを足し合わせたQが，実際に系統が需要家に送り届ける無効電力の総量である．つまり，

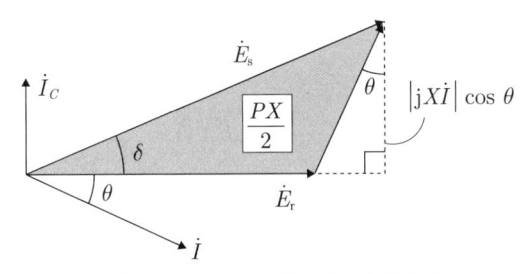

3.4 電圧調整設備（電力用コンデンサ）の機能と効果

図3.4.14 電力用コンデンサ投入時の有効電力

$$Q = Q_X + Q_C$$

である．また，送電線が送り出す無効電力 Q_X は

$$Q_X = |\dot{E}_r||\dot{I}|\sin\theta$$

であり，電力用コンデンサが供給する無効電力 Q_C は

$$Q_C = |\dot{E}_r||\dot{I}_C|$$

これらを踏まえて，**図3.4.15**に示すベクトル図のハッチング部に注目すれば，

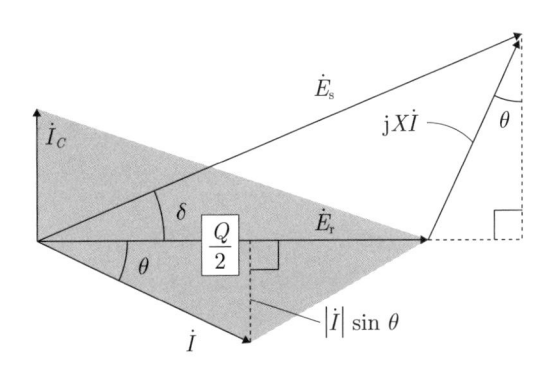

図3.4.15 電力用コンデンサ投入時の無効電力

$$\begin{aligned}\text{ハッチング部} &= \frac{1}{2}|\dot{E}_r||\dot{I}|\sin\theta + \frac{1}{2}|\dot{E}_r||\dot{I}_C| = \frac{1}{2}Q_X + \frac{1}{2}Q_C \\ &= \frac{1}{2}(Q_X + Q_C) = \frac{1}{2}Q\end{aligned}$$

となって，ハッチング部の面積が無効電力に比例することがわかる．つまり，電力用コンデンサが投入されているときは，二つの三角形の和の面積を視覚的にとらえることで，その無効電力の量を理解することができる．

このときの無効電力を数式で表せば，送電線が供給する無効電力 Q_X は，次のようになる．

$$Q_X = |\dot{E}_\mathrm{r}||\dot{I}|\sin\theta = \frac{|\dot{E}_\mathrm{s}||\dot{E}_\mathrm{r}|\cos\delta - |\dot{E}_\mathrm{r}|^2}{X}$$

また，電力用コンデンサが需要家に供給する無効電力 Q_C は，

$$Q_C = |\dot{E}_\mathrm{r}||\dot{I}_C| = |\dot{E}_\mathrm{r}||\dot{E}_\mathrm{r}|Y = Y|\dot{E}_\mathrm{r}|^2$$

これらを使うと，系統が送り出す総無効電力 Q は以下のとおりとなる．

$$\begin{aligned} Q &= Q_X + Q_C = \frac{|\dot{E}_\mathrm{s}||\dot{E}_\mathrm{r}|\cos\delta - |\dot{E}_\mathrm{r}|^2}{X} + Y|\dot{E}_\mathrm{r}|^2 \\ &= \frac{|\dot{E}_\mathrm{s}||\dot{E}_\mathrm{r}|\cos\delta}{X} - \left(\frac{1}{X} - Y\right)|\dot{E}_\mathrm{r}|^2 \end{aligned}$$

この式は，さまざまな場面において応用が利く基本式であり，頻出する．完全に覚えてしまうか，もしくは導出できるようにしておくとよい．

さて，上述した式を使って，実際に系統が送電することが可能な最大無効電力について考える．

通常の系統では，$\left(\dfrac{1}{X} - Y\right)$ の符号は正であることに注目し，受電端電圧 $|\dot{E}_\mathrm{r}|$ を用いて上式を整理すると，次のように展開することができる．

$$\begin{aligned} Q &= \frac{|\dot{E}_\mathrm{s}||\dot{E}_\mathrm{r}|\cos\delta}{X} - \left(\frac{1}{X} - Y\right)|\dot{E}_\mathrm{r}|^2 \\ &= -\left(\frac{1-XY}{X}\right)|\dot{E}_\mathrm{r}|^2 + \frac{|\dot{E}_\mathrm{s}|\cos\delta}{X}|\dot{E}_\mathrm{r}| \\ &= -\left(\frac{1-XY}{X}\right)\left\{|\dot{E}_\mathrm{r}| - \frac{|\dot{E}_\mathrm{s}|\cos\delta}{2(1-XY)}\right\}^2 + \frac{|\dot{E}_\mathrm{s}|^2\cos^2\delta}{4X(1-XY)} \end{aligned}$$

ここで，$-1 \leq \cos\delta \leq 1$ であり，通常は $|\dot{E}_\mathrm{s}| \fallingdotseq 1.0$ p.u. であるので，細かい条件を除いて大まかにとらえれば，

$$Q \leq \frac{1}{4X(1-XY)}$$

となる．これはつまり，系統の特性によって供給することのできる無効電力に上限があるということである．さらに興味深いのは，系統が供給する無効電力 Q は受電端電圧 $|\dot{E}_\mathrm{r}|$ に大きく左右されるということである．$|\dot{E}_\mathrm{r}| >$

$\dfrac{|\dot{E}_\mathrm{s}|\cos\delta}{2(1-XY)}$ の条件の下では，受電端電圧 $|\dot{E}_\mathrm{r}|$ が小さくなればなるほど，供給される無効電力は大きくなるが，系統条件などが変化して，$|\dot{E}_\mathrm{r}| < \dfrac{|\dot{E}_\mathrm{s}|\cos\delta}{2(1-XY)}$ となった場合，今度は逆に受電端電圧が小さくなればなるほど，供給される無効電力の量は減っていく．

　このことは，後に述べる系統の安定性を考えるうえで大きなポイントになる．電力用コンデンサによって電圧を補償する場合，重潮流時には電圧降下により受電端電圧が低下して無効電力の供給量が減るため，さらに電圧降下が激しくなって受電端電圧が低下するという，負のスパイラルに陥る危険性をはらんでいる．

3.5　電圧調整設備（タップ切換変圧器）の機能と効果

　送配電設備の電圧調整方法には，電力用コンデンサの投入のほかに，変圧器のタップ位置を切り換える方法がある．本節では，タップ切換変圧器の機能と効果について述べる．

　タップ切換変圧器は，変圧比の変更により電圧を上昇させるものである．電力用コンデンサに比べると，その電圧上昇の原理や効果はわかりやすく，単純に思えるかもしれない．しかし，原理は単純でも，その効果は意外と複雑なので注意しなくてはならない．結論を先にいってしまうと，二次タップ比を1.1倍にしたとしても，電圧は1.1倍になるわけではなく，そのときの潮流の大きさによって効果が左右される．重潮流のときは効果が小さくなり，このことは後に述べるタップの逆動作現象にもつながる大きなポイントとなる．

（1）　タップ切換変圧器の等価回路

　タップ切換変圧器とは，その名のとおりタップ比を切り換えることができる変圧器である．変電所に設置された"負荷時タップ切換変圧器（LRT）"や，線路途中に設置された"自動電圧調整器（SVR）"などにて活用されており，LRTやSVRは，変圧比を負荷電流を流したまま自動で数十秒〜数分程度の動作時間で切り換えることができる．これら以外にも，一般的な大形の

変圧器では巻線にタップが切られており，無負荷時もしくは無電圧時にタップ値を変更可能なものが多い．どれも原理や効果は同じであり，これから述べることはほとんどの変圧器に当てはまる．

タップ切換変圧器の等価回路を**図3.5.1**に示す．タップ切換変圧器は，漏れリアクタンスを含めて，図のように直列インピーダンス $j\dfrac{X_T}{n}$ と並列インピーダンス $j\dfrac{X_T}{n^2-n}$，$j\dfrac{X_T}{1-n}$ を使ってπ形等価回路に変換することができる．なお，この等価回路は，負荷の大きさがわからない際の計算には必須である．便利な変形であるので，いざ計算するときに備えて，π形等価回路の全体の形とイメージを覚えておくとよい．

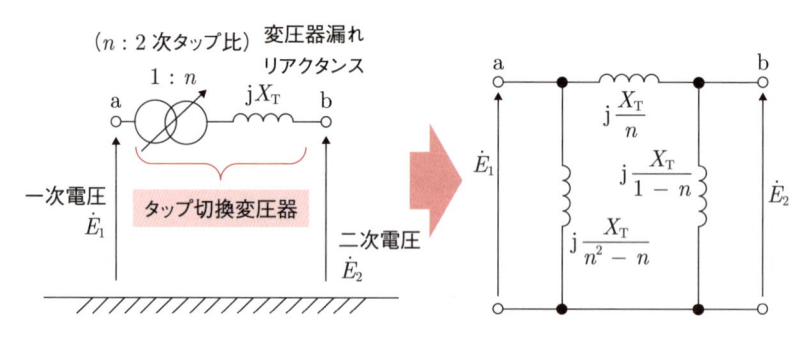

図3.5.1 タップ切換変圧器の等価回路

ここで，タップ比"$1:n$"の考え方について注意していただきたい．ここでは，単位法・パーセント法を前提としているため，"$1:n$"とは変圧器の"変圧比"を指すものではなく，定格の変圧比に対する"変化率"を指すものである．そのため，nは，せいぜい $0.9 \leq n \leq 1.1$ の範囲の変数となる．

たとえば6 600 Vの引込線を210 Vに降圧することを考える場合，"変圧比"は，$6\,600/210 = 31.4$ となる．この状態を標準とすれば，"二次タップ比n"はこの状態からの変化を示すものである．たとえば，変圧器の一次タップ電圧を6 600 V→6 300 Vへ変化させたときは，変圧比は $6\,300/210 = 30$ となるから，二次タップ比nは，$n = 1.05$※ となる．

※$(1/30)/(1/31.4) = 1.05$

3.5 電圧調整設備（タップ切換変圧器）の機能と効果　　　*133*

（2） タップ切換変圧器の役割と効果

さて，ここから先はケーススタディによりタップ切換変圧器の効果について考える．**図3.5.2**に示したのは，送電線からタップ切換変圧器を介して負荷に電力を供給する系統のモデルである．タップ比の変化と電圧の関係を考えよう．

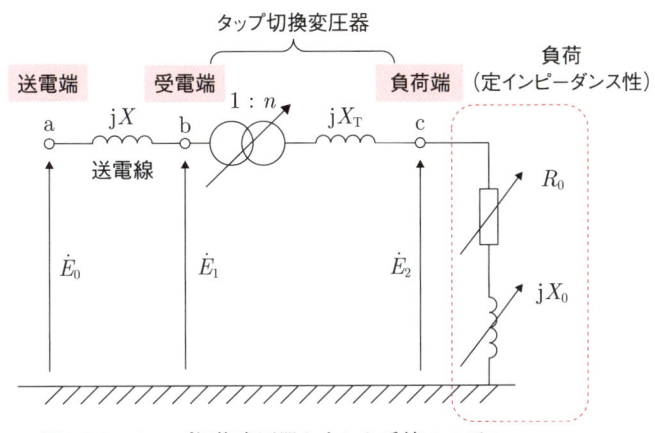

図3.5.2 タップ切換変圧器を介した系統のモデル

パラメータは**表3.5.1**のとおりとする．

表3.5.1 パラメータ

	記号	パラメータ
送電端電圧	E_0	1.1 p.u.
負荷インピーダンス	$R_0 + jX_0$	$1.2 + j0.6$ p.u.
送電線リアクタンス	jX	$j0.5$ p.u.
変圧器漏れリアクタンス	jX_T	$j0.1$ p.u.

二次タップを $n = 1.0$ とすると，その等価回路は**図3.5.3**となる．
このとき，$\dot{E}_0$ を基準として，負荷端電圧 $\dot{E}_2$ を求めると，

$$\dot{E}_2 = \dot{E}_0 \cdot \frac{1.2 + j0.6}{1.2 + j0.6 + j0.1 + j0.5} = 1.1 \times \frac{1.2 + j0.6}{1.2 + j1.2}$$

$$|\dot{E}_2| = 1.1\sqrt{\frac{1.2^2 + 0.6^2}{1.2^2 + 1.2^2}} = 0.869\,6 \text{ p.u.}$$

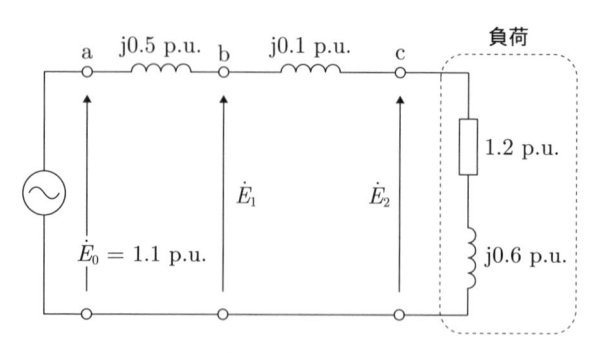

図3.5.3 二次タップ比 $n=1$ のときの等価回路

変圧器一次側の電圧 $\dot{E}_1$ も同様に求めると，

$$\dot{E}_1 = \dot{E}_0 \cdot \frac{1.2 + \mathrm{j}0.6 + \mathrm{j}0.1}{1.2 + \mathrm{j}0.6 + \mathrm{j}0.1 + \mathrm{j}0.5} = \frac{1.2 + \mathrm{j}0.7}{1.2 + \mathrm{j}1.2}$$

$$|\dot{E}_1| = 1.1\sqrt{\frac{1.2^2 + 0.7^2}{1.2^2 + 1.2^2}} = 0.900\,4 \text{ p.u.}$$

となる．

次にタップ比を $n=1.1$ に上げた場合について考えよう．図3.5.1に示したタップ切換変圧器の等価回路を使うと，等価回路は**図3.5.4**とあらわすことができる．

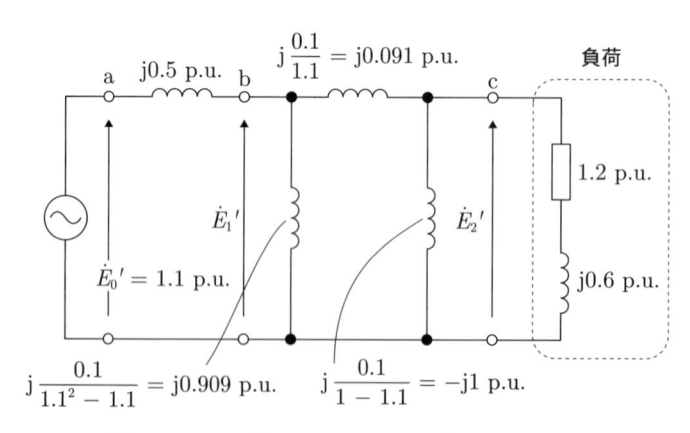

図3.5.4 タップ比 $n=1.1$ のときの等価回路

これを力ずくでガリガリと解いて $\dot{E}_1{}', \dot{E}_2{}'$ を求めてもよいのだが，その計

3.5 電圧調整設備(タップ切換変圧器)の機能と効果

算はかなり骨が折れる．若干本題からそれるが，計算のために工夫をすることにしよう．変圧器を介している系統では，二次側のインピーダンスをすべて$1/n^2$倍することで一次側に換算することができる．そこで，今回の$1:n$のタップについても同様に考え，二次側を一次側に換算してしまえば，非常に計算が簡単になる．ただし，このとき二次側では電圧値や電流値が一次側に換算された値となるので，この回路で得られる電圧値は実際の$1/n$倍，電流値はn倍された数値となる．

この方法を，今回の図3.5.2のモデルにおいて適用すれば，**図3.5.5**のようになって非常に簡単な回路になる．ただし先に述べたとおり，図3.5.5図中の点線部の範囲は，単位法における基準電圧をn倍したものであるから，本回路で点線部の数値を求めた場合は，基準電圧をもとに戻す必要がある．つまり，

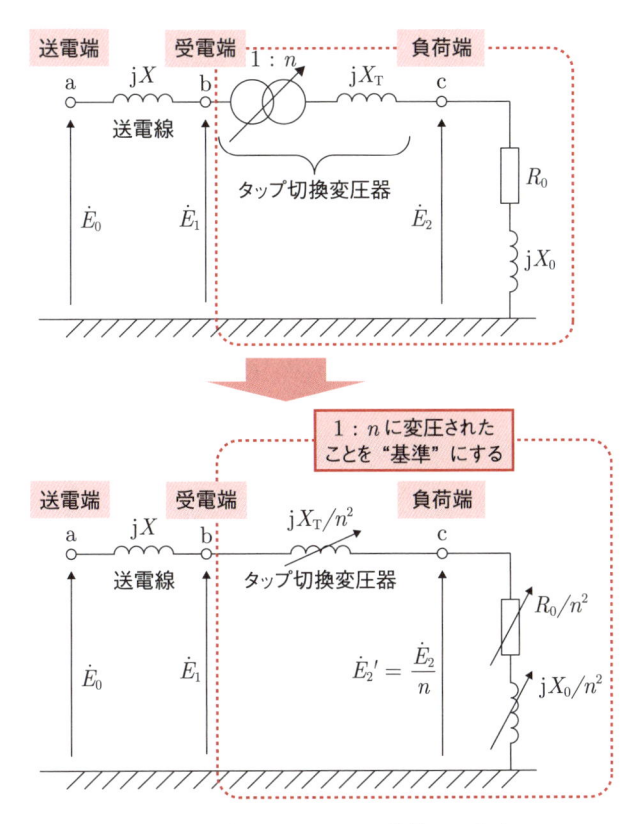

図3.5.5 計算の簡便化のため一次換算した場合

点線部については，電圧であれば算出された数値を n 倍し，電流であれば $1/n$ 倍しないといけない（特に，E_2 を求める計算において注意が必要である）．

今回の例について，変圧器二次側を変圧器一次側に換算し，パラメータを当てはめれば，等価回路は**図3.5.6**のようになる．

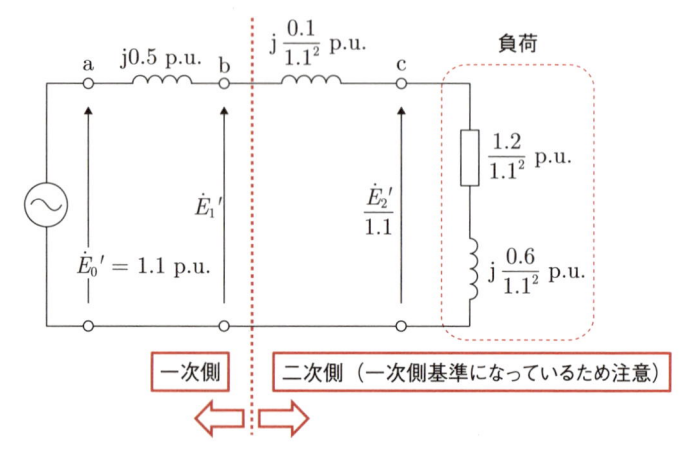

図3.5.6 タップ比 $n = 1.1$ のとき（二次側を一次換算した等価回路）

図3.5.4と図3.5.6とを比べれば，図3.5.6には並列部がないため，ずっと簡単に計算できることがわかるだろう．一次側基準に変換するというややこしい仮定は必要となるが，計算量は大幅に削減される．

さて，話は戻って図3.5.6を使って $\dot{E}_0'$ を基準として受電端電圧 $\dot{E}_1'$ を求めれば，

$$\dot{E}_1' = \dot{E}_0' \cdot \frac{j\dfrac{0.1}{1.1^2} + \dfrac{1.2}{1.1^2} + j\dfrac{0.6}{1.1^2}}{j0.5 + j\dfrac{0.1}{1.1^2} + \dfrac{1.2}{1.1^2} + j\dfrac{0.6}{1.1^2}}$$

$$= 1.1 \times \frac{1.2 + j0.7}{j0.5 \times 1.1^2 + j0.1 + 1.2 + j0.6}$$

$$= 1.1 \times \frac{1.2 + j0.7}{1.2 + j1.305}$$

$$\left|\dot{E}_1'\right| = 1.1\sqrt{\frac{1.2^2 + 0.7^2}{1.2^2 + 1.305^2}} = 0.861\,9 \text{ p.u.}$$

3.5 電圧調整設備（タップ切換変圧器）の機能と効果

また，負荷端電圧 $\dot{E}_2{'}$ は，変圧器二次側であるので回路上では電圧が $1/1.1$ 倍となってしまっている．もとの基準電圧に直すために 1.1 倍して計算すれば，

$$\dot{E}_2{'} = 1.1 \cdot \dot{E}_0{'} \cdot \frac{\dfrac{1.2}{1.1^2} + j\dfrac{0.6}{1.1^2}}{j0.5 + j\dfrac{0.1}{1.1^2} + \dfrac{1.2}{1.1^2} + j\dfrac{0.6}{1.1^2}}$$

$$= 1.1 \times 1.1 \times \frac{1.2 + j0.6}{j0.5 \times 1.1^2 + j0.1 + 1.2 + j0.6}$$

$$= 1.21 \times \frac{1.2 + j0.6}{1.2 + j1.305}$$

$$|\dot{E}_2{'}| = 1.21 \sqrt{\frac{1.2^2 + 0.6^2}{1.2^2 + 1.305^2}} = 0.915\ 6\ \text{p.u.}$$

表 3.5.2 に，二次タップ比の切換前後の電圧変化をまとめる．

表 3.5.2 二次タップ比 n を $1 \to 1.1$ に上昇させたときの電圧の変化

	送電端電圧 E_0	受電端電圧 E_1	負荷端電圧 E_2
タップ切換前	1.1 p.u.	0.900 p.u.	0.870 p.u.
タップ切換後	1.1 p.u.	0.862 p.u.	0.916 p.u.

タップ比を $n = 1$ としたときの負荷端電圧 $\dot{E}_2$ と，$n = 1.1$ のときの $\dot{E}_2{'}$ を比べると

$$\frac{|\dot{E}_2{'}|}{|\dot{E}_2|} = \frac{0.916}{0.870} = 1.05$$

となり，タップ比を 1.1 倍に上げたにも関わらず電圧は 1.05 倍にしかなっていないことがわかる．

また，変圧器一次側の電圧 $\dot{E}_1$ と $\dot{E}_1{'}$ を比べると

$$|\dot{E}_1| = 0.900\ \text{p.u.} > |\dot{E}_1{'}| = 0.862\ \text{p.u.}$$

となり，二次タップ比を上げる前よりも，上げた後のほうが変圧器一次側の電圧が低い．

タップ切換前と切換後の電圧の大きさの分布を**図 3.5.7** に図示する．

このように，二次タップ比を 1.1 倍にした場合，変圧器二次側（c 点）の電圧上昇率は 1.1 倍よりも小さい．また変圧器一次側（b 点）の電圧は，タップ

図中:
- 送電端 a, 受電端 b, 負荷端 c
- 送電線 j0.5、タップ切換変圧器 1:n、j0.1
- $\dot{E}_0$, $\dot{E}_1$, $\dot{E}_2$

タップ比 $n = 1$ のとき
- $|\dot{E}_0| = 1.1$
- $|\dot{E}_1| = 0.900$
- $|\dot{E}_2| = 0.870$

タップ比 $n = 1.1$ のとき
- 切換前 / 切換後
- 変圧器一次側の電圧は落ち込む
- タップ比を 1.1 倍にしたにも関わらず電圧は 1.05 倍
- $|\dot{E}_0'| = 1.1$
- $|\dot{E}_1'| = 0.862$
- $|\dot{E}_2'| = 0.916$

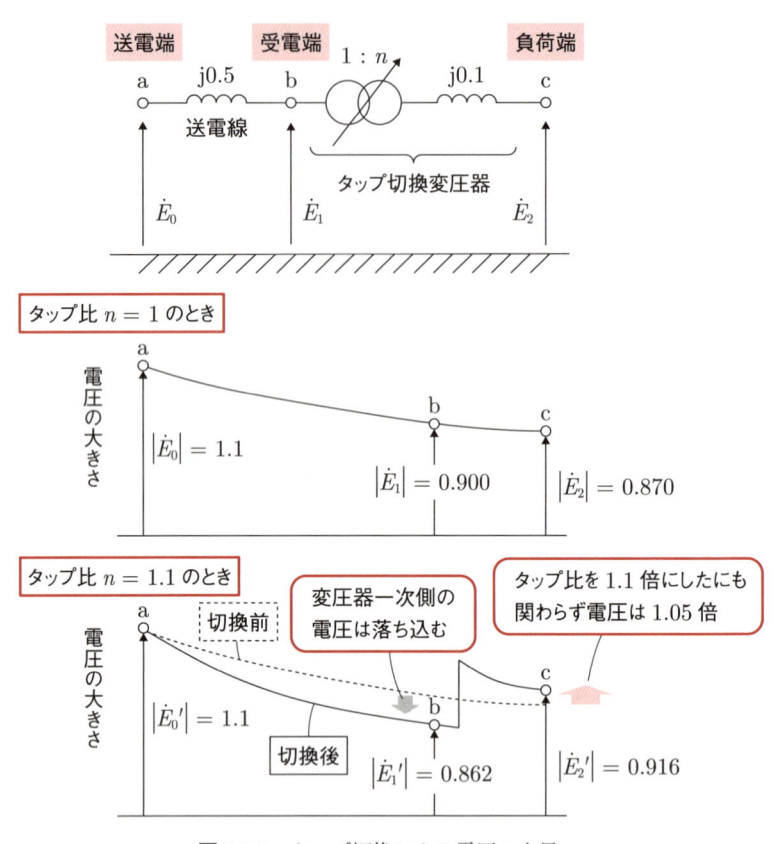

図 3.5.7 タップ切換による電圧の上昇

比を上げる前よりも逆に下がってしまう．この現象は，二次タップ比が大きくなることにより，変圧器二次側のインピーダンスが疑似的に小さくなったためととらえるとわかりやすいだろう．インピーダンスが小さくなると，負荷電流は増し，線路リアクタンスによる電圧降下幅は大きくなる．

図 3.5.8 に示すように，この傾向は潮流の大きさが大きくなればなるほど顕著になる．つまり同じタップ比に切り換えたとしても，潮流の大小によって，タップ切換による電圧向上の効果が変化するということである．

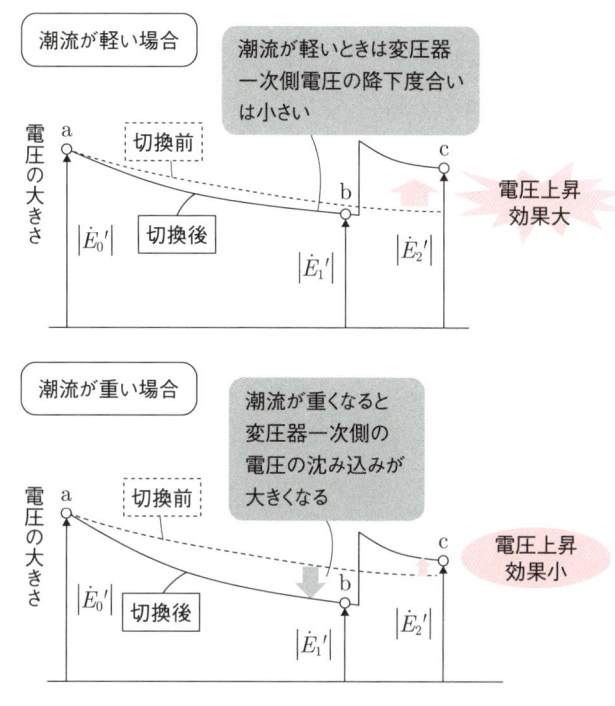

図3.5.8 潮流の変化とタップ切換の効果

3.6　タップの逆動作現象を考える

　潮流が変化した際，受電端電圧が上下することを防ぐため，送配電設備では電力用コンデンサやタップ切換変圧器などの電圧調整設備により電圧を一定に保っている．これらの有用性と機能については，3.4〜3.5節にて述べたとおりである．ところが，これら電圧調整設備は，場合によっては電圧を一定に保つことができなくなることがある．特に重負荷時にある条件を満たすと，電圧を上げるはずのタップ切換変圧器が逆に電圧を下げてしまう現象が起きる．これを"タップの逆動作現象"という．

　本節では，タップの逆動作現象について，ケーススタディを用いて解説する．まず，電力用コンデンサとタップ切換変圧器の両方を有するモデルを用いて，軽負荷時・重負荷時の条件をつくる．その後，タップ切換変圧器による逆動作現象をシミュレートし，現象を解説する．

この現象は，ここ30年程度で明らかにされた比較的新しい問題である．それゆえ，本現象を取り上げた書籍はあまりなく，原理をご存じない方も多いのではないだろうか．参考になれば幸いである．

（1） 電圧安定性問題の概要

タップの逆動作現象とは，タップを切り換えたとき，逆に電圧が下がる現象である．通常，送配電設備に設けられたタップ切換変圧器は自動制御にて動作する．そのため，この現象が起きると，タップ切換変圧器は電圧を上げようとタップを切り換え続け，電圧は逆に下がり続けてしまう．1987年に関東で起きた大停電や，2003年にイタリアで起きた大停電時にも似たような現象が発生したといわれており，電力系統を維持するうえで大きな課題となっている．近年では，タップ逆動作現象が発生しないよう，これらの現象を検知して切換動作をロックするなどの対策を講じることもある．

なお，1987年の事例では，500 kV系統電圧が西部で370 kV，中央部で390 kV程度まで低下し，復旧まで3時間以上かかったといわれている．

（2） ケーススタディの準備その1（軽負荷時）

さて，本節では，ケーススタディによりタップの逆動作現象を考えたい．この現象は，特に重負荷時に起きやすいことが知られている．しかし，重負荷時は電圧降下が大きくなるため，そのままでは受電端電圧が通常よりも大きく低下してしまう．そこで，現実的なスタディをするため，電力用コンデンサとタップ切換変圧器の両方の電圧調整設備を備えた系統モデルを考えることにする．つまり，電力用コンデンサによってある程度受電端電圧を維持し，そこからタップを切り換えることで，軽負荷時と重負荷時の2ケースを比較しよう．

図3.6.1に示したのは，送電線の受電端に電力用コンデンサとタップ切換変圧器を備えたモデルである．負荷は定インピーダンス性とし，負荷の増減については，インピーダンスの増減にて模擬することとする．コンデンサとタップは，電圧の維持のために設置された設備であり，容量や比率をケースによって可変とする．

このモデルに軽負荷時のパラメータ（**表3.6.1**）を代入して，スタディを始める．二次タップ比を $n = 1.0$ としたときの等価回路を**図3.6.2**に示す．

3.6 タップの逆動作現象を考える

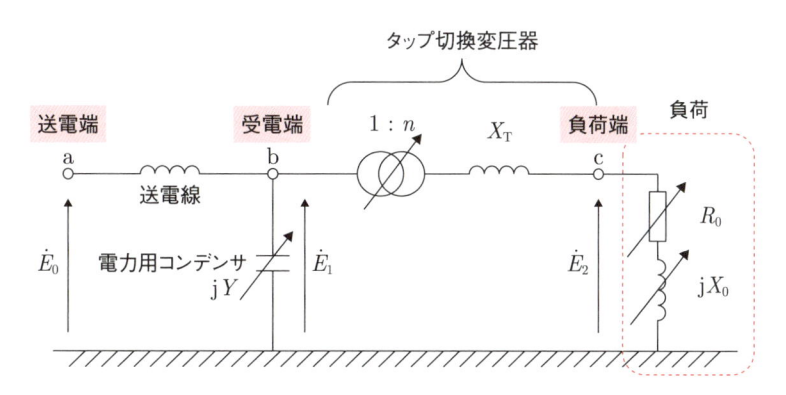

図 3.6.1 電力用コンデンサとタップ切換変圧器を備えた系統モデル

表 3.6.1 軽負荷時のパラメータ

	記号	パラメータ
送電端電圧	E_0	1.1 p.u.
負荷インピーダンス	$R_0 + jX_0$	$1.2 + j0.6$ p.u.
送電線リアクタンス	jX	$j0.5$ p.u.
変圧器漏れリアクタンス	jX_T	$j0.1$ p.u.
電力用コンデンサアドミタンス	jY	$j0.2$ p.u.
（インピーダンス）	$(1/jY)$	$(-j5)$

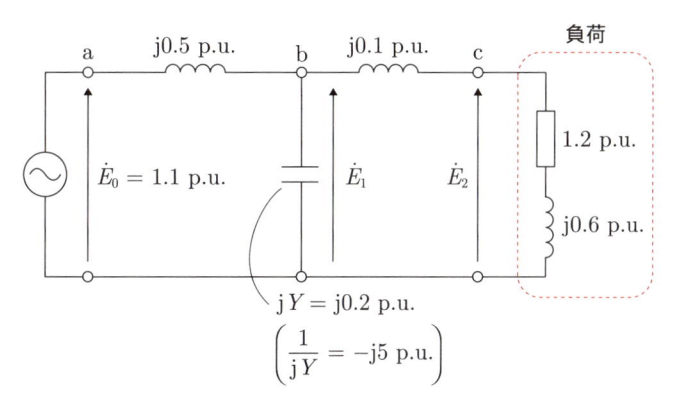

図 3.6.2 軽負荷時の等価回路（タップ比 $n = 1.0$）

このときの受電端電圧 $\dot{E}_1$ は，$\dot{E}_0$ を基準にすれば，次のように求められる．

$$\dot{E}_1 = \dot{E}_0 \cdot \dfrac{\dfrac{(j0.1+1.2+j0.6)(-j5)}{j0.1+1.2+j0.6-j5}}{\dfrac{(j0.1+1.2+j0.6)(-j5)}{j0.1+1.2+j0.6-j5}+j0.5}$$

$$= 1.1 \times \dfrac{(1.2+j0.7)(-j5)}{(1.2+j0.7)(-j5)+j0.5(1.2-j4.3)}$$

$$= 1.1 \times \dfrac{3.5-j6}{5.65-j5.4}$$

$$|\dot{E}_1| = 1.1\sqrt{\dfrac{3.5^2+6^2}{5.65^2+5.4^2}} = 0.977\,6 \text{ p.u.}$$

負荷端電圧 E_2 も同様にして求めることができ，

$$\dot{E}_2 = \dot{E}_1 \cdot \dfrac{1.2+j0.6}{j0.1+1.2+j0.6} = 1.1 \times \dfrac{3.5-j6}{5.65-j5.4} \times \dfrac{1.2+j0.6}{1.2+j0.7}$$

$$= \dfrac{8.58-j5.61}{10.56-j2.52}$$

$$|\dot{E}_2| = \sqrt{\dfrac{8.58^2+5.61^2}{10.56^2+2.52^2}} = 0.944\,1 \text{ p.u.}$$

このときの系統の電圧分布を図に示すと，**図3.6.3**となる．

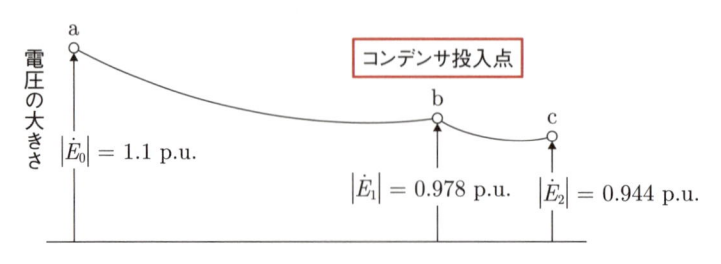

図3.6.3 軽負荷時の電圧分布（タップ比 $n = 1.0$）

図3.6.3においてb点の電圧に注目すると，電力用コンデンサによって電圧が押し上げられ，効果的に電圧補償がおこなわれていることがわかる．3.4節にて述べたとおりである．

（3） ケーススタディの準備その2（重負荷時）

続いて，先ほどの回路において負荷の大きさが2倍となったときを考えよ

3.6 タップの逆動作現象を考える

う．負荷が2倍になると，負荷インピーダンスは1/2倍になると考えるのが合理的である．パラメータは**表3.6.2**のとおりとする．なお，負荷の増加に伴い，電圧補償のための電力用コンデンサの容量も増加させることにする．

表3.6.2 重負荷時のパラメータ

	記号	パラメータ
送電端電圧	E_0	1.1 p.u.
負荷インピーダンス	$R_0 + jX_0$	0.6 + j0.3 p.u.
送電線リアクタンス	jX	j0.5 p.u.
変圧器漏れリアクタンス	jX_T	j0.1 p.u.
電力用コンデンサアドミタンス	jY	j1.0 p.u.
（インピーダンス）	$(1/jY)$	$(-j1.0)$

※赤字は表3.6.1からの変更点

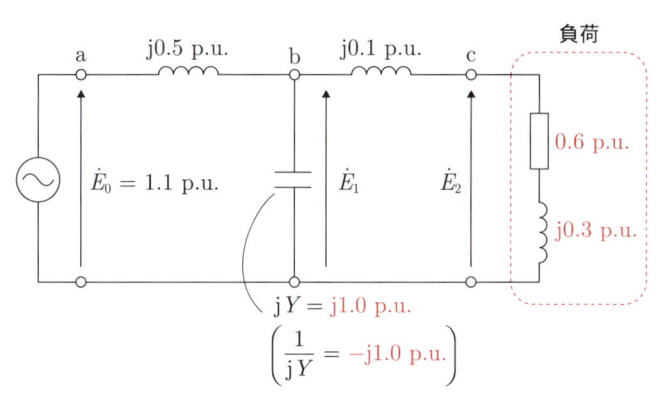

図3.6.4 重負荷時の等価回路（タップ比 $n = 1.0$）

このとき，受電端電圧 E_1 は，$\dot{E}_0$ を基準にすれば次のように求められる．

$$\dot{E}_1 = \dot{E}_0 \cdot \frac{\dfrac{(j0.1 + 0.6 + j0.3)(-j1)}{j0.1 + 0.6 + j0.3 - j1}}{\dfrac{(j0.1 + 0.6 + j0.3)(-j1)}{j0.1 + 0.6 + j0.3 - j1} + j0.5} = 1.1 \times \frac{0.4 - j0.6}{0.7 - j0.3}$$

$$|\dot{E}_1| = 1.1\sqrt{\frac{0.4^2 + 0.6^2}{0.7^2 + 0.3^2}} = 1.0415 \text{ p.u.}$$

負荷端電圧 E_2 は，

$$\dot{E}_2 = \dot{E}_1 \cdot \frac{0.6 + \mathrm{j}0.3}{\mathrm{j}0.1 + 0.6 + \mathrm{j}0.3} = 1.1 \times \frac{0.42 - \mathrm{j}0.24}{0.54 + \mathrm{j}0.1}$$

$$|\dot{E}_2| = 1.1\sqrt{\frac{0.42^2 + 0.24^2}{0.54^2 + 0.1^2}} = 0.968\,9 \text{ p.u.}$$

このときの電圧分布を図に示すと，**図3.6.5**となる．

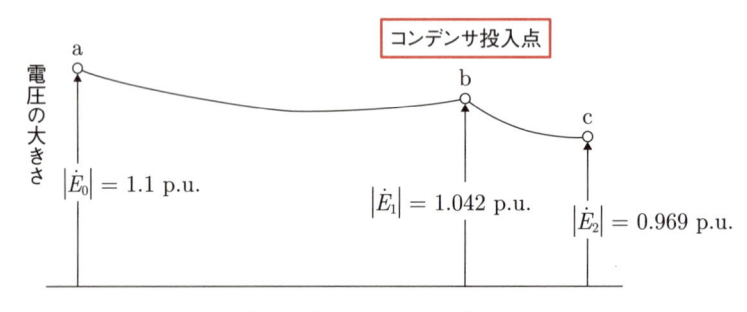

図3.6.5 重負荷時の電圧分布（タップ比 $n = 1.0$）

図3.6.3と図3.6.5を見比べると，負荷が増えたにも関わらず，電圧はむしろ図3.6.5のほうが高い．これは，負荷が増えたこと以上に，電力用コンデンサの容量を増やしたからである．電力用コンデンサを増強したことにより，重負荷時に起こる電圧降下を補償している．

このとき，受電端から先のインピーダンスについてベクトル図を考えると，**図3.6.6**，**図3.6.7**のように描くことができる．電力用コンデンサの容量を大きくすると，全体の力率が大きく改善される．潮流の力率が改善されればそれだけ電圧降下幅が小さくなるから，受電端電圧および負荷端電圧が上昇するという仕組みである．

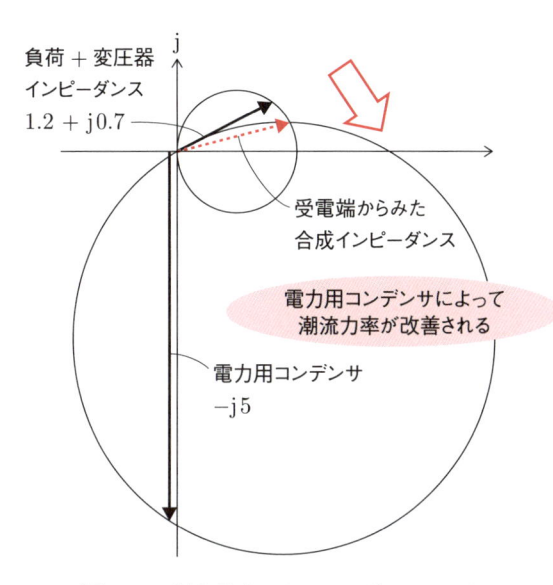

3.6 タップの逆動作現象を考える

図3.6.6 軽負荷時のインピーダンスベクトル

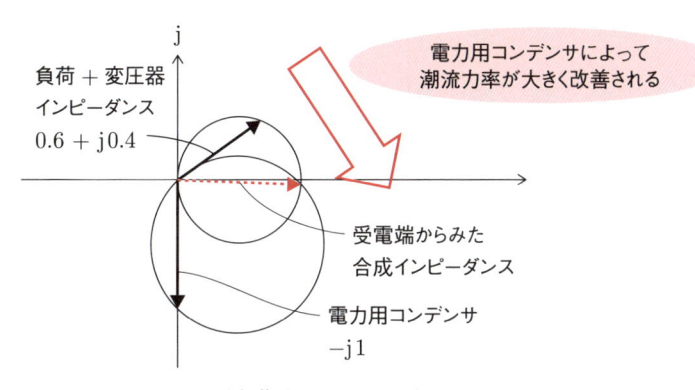

- 負荷＋変圧器インピーダンス 1.2 + j0.7
- 受電端からみた合成インピーダンス
- 電力用コンデンサ −j5
- 電力用コンデンサによって潮流力率が改善される

図3.6.7 重負荷時のインピーダンスベクトル

- 負荷＋変圧器インピーダンス 0.6 + j0.4
- 受電端からみた合成インピーダンス
- 電力用コンデンサ −j1
- 電力用コンデンサによって潮流力率が大きく改善される

（4） 軽負荷時のタップ動作

さて，軽負荷時に，電力用コンデンサを投入したうえに，さらにタップ切換変圧器を動作させるとどうなるかをスタディしよう．軽負荷時に電力用コンデンサを投入した図3.6.2の等価回路において，二次タップ比を $n = 1.1$ に切り換えると，**図3.6.8**のようになる．

前節でも述べたように，タップ切換変圧器を考える場合は，変圧器二次側を一次側に換算してしまうのが便利である．その場合，インピーダンスはす

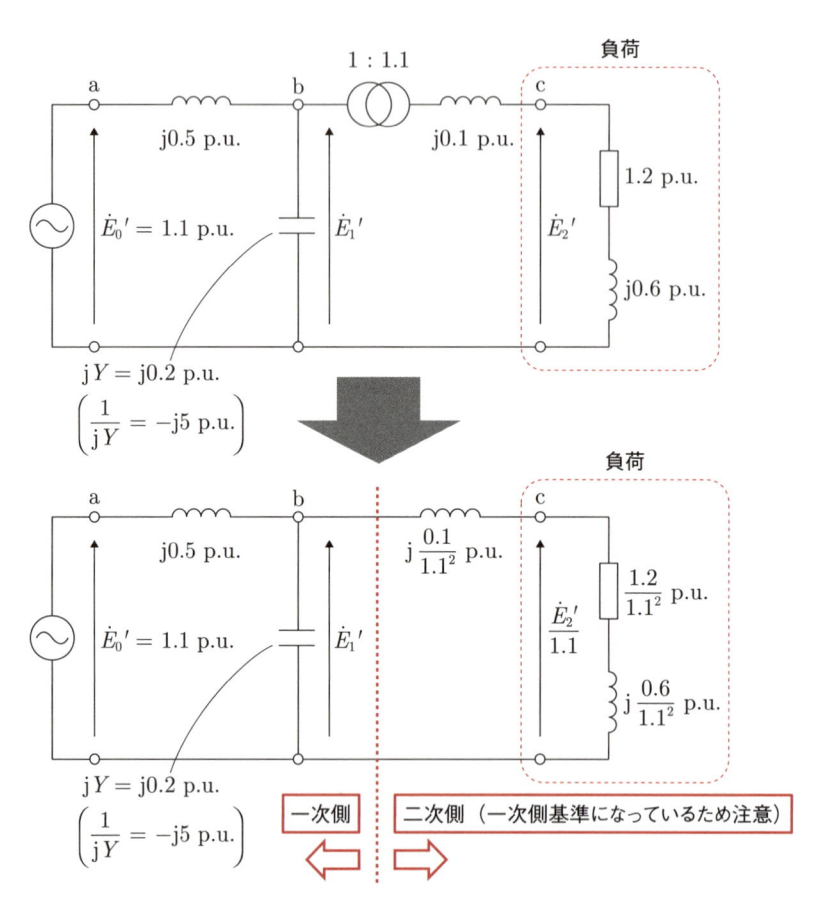

図3.6.8 軽負荷時の等価回路（タップ比 $n = 1.1$）

べて $1/n^2$ 倍する必要がある．$\dot{E}_0'$ を基準にすれば，受電端電圧 E_1' は，

$$\dot{E}_1' = \dot{E}_0' \cdot \frac{\dfrac{\left(j\dfrac{0.1}{1.1^2} + \dfrac{1.2}{1.1^2} + j\dfrac{0.6}{1.1^2}\right)(-j5)}{j\dfrac{0.1}{1.1^2} + \dfrac{1.2}{1.1^2} + j\dfrac{0.6}{1.1^2} - j5}}{\dfrac{\left(j\dfrac{0.1}{1.1^2} + \dfrac{1.2}{1.1^2} + j\dfrac{0.6}{1.1^2}\right)(-j5)}{j\dfrac{0.1}{1.1^2} + \dfrac{1.2}{1.1^2} + j\dfrac{0.6}{1.1^2} - j5} + j0.5}$$

$$= 1.1 \times \frac{3.5 - j6}{6.175 - j5.4}$$

3.6 タップの逆動作現象を考える

$$\left|\dot{E}_1'\right| = 1.1\sqrt{\frac{3.5^2 + 6^2}{6.175^2 + 5.4^2}} = 0.931\ 4\ \text{p.u.}$$

変圧器二次側の電圧 E_2' は，基準電圧が1.1倍となっていることに注意して計算すれば，

$$\dot{E}_2' = 1.1\dot{E}_1' \cdot \frac{1.2 + \text{j}0.6}{1.2 + \text{j}0.7}$$

$$\left|\dot{E}_2'\right| = 1.1 \times 0.931\ 4\sqrt{\frac{1.2^2 + 0.6^2}{1.2^2 + 0.7^2}} = 0.989\ 4\ \text{p.u.}$$

となる．このときのタップ切換前とタップ切換後における電圧変化の様子を**図3.6.9**に示す．

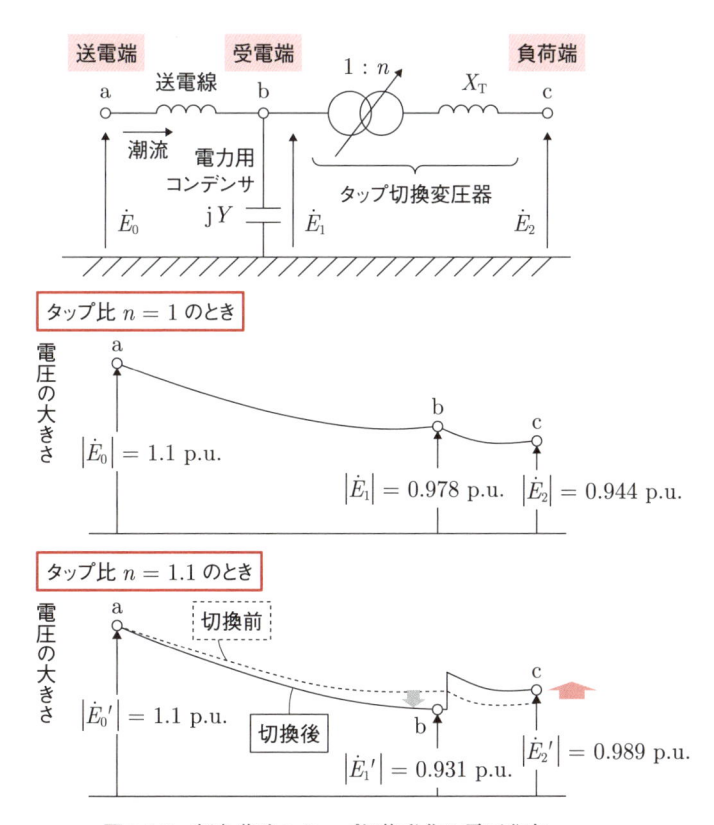

図3.6.9 軽負荷時のタップ切換動作と電圧分布

今回のように，電力用コンデンサとタップ切換変圧器を組み合わせたモデ

ルにおいても，電圧調整設備の機能と効果は変わらない．

3.5 節にて述べたとおり，タップ切換変圧器が動作すると，変圧器一次側の電圧は押し下げられ，変圧器二次側の電圧は上昇する．すなわち，b 点の電圧は 0.978 p.u. から 0.931 p.u. に下がる一方，c 点の電圧は 0.944 p.u. から 0.989 p.u. へと押し上げられる．

（5） 重負荷時のタップ逆動作現象

さて，前置きが長くなったが，いよいよ重負荷時のタップ切換動作についてスタディをおこなう．図 3.6.4 で述べた重負荷時に，タップ比を $n = 1.1$ に切り換えることを考えよう．このとき，等価回路は**図 3.6.10** のように変形す

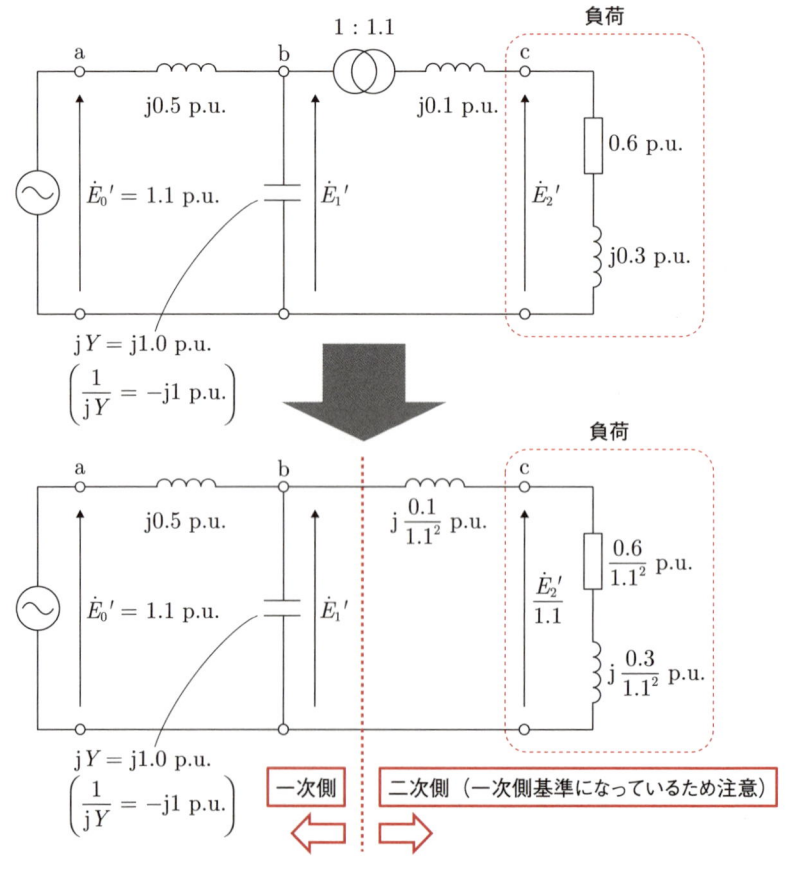

図 3.6.10 重負荷時の等価回路（タップ比 $n = 1.1$）

3.6 タップの逆動作現象を考える

ることができる．

$\dot{E}_0'$ を基準にし，重負荷時タップ切換後の受電端電圧 E_1' を求めれば，

$$\dot{E}_1' = \dot{E}_0' \cdot \frac{\dfrac{\left(j\dfrac{0.1}{1.1^2} + \dfrac{0.6}{1.1^2} + j\dfrac{0.3}{1.1^2}\right)(-j1)}{j\dfrac{0.1}{1.1^2} + \dfrac{0.6}{1.1^2} + j\dfrac{0.3}{1.1^2} - j1}}{\dfrac{\left(j\dfrac{0.1}{1.1^2} + \dfrac{0.6}{1.1^2} + j\dfrac{0.3}{1.1^2}\right)(-j1)}{j\dfrac{0.1}{1.1^2} + \dfrac{0.6}{1.1^2} + j\dfrac{0.3}{1.1^2} - j1} + j0.5}$$

$$= 1.1 \times \frac{(0.6 + j0.4)(-j1)}{(0.6 + j0.4)(-j1) + j0.5(0.6 - j0.81)}$$

$$= 1.1 \times \frac{0.4 - j0.6}{0.805 - j0.3}$$

$$\left|\dot{E}_1'\right| = 1.1\sqrt{\frac{0.4^2 + 0.6^2}{0.805^2 + 0.3^2}} = 0.923\ 3\ \text{p.u.}$$

また負荷端電圧 E_2' は，変圧器二次側であることに注意すれば，

$$\dot{E}_2' = 1.1\dot{E}_1' \cdot \frac{0.6 + j0.3}{j0.1 + 0.6 + j0.3}$$

$$\left|\dot{E}_2'\right| = 1.1 \times 0.923\ 3\sqrt{\frac{0.6^2 + 0.3^2}{0.6^2 + 0.4^2}} = 0.944\ 8\ \text{p.u.}$$

となる．重負荷時のタップ切換前とタップ切換後の電圧変化の様子を**図 3.6.11** に示す．

図3.6.11のc点に注目すると，タップを切り換えたにも関わらず，電圧が逆に下がってしまっている．これがタップの逆動作現象である．SVRなどのタップ切換器は，自動制御にてタップを切り換える．そのため，この現象が起きるとタップ切換変圧器は，電圧を増加させようとタップを切り換え続け，電圧は逆に下がり続けてしまう．

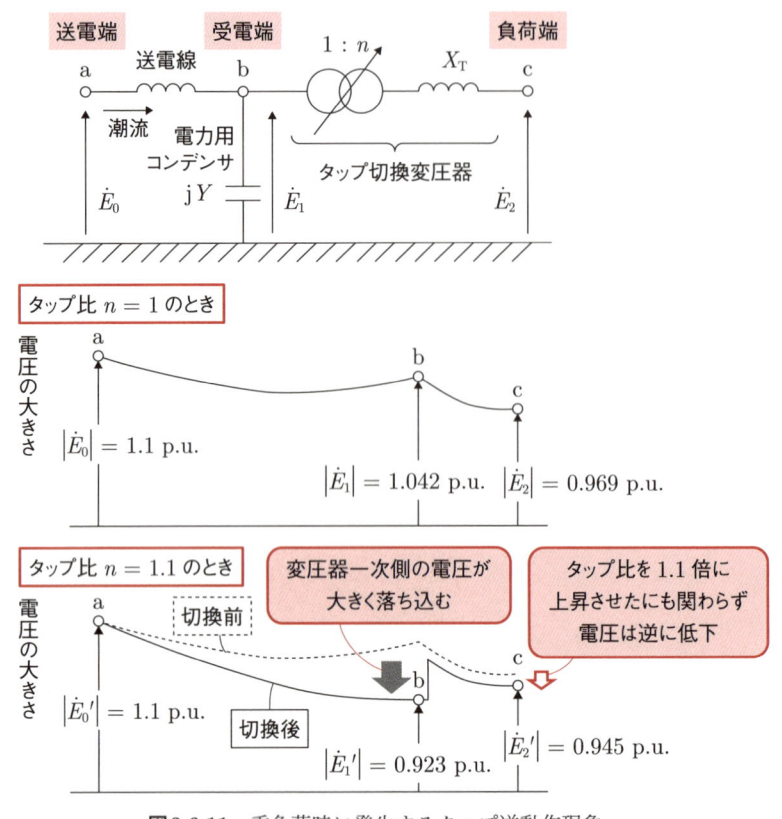

図3.6.11 重負荷時に発生するタップ逆動作現象

タップ比 $n=1$ のとき
- $|\dot{E}_0| = 1.1$ p.u.
- $|\dot{E}_1| = 1.042$ p.u.
- $|\dot{E}_2| = 0.969$ p.u.

タップ比 $n=1.1$ のとき
- $|\dot{E}_0'| = 1.1$ p.u.
- $|\dot{E}_1'| = 0.923$ p.u.
- $|\dot{E}_2'| = 0.945$ p.u.

変圧器一次側の電圧が大きく落ち込む

タップ比を1.1倍に上昇させたにも関わらず電圧は逆に低下

（6） P-Vカーブの概要と逆動作現象

タップ逆動作現象は，どのような条件下で発生するのだろうか．これを解くカギは，負荷端電力 P と負荷端電圧 V をグラフにしたときに現れる，P-V カーブと呼ばれるカーブにある．

P-V カーブの詳細は次節にて述べることにし，ここでは概略のみを示すことにしよう．P-V カーブは，系統側がもつ特性を示すものであり，負荷設備の特性は考慮されていない．需要家側の設備は不明として，負荷端電力 P を変数とし，P に応じた電力潮流が発生した場合の負荷端電圧 V を曲線で表したものである．

P-V カーブの一例を**図3.6.12**に示す．P-V カーブは図のように，右側に凸の曲線を描く．そのため，ある電力 P に対して2種類の電圧 V の解をも

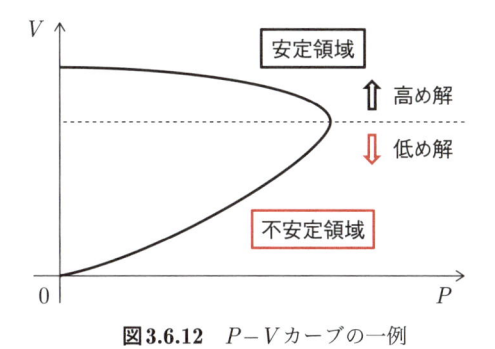

3.6 タップの逆動作現象を考える　　　　　　　　　　　　　　　　　　　151

図3.6.12 P–Vカーブの一例

つことになり，このうち上側の解を高め解，下側の解を低め解と呼ぶ．運転点は，P–Vカーブ上の点を推移し，通常は高め解領域にある．なんらかの原因により運転点が低め解領域に移行すると，タップ逆動作現象が起き電圧は不安定になってしまう．

ここで，今回行った逆動作現象のスタディ（図3.6.9および図3.6.11のスタディ）について，P–Vカーブを使って考えてみよう．タップ切換前（$n=1.0$）の軽負荷時・重負荷時の電力系統のP–Vカーブを描くと**図3.6.13**のよ

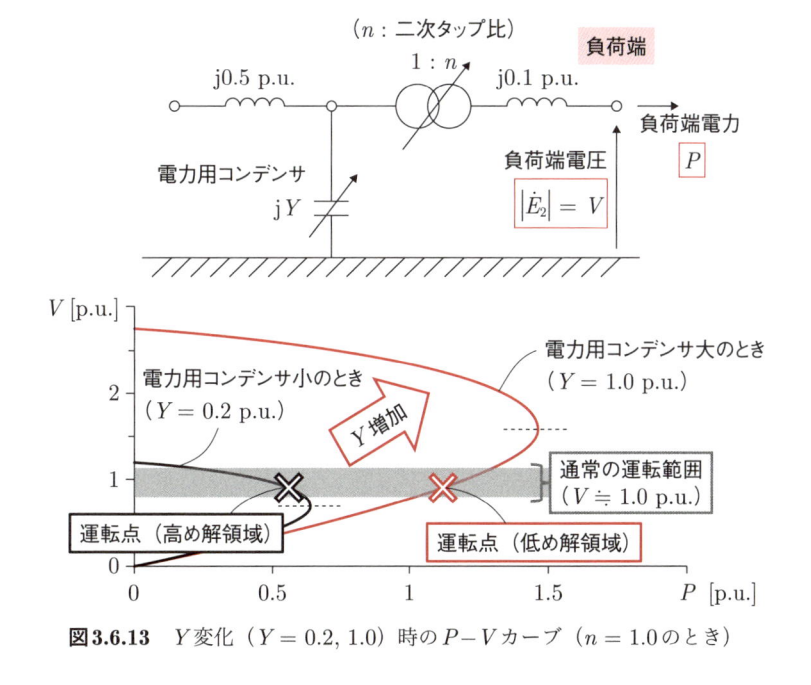

図3.6.13 Y変化（$Y=0.2, 1.0$）時のP–Vカーブ（$n=1.0$のとき）

うになる．

P–V カーブは，電力用コンデンサの投入量が増加に伴い右上方向に伸びるように変化するという特性をもっている．そのため，電力用コンデンサ Y の容量が小さいときはカーブは小さいが，Y が大きくなるとそれに伴ってカーブは右上方向に大きくなる．一方，負荷端電圧 V は大きく変動することは許されないから，$V \fallingdotseq 1.0$ p.u. の範囲（図中の帯領域）に制御される．そのため運転点に注目すれば，投入された電力用コンデンサが小さいとき（$Y = 0.2$）は高め解領域にあるが，電力用コンデンサが大きいとき（$Y = 1.0$）は低め解領域に突入してしまう．

図 3.6.13 の状態から，二次タップ比を $n = 1.1$ に切り換えた場合について示したのが，**図 3.6.14** である．$n = 1.0$ のときの P–V カーブを破線で，$n = 1.1$ のときを実線であらわした．

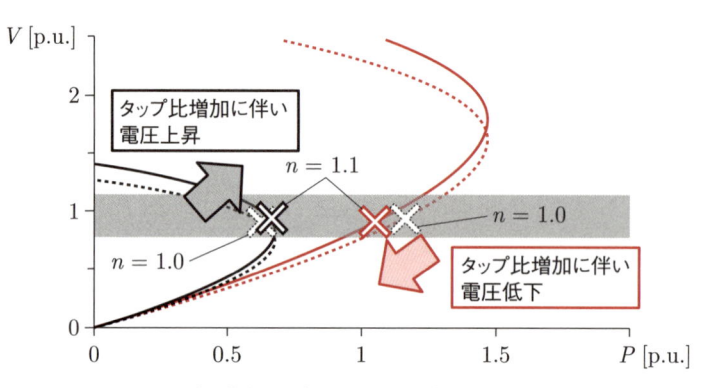

図 3.6.14 タップ切換前後（$n = 1.0$，1.1）の P–V カーブと運転点

P–V カーブは，タップ比が増加すると高め解領域では外側に膨らみ，低め解領域では内側にしぼむ．また運転点に注目すれば，高め解のとき（コンデンサ小のとき）はタップ比増加とともに右上方向に移行するが，低め解領域（コンデンサ大のとき）は左下方向に移行する．そのため，今回のスタディでは重負荷時にタップ切換とともに電圧が低下したのである．

P–V カーブの特性は，次節で詳しく解説する．

3.7 $P-V$カーブとベクトル図

本節では$P-V$カーブに注目し，カーブの成り立ちや電圧安定領域・不安定領域について解説し，ベクトル図との関係を明らかにする．まず，各領域について数式展開を使って明らかにする．続いて，$P-V$カーブを実際に描くことで，その特性を解説する．その後，$P-V$カーブとベクトル図の関係を明らかにし，$P-V$カーブを用いずに電圧安定性を判別することができる方法を紹介する．

$P-V$カーブの低め解領域では，タップの逆動作現象だけでなく，誘導電動機などの動的負荷による電圧崩壊現象も発生しやすいと言われている．そのため，電力系統の特性を理解するためには，このカーブを深く知ることが重要である．なお，誘導電動機による電圧崩壊現象については，4章にて詳しく述べる．

（1） 電圧安定性問題とは

3.3節にて述べたとおり，送配電設備では，自身のもつ特性により送電することのできる電力の大きさにかぎりがある．送電線の送電電力Pは，送電端電圧E_sと受電端電圧E_rの相差角δが，$\delta=90°$のときに最大値をとり，それ以上大きな値をとることはできない．

しかしながら，実際には相差角δが90°よりもずっと小さい場合でも，ほかの問題によって電力を送ることができなくなる現象が起きることがある．その一つが，タップの逆動作現象などに代表される電圧安定性問題である．これは，$P-V$カーブを使って説明され，運転点が不安定領域に移行したときに発生する．

つまり，系統を理解するためには，$P-V$カーブの原理や構造を理解し，電圧安定性問題を予測・防止することが重要である．

（2） $P-V$カーブの概要

$P-V$カーブは送配電設備の特性を示すものであるから，発電事業者や需要家にとってはあまりなじみのないものだろう．そこで，まずは$P-V$カーブの成り立ちについて順を追って説明しようと思う．

図3.7.1に示したのは，送電線と電力用コンデンサからなる電力系統の簡易

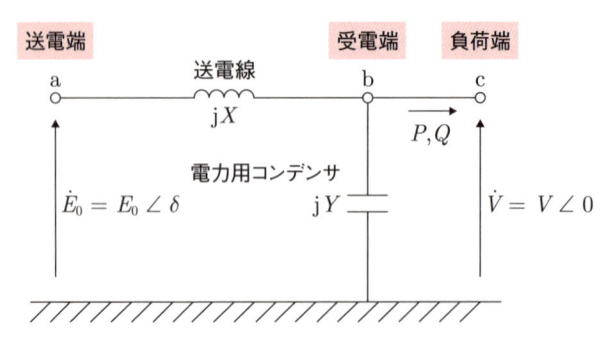

図3.7.1 電力系統の簡易モデル

モデルである．

図3.7.1において，負荷側設備に供給される有効電力 P と無効電力 Q は次式で表される．

$$P = \frac{|\dot{E}_0||\dot{V}|\sin\delta}{X}$$

$$Q = \frac{|\dot{E}_0||\dot{V}|\cos\delta}{X} - \left(\frac{1}{X} - Y\right)|\dot{V}|^2$$

(式の導出に関しては3.2節に述べたとおりである．本モデルと，P，Q を表すこれらの式は，送配電に関して事象を考える際に頻出するので覚えておくとよい．)

相差角 δ は電力需要の変化に応じて変化する変数であるので，$\sin^2\delta + \cos^2\delta = 1$ を用いて δ を消去すると，

$$P^2 + \left\{Q + \left(\frac{1}{X} - Y\right)|\dot{V}|^2\right\}^2 = \left(\frac{|\dot{E}_0||\dot{V}|}{X}\right)^2$$

となり，電圧 V と電力 P の関係を表す式となる．

P や Q は需要の変化とともに変化するが，需要の変化が起きても負荷力率 θ が一定であるとすると，$Q = P\tan\theta$ とおけるので，これを代入して，

$$P^2(1+\tan^2\theta) + 2P\tan\theta\left(\frac{1}{X} - Y\right)V^2 + \left(\frac{1}{X} - Y\right)^2 V^4 = \frac{|\dot{E}_0|^2 V^2}{X^2}$$

両辺に X^2 を掛けて整理すれば，

$$(1-XY)^2 V^4 + \left\{2XP(1-XY)\tan\theta - |\dot{E}_0|^2\right\}V^2 + \frac{X^2 P^2}{\cos^2\theta} = 0$$

となり，V に関する4次方程式が得られる．

3.7 P−Vカーブとベクトル図

上式は一見むずかしく見えるが，V^2 の二次方程式であるので，二次方程式の解を求める公式を使って簡単に解くことができ，

$$V = \sqrt{\frac{|\dot{E}_0|^2 - 2PX(1-XY)\tan\theta \pm \sqrt{|\dot{E}_0|^4 - 4PX(1-XY)\tan\theta|\dot{E}_0|^2 - 4P^2X^2(1-XY)^2}}{2(1-XY)^2}}$$

となる．

こうして得られた V を縦軸に，P を横軸にして図にしたものが $P-V$ カーブである．図 **3.7.2** に $P-V$ カーブの一例を示す．

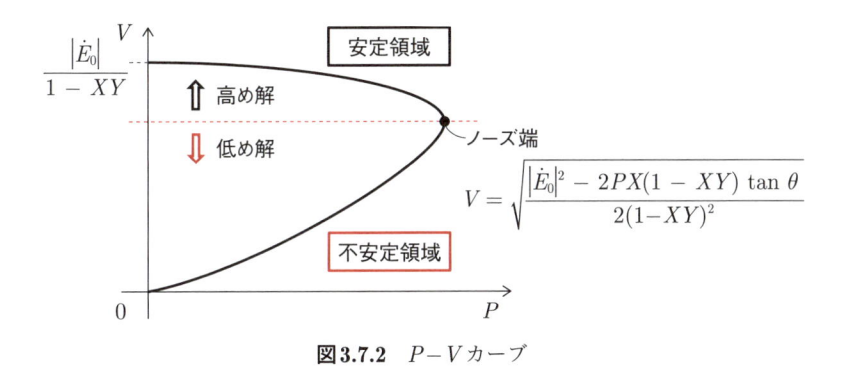

図 3.7.2 $P-V$ カーブ

$P-V$ カーブは，原点と $|\dot{E}_0|/(1-XY)$ を通り，右に凸の曲線をなす．$P-V$ カーブにおいて P が最大値をとる点をノーズ端と呼び，ノーズ端を境に上半分を高め解領域，下半分を低め解領域と呼ぶ．運転点が低め解領域に入ってしまうと，タップの逆動作現象が起き，電圧が不安定になる．そのため，電力系統の運転点を高め解領域に保ちながら電力系統を運用していくことが重要である．

（3） $P-V$ カーブと運転点を考える

ここまで，電圧不安定領域を示す "$P-V$ カーブ" について，導出過程を述べた．しかし，$P-V$ カーブを示す式は複雑であり，カーブそのものを眺めているだけでは，物理的意味を理解できないだろう．たとえば，$P-V$ カーブは，なぜ右に凸のカーブとなるのだろうか．なぜ一つの潮流（負荷端電力 P）に対して二つの電圧解（負荷端電圧 V）をとるのだろうか．ここではこういった基本的事項を真に理解するため，さまざまな側面から考察をするこ

とで，P-Vカーブの特性と意義について考えたいと思う．

P-Vカーブは，送配電事業者がその特性を考えるためのツールであり，送配電設備に流れる潮流と電圧の関係を示したものである．つまり，需要家の事情は考慮していない．しかし，あえてこのモデルに対して負荷設備を仮に設置し，その運転点に注目すると，さまざまな情報を得ることができる．

図3.7.3に示すのは，負荷を $R_0 + jX_0$ によって代表し，これらを定インピーダンス性と仮定したときのモデルである．

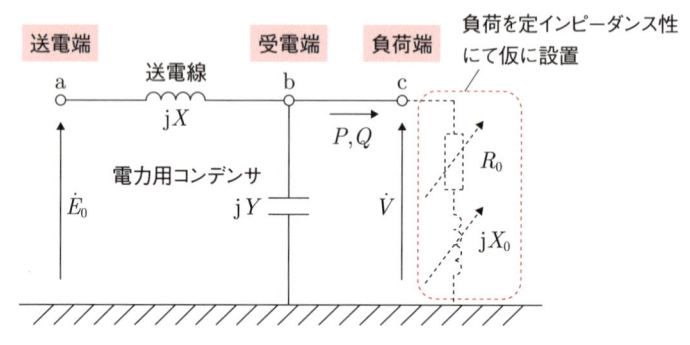

図3.7.3 電力系統と負荷の簡易モデル

P-Vカーブとは，負荷の力率 θ を一定としたときのカーブであった．そのため，R_0 と X_0 の比を一定に保ちながら変化させ，そのときの負荷端電圧と消費電力をプロットすれば，むずかしい方程式を解かなくてもP-Vカーブを描くことができる．

例として，$R_0 : X_0 = 2 : 1$（力率 $\cos\theta \fallingdotseq 0.894$）とし，比率を保ったまま負荷インピーダンスを増減させ，P-Vカーブをプロットしよう．

系統側のパラメータは，**表3.7.1**のとおりとする．

表3.7.1 パラメータ

	記号	パラメータ
送電端電圧	E_0	1.0 p.u.
送電線リアクタンス	jX	j0.5 p.u.
電力用コンデンサアドミタンス	jY	j0.2 p.u.
（インピーダンス）	$(1/jY)$	$(-j0.5$ p.u.$)$

3.7 P−Vカーブとベクトル図

負荷端電圧 $\dot{V}$ は，送電端電圧 $\dot{E}_0$ を基準にすれば，次のように求めることができる．

$$\dot{V} = \dot{E}_0 \cdot \frac{\dfrac{(R_0 + \mathrm{j}X_0)\dfrac{1}{\mathrm{j}Y}}{R_0 + \mathrm{j}X_0 + \dfrac{1}{\mathrm{j}Y}}}{\dfrac{(R_0 + \mathrm{j}X_0)\dfrac{1}{\mathrm{j}Y}}{R_0 + \mathrm{j}X_0 + \dfrac{1}{\mathrm{j}Y}} + \mathrm{j}X}$$

$$= 1.0 \times \frac{(R_0 + \mathrm{j}X_0)(-\mathrm{j}5)}{(R_0 + \mathrm{j}X_0)(-\mathrm{j}5) + \mathrm{j}0.5\{R_0 + \mathrm{j}X_0 + (-\mathrm{j}5)\}}$$

$$= \frac{X_0 - \mathrm{j}R_0}{0.9X_0 + 0.5 - \mathrm{j}0.9R_0}$$

また，負荷端電力（負荷の消費電力）P およびこのときの相差角 δ は，次のように求めることができる．

$$P = \left|\dot{V}\right|^2 \times \frac{R_0}{R_0{}^2 + X_0{}^2}$$

$$\sin\delta = \frac{PX}{\left|\dot{E}_0\right|\left|\dot{V}\right|} = \frac{P}{2\left|\dot{V}\right|}$$

$$\delta = \sin^{-1}\frac{P}{2\left|\dot{V}\right|}$$

そこで，これらを使って以下，①〜④の順に，徐々に負荷を増やした場合（負荷インピーダンスを小さくした場合）の $\left|\dot{V}\right|$，P，δ を求めよう．

① $R_0 + \mathrm{j}X_0 = 10 + \mathrm{j}5$ のとき

負荷端電圧：

$$\dot{V}_① = \frac{X_0 - \mathrm{j}R_0}{0.9X_0 + 0.5 - \mathrm{j}0.9R_0} = \frac{5 - \mathrm{j}10}{4.5 + 0.5 - \mathrm{j}9} = \frac{5 - \mathrm{j}10}{5 - \mathrm{j}9}$$

$$\left|\dot{V}_①\right| = \sqrt{\frac{5^2 + 10^2}{5^2 + 9^2}} = 1.085\,9 \text{ p.u.}$$

電力：

$$P_① = |\dot{V}_①|^2 \cdot \frac{R_0}{R_0{}^2 + X_0{}^2} = 1.086^2 \times \frac{10}{10^2 + 5^2} = 0.094\,3 \text{ p.u.}$$

相差角：

$$\delta_① = \sin^{-1}\frac{P_①}{2|\dot{V}_①|} = \sin^{-1}\frac{0.0943}{2\times 1.086} = 2.49°$$

② $R_0 + \mathrm{j}X_0 = 2 + \mathrm{j}1$ のとき

負荷端電圧：

$$\dot{V}_② = \frac{1 - \mathrm{j}2}{0.9 + 0.5 - \mathrm{j}1.8} = \frac{1 - \mathrm{j}2}{1.4 - \mathrm{j}1.8}$$

$$|\dot{V}_②| = \sqrt{\frac{1^2 + 2^2}{1.4^2 + 1.8^2}} = 0.980\,6 \text{ p.u.}$$

電力：

$$P_② = 0.981^2 \times \frac{2}{2^2 + 1^2} = 0.385 \text{ p.u.}$$

相差角：

$$\delta_② = \sin^{-1}\frac{0.385}{2\times 0.981} = 11.3°$$

③ $R_0 + \mathrm{j}X_0 = 0.5 + \mathrm{j}0.25$ のとき

負荷端電圧

$$\dot{V}_③ = \frac{0.25 - \mathrm{j}0.5}{0.9\times 0.25 + 0.5 - \mathrm{j}0.45} = \frac{0.25 - \mathrm{j}0.5}{0.725 - \mathrm{j}0.45}$$

$$|\dot{V}_③| = \sqrt{\frac{0.25^2 + 0.5^2}{0.725^2 + 0.45^2}} = 0.655\,1 \text{ p.u.}$$

電力：

$$P_③ = 0.655^2 \times \frac{0.5}{0.5^2 + 0.25^2} = 0.687 \text{ p.u.}$$

相差角：

$$\delta_③ = \sin^{-1}\frac{0.687}{2\times 0.655} = 31.6°$$

3.7 P–Vカーブとベクトル図

④ $R_0 + jX_0 = 0.2 + j0.1$ のとき

負荷端電圧：

$$\dot{V}_④ = \frac{0.1 - j0.2}{0.09 + 0.5 - j0.18} = \frac{0.1 - j0.2}{0.59 - j0.18}$$

$$\left|\dot{V}_④\right| = \sqrt{\frac{0.1^2 + 0.2^2}{0.59^2 + 0.18^2}} = 0.362\,5 \text{ p.u.}$$

電力：

$$P_④ = 0.3625^2 \times \frac{0.2}{0.2^2 + 0.1^2} = 0.526 \text{ p.u.}$$

相差角：

$$\delta_④ = \sin^{-1}\frac{0.526}{2 \times 0.362\,5} = 46.5°$$

①〜④の計算結果を**表3.7.2**にまとめる．これらの結果をプロットし，滑らかな曲線で結ぶと，**図3.7.4**のような$P-V$カーブを描くことができる．

表3.7.2 計算結果

	負荷 $R_0 + jX_0$	負荷端電力 P	負荷端電圧 $\left|\dot{V}\right|$	相差角 δ
①	10 + j5 p.u.	0.094 3 p.u.	1.086 p.u.	2.49°
②	2 + j1 p.u.	0.385 p.u.	0.981 p.u.	11.3°
③	0.5 + j0.25 p.u.	0.687 p.u.	0.655 p.u.	31.6°
④	0.2 + j0.1 p.u.	0.526 p.u.	0.363 p.u.	46.5°

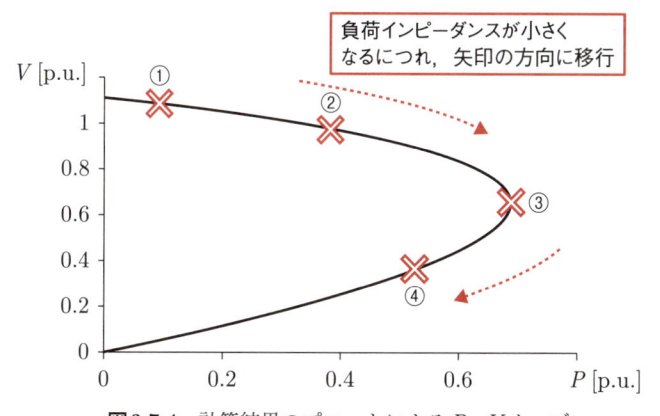

図3.7.4 計算結果のプロットによる$P-V$カーブ

図3.7.4をみればわかるように，①から④へと負荷が増大（インピーダンスが小さく）なるに従って，相差角δは大きくなり，負荷端電圧Vは小さくなっていく．これは潮流が増えたため電圧降下が大きくなることに起因するものであり，非常に理解しやすい．

一方，負荷端電力Pに注目すると，①～③の高め解領域では，消費電力Pは大きくなるが，③～④の低め解領域では，逆に消費電力Pが小さくなる．つまり，接続される負荷が増えても，逆に消費電力が減るという，一見理解しづらい状態である．これは，原点に近い状態を考えるとわかりやすい．負荷端で三相短絡事故が起きた際，そのときの電圧Vはゼロ，消費電力Pもゼロである．三相短絡状態から短絡抵抗がすこし増えると，電圧が増え，短絡抵抗による消費電力が増えることは想像できるだろう．つまり，低め解領域というのは，短絡状態に近いほど過負荷になった領域とイメージするとわかりやすいだろう．

今回の例では，③がちょうどノーズ端付近にあり，①～③が高め解領域，③～④が低め解領域となる．つまり，①～③の領域では電圧は安定に保たれるが，③～④の領域では電圧は不安定となるということである．また，ノーズ端である③では，相差角は$\delta_{③} = 31.6°$であり，最大電力をとるはずの$\delta = 90°$に比べるとかなり小さい．そのため，今回の条件下では電圧安定性問題が，かなり早い段階で発生しうることがわかるだろう．P–Vカーブのイメージがつかめれば幸いである．

（4） P–Vカーブの特性と変化

さて，別の側面からもP–Vカーブについて解説しておこう．系統側の条件が変化すると，カーブ自身が変化することが知られている．四つのケースに分けて，カーブがどのように変化するか考える．

① 送電線のインピーダンスが減少したとき（**図3.7.5**）

送電線のインピーダンスXが減少したとき，最大可能送電電力は大きくなるから，ノーズ端は右に移行する．また，潮流がゼロ（$P = 0$）のときのVは，Xに無関係であるから，P–Vカーブは上下方向には変化しない．つまりカーブは右方向にのみ大きくなる．

3.7 P–Vカーブとベクトル図

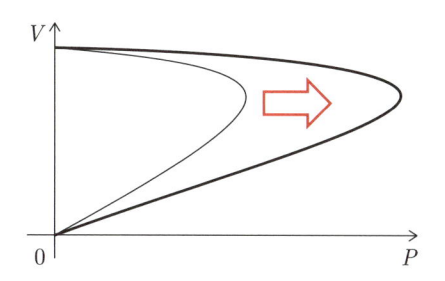

図 3.7.5 ①　送電インピーダンス X が小さくなったとき

② 送電電圧が高くなったとき（**図 3.7.6**）

送電電圧が n 倍になると，V は n 倍に，P は n^2 倍になる．そのため，送電電圧が高くなるとカーブは右上方向に大きくなる．

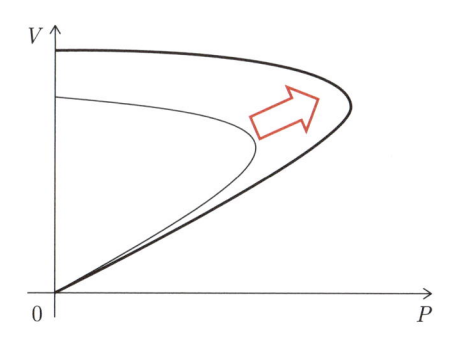

図 3.7.6　②　送電電圧が高くなったとき

③ コンデンサ Y の容量が増加したとき（**図 3.7.7**）

コンデンサ Y の容量が増加したときも，カーブの変化は②のケースとあま

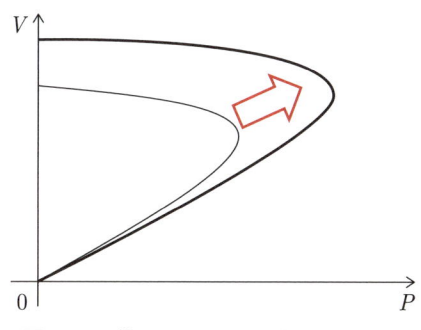

図 3.7.7　③　コンデンサを投入した場合

り変わらない．電圧が大きくなり，その分最大可能送電電力も大きくなるため，カーブは右上方向に大きくなる．

④ タップ比を増加させたとき（**図3.7.8**）

タップ比をn倍に増加させた場合，高め解領域では外側に膨らみ，低め解領域では内側にしぼむようにカーブが推移する．これは次のように考えるとわかりやすい．

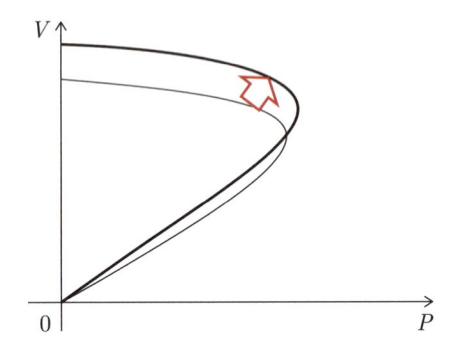

図3.7.8 ④ 変圧器タップ比を増加させたとき

タップ切換を行ったとき，変圧器一次換算で考えれば，変圧器二次側のインピーダンスを$1/n^2$倍したことと同義である．そのため，たとえば，送電系統にタップ切換変圧器が設置されているとすれば，変圧器以降の送電インピーダンスは減少する．一次換算の電圧や電力を二次側換算すれば，電力Pは変わらず，電圧Vのみn倍される．そのためカーブは，①のケースのように右に推移したうえ，縦方向にn倍される．

（5） 負荷のカーブと運転点の推移

さて，P–Vカーブが変化したとき，運転点はどのように推移するだろうか．運転点の推移を考えるためには，負荷設備のP–Vカーブを考えるとよい．負荷設備を定インピーダンス性とすれば，消費電力Pと負荷端電圧Vの関係は，定数kを使って

$$P = kV^2$$

と表される．これは**図3.7.9**のようなカーブを示し，定数kは負荷が増えると大きく，減れば小さくなる．この負荷設備が示すP–Vカーブと，系統が示

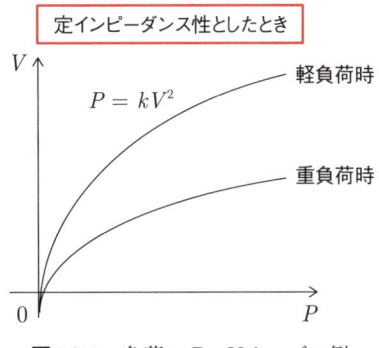

3.7 P−Vカーブとベクトル図

定インピーダンス性としたとき

$P = kV^2$

軽負荷時
重負荷時

図3.7.9 負荷の $P-V$ カーブの例

す $P-V$ カーブの交点が，運転点となるのである．

図3.7.10に，タップ切換前後の $P-V$ カーブを示す．前述のとおりタップ比を増加させたとき系統側の $P-V$ カーブは，高め解領域では外側に膨らみ，低め解領域では内側にしぼむ．一方，負荷の $P-V$ カーブはタップ切換とは無関係であるから，1本の曲線を描く．

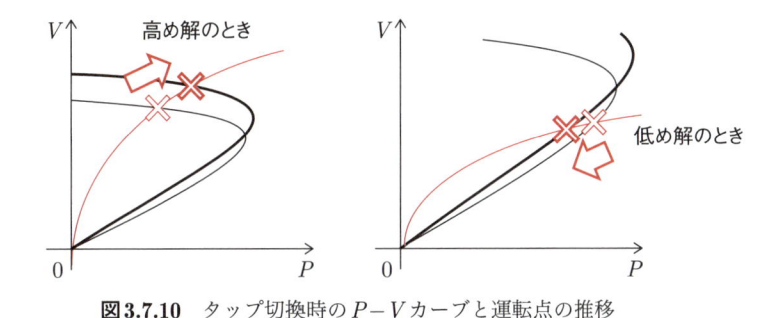

高め解のとき

低め解のとき

図3.7.10 タップ切換時の $P-V$ カーブと運転点の推移

運転点は，二つの $P-V$ カーブの交点であるから，高め解では右上に，低め解では左下方向に移行する．そのため，低め解領域ではタップ逆動作現象が起きてしまい，電圧は逆に低下するのである．

（6） $P-V$ カーブにおける安定限界点とは

$P-V$ カーブのイメージはつかめただろうか．前述のとおり， $P-V$ カーブのノーズ端よりも高い点（高め解領域）では，安定に運転が可能であり，低い点（低め解領域）では，タップ逆動作現象により電圧の維持がむずかし

くなる．この領域を判別するためには，P–Vカーブのノーズ端の軌跡を求め，ノーズ端の相差角 δ_{nose} に対して，現在の相差角 δ が小さければ安定領域，大きければ不安定領域とすればよい．

そこで本項では，数式を解くことにより，安定限界点について考える．

(2)項にて述べたとおり，**図3.7.11**のモデルをもとに P–V カーブを考えれば，電圧 V は，次のように展開することができた．

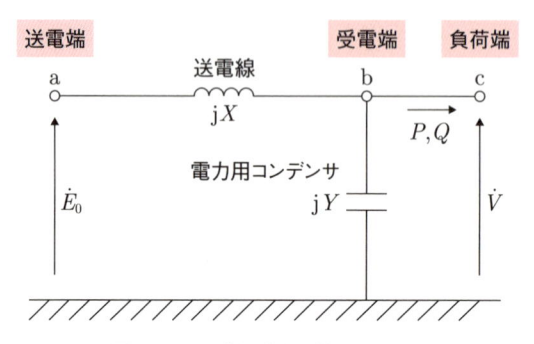

図3.7.11 電力系統の簡易モデル

$$V = \sqrt{\frac{|\dot{E}_0|^2 - 2PX(1-XY)\tan\theta \pm \sqrt{|\dot{E}_0|^4 - 4PX(1-XY)\tan\theta|\dot{E}_0|^2 - 4P^2X^2(1-XY)^2}}{2(1-XY)^2}}$$

ノーズ端の点を P_{nose}，V_{nose}，相差角を δ_{nose} とし，上式を使ってこれらを求めよう．ノーズ端は，電圧解が重根となる点であるから，

$$|\dot{E}_0|^4 - 4P_{\text{nose}}X(1-XY)\tan\theta|\dot{E}_0|^2 - 4P_{\text{nose}}^2X^2(1-XY)^2 = 0$$

となる．これは，P_{nose} の二次方程式であるから，解の公式を使って求めれば，

$$P_{\text{nose}} = \frac{-4X(1-XY)\tan\theta|\dot{E}_0|^2 \pm \sqrt{\dfrac{16X^2(1-XY)^2|\dot{E}_0|^4}{\cos^2\theta}}}{8X^2(1-XY)^2}$$

$$= \frac{|\dot{E}_0|^2(-\sin\theta \pm 1)}{2X(1-XY)\cos\theta}$$

ただし P_{nose} は正の値をとるので，

$$P_{\text{nose}} = \frac{|\dot{E}_0|^2(-\sin\theta + 1)}{2X(1-XY)\cos\theta}$$

3.7 P-Vカーブとベクトル図

また, ノーズ端の電圧 V_nose は,

$$V_\text{nose} = \sqrt{\frac{\left|\dot{E}_0\right|^2 - 2P_\text{nose}X(1-XY)\tan\theta}{2(1-XY)^2}}$$

$$= \sqrt{\frac{\left|\dot{E}_0\right|^2 + \dfrac{\left|\dot{E}_0\right|^2 \sin\theta(\sin\theta - 1)}{\cos^2\theta}}{2(1-XY)^2}}$$

$$= \frac{\left|\dot{E}_0\right|\sqrt{1-\sin\theta}}{\sqrt{2}(1-XY)\cos\theta}$$

ノーズ端の相差角 δ_nose は, $\sin\delta = \dfrac{PX}{\left|\dot{E}_0\right|V}$ に, P_nose および V_nose を代入すれば,

$$\sin\delta_\text{nose} = \frac{P_\text{nose}X}{\left|\dot{E}_0\right|V_\text{nose}} = \frac{\left|\dot{E}_0\right|^2(1-\sin\theta)}{2(1-XY)\cos\theta} \cdot \frac{\sqrt{2}(1-XY)\cos\theta}{\left|\dot{E}_0\right|^2\sqrt{1-\sin\theta}}$$

$$= \frac{\sqrt{1-\sin\theta}}{\sqrt{2}} = \frac{\sqrt{1-\sin\left(\dfrac{\theta}{2}+\dfrac{\theta}{2}\right)}}{\sqrt{2}}$$

$$= \frac{1}{\sqrt{2}}\sqrt{1 - 2\sin\frac{\theta}{2}\cos\frac{\theta}{2}} = \frac{1}{\sqrt{2}}\left(\cos\frac{\theta}{2} - \sin\frac{\theta}{2}\right)$$

$$= \sin\left(45° - \frac{\theta}{2}\right)$$

$$\therefore \quad \delta_\text{nose} = 45° - \frac{\theta}{2}$$

となり, ノーズ端の相差角 δ_nose の軌跡を, 非常に簡単な式にまとめることができる. ある運転点において, 相差角 δ が δ_nose よりも小さければ安定領域, 大きければ不安定領域である. つまり, 安定か否かは, 次の式に当てはめればよい.

◎高め解領域 (安定のとき): $\delta < 45° - \dfrac{\theta}{2}$

◎ノーズ端 (安定限界のとき): $\delta_\text{nose} = 45° - \dfrac{\theta}{2}$

◎低め解領域（不安定のとき）：$\delta > 45° - \dfrac{\theta}{2}$

たとえば，負荷の力率が$\cos\theta = 1$（$\theta = 0°$）のときは，$\delta_{\text{nose}} = 45°$となるから，相差角$\delta$が$45°$よりも大きくなると電圧不安定領域に突入する．もし負荷力率θが遅れ方向に悪くなれば，δ_{nose}は小さくなり，電圧安定領域で運転するための条件はさらに厳しくなる．たとえば，負荷の力率が遅れ$\cos\theta = 0.866$（$\theta = 30°$）のときは，

$$\delta_{\text{nose}} = 45° - \dfrac{30°}{2} = 30°$$

となるので，相差角δが$30°$よりも大きくなると不安定領域に達してしまい，系統が正常に運転できなくなる．逆に，進み力率の場合は$\theta < 0°$となり，電圧安定領域は広くなる．

（7）送配電設備における安定・不安定領域とベクトル図その1

さて，電圧安定性問題における電圧安定領域は，相差角δの条件が

安定条件：$\delta < 45° - \dfrac{\theta}{2}$

という領域であるということがわかった．この条件をベクトル図で表すとどうなるだろうか．

図3.7.12に示す簡易モデルを用いると，非常にシンプルに考えることができる．これはつまり，図3.7.11のモデルにおいて，コンデンサYの容量がゼロ（$Y = 0$）のときと同義である．

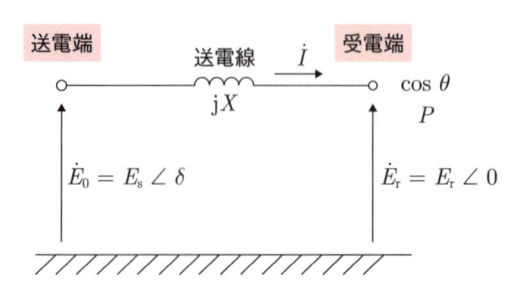

図3.7.12 送電線の簡易モデル

このベクトル図は，前述のとおり，**図3.7.13**のようになる．

3.7 P–Vカーブとベクトル図

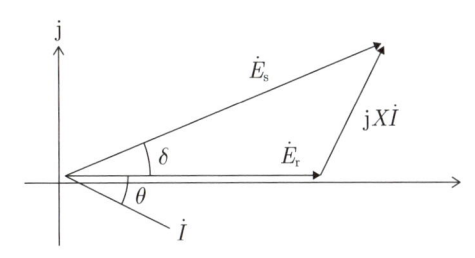

図3.7.13 簡易モデルのベクトル図

このベクトル図を使って，安定限界のときの運転点について考えよう．$\dot{E}_\mathrm{r}$，$\dot{E}_\mathrm{s}$，$\mathrm{j}X\dot{I}$を辺とする三角形に注目し，**図3.7.14**のように順にO，A，Bと頂点をとれば，∠ABOは，

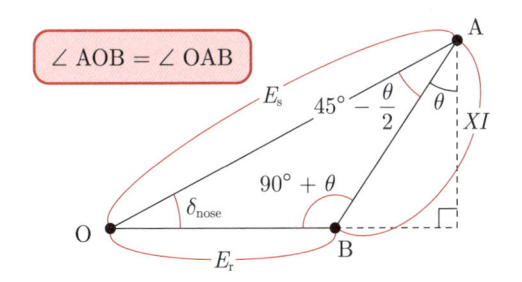

図3.7.14 安定限界のときの三角形

$$\angle \mathrm{ABO} = 90° + \theta$$

である．また安定限界のとき，運転点はP–Vカーブのノーズ端にあるから，∠AOBは，

$$\angle \mathrm{AOB} = \delta = \delta_\mathrm{nose} = 45° - \frac{\theta}{2}$$

となる．最後に∠OABについて考えれば，

$$\begin{aligned}\angle \mathrm{OAB} &= 180° - \angle \mathrm{ABO} - \angle \mathrm{AOB} \\ &= 180° - (90° + \theta) - \left(45° - \frac{\theta}{2}\right) = 45° - \frac{\theta}{2} \\ &= \angle \mathrm{AOB}\end{aligned}$$

となって，∠AOB，∠BAOの二つの角度が同じ大きさになる．つまり，電圧安定限界のとき，ベクトル図は**図3.7.15**のとおり$\left|\dot{E}_\mathrm{r}\right| = \left|\mathrm{j}X\dot{I}\right|$となって，

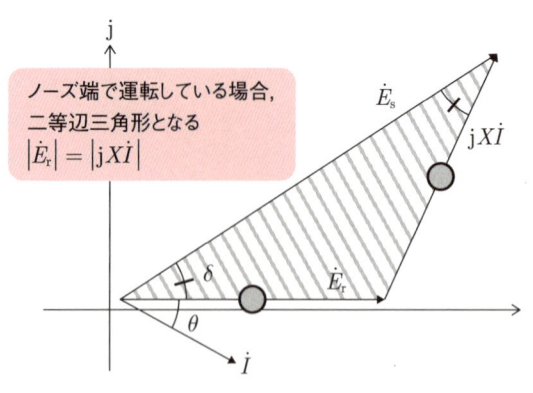

ノーズ端で運転している場合，二等辺三角形となる
$|\dot{E}_r| = |jX\dot{I}|$

図 3.7.15 安定限界のときのベクトル図

二等辺三角形となることがわかる．

この状態から相差角 δ が小さくなれば電圧は安定，大きくなれば不安定である．安定領域に運転点が移行するということは，電圧 E_r は大きくなり，潮流 I は小さくなるから，$\dot{E}_r$ と $jX\dot{I}$ の長さを比べると，$\dot{E}_r$ のほうが長くなる．

逆に，安定限界点よりも相差角 δ が大きくなって電圧不安定領域に達すると，潮流 I は大きくなる一方，電圧 E_r は小さくなる．そのため，$\dot{E}_r$ と $jX\dot{I}$ の長さを比べると，$jX\dot{I}$ のほうが長くなる．

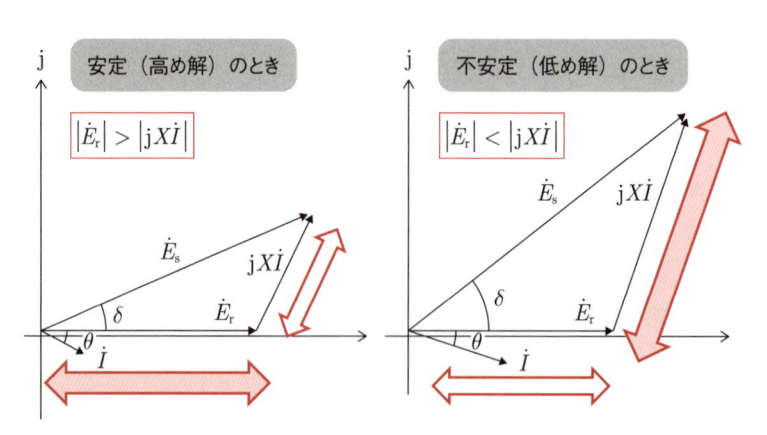

安定（高め解）のとき
$|\dot{E}_r| > |jX\dot{I}|$

不安定（低め解）のとき
$|\dot{E}_r| < |jX\dot{I}|$

図 3.7.16 簡易モデルにおける電圧安定性の判別法

（8） 送配電設備における安定・不安定領域とベクトル図その2

さらに一般的なモデルにおいて，ベクトル図を使った安定性判別について考えよう．前項で述べた方法は，送電リアクタンスのみのモデルにおけるベクトル図の活用法であった．受電端に電力用コンデンサを設置したモデルを使うと，ベクトル図はどうなるだろうか．

一般的な電力系統のモデルとベクトル図を**図3.7.17**に示す．これは，電力用コンデンサを設置することで，受信端から無効電力を供給し，電圧を調整することが可能なモデルである．このベクトル図を使って，安定限界点のときの関係性を考えよう．

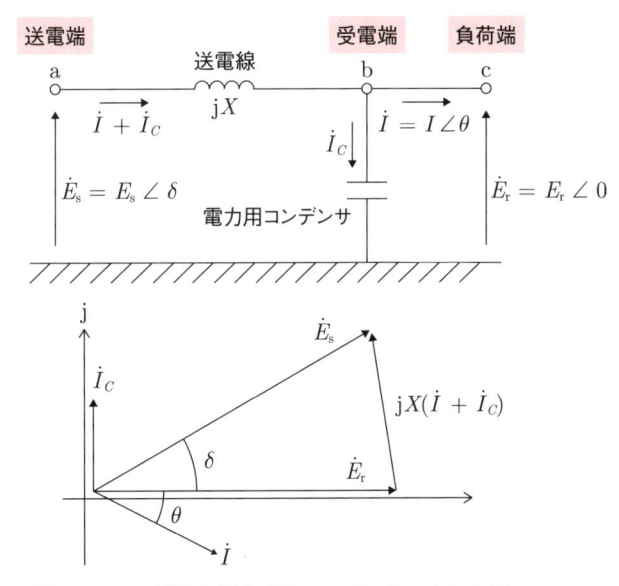

図3.7.17 一般的な電力系統のモデルとベクトル図

電流ベクトル $\dot{I}$ の先端から，実数軸に向かって垂線を下ろし，それぞれのベクトルとの交点を順に，C，M，Dと点をとれば，**図3.7.18**のようになる．

安定限界のとき，(6)項にて求めたとおり，∠DOMは，

$$\angle \mathrm{DOM} = \delta_{\mathrm{nose}} = 45° - \frac{\theta}{2}$$

である．また，△ODMは直角三角形であるから，∠ODMは，

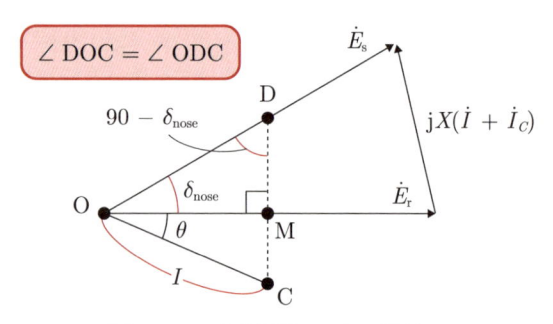

図3.7.18 安定限界のときの関係

$$\angle \text{ODM} = 90° - \delta_{\text{nose}} = 90° - \left(45° - \frac{\theta}{2}\right) = 45° + \frac{\theta}{2}$$

となる．一方で，∠DOCに注目すれば，

$$\angle \text{DOC} = \delta_{\text{nose}} + \theta = 45° - \frac{\theta}{2} + \theta = 45° + \frac{\theta}{2}$$
$$= \angle \text{ODC}$$

となる．よって，安定限界のときは，△OCDが二等辺三角形となることがわかる．

　この状態から相差角 δ が小さくなれば安定，大きくなれば不安定である．つまり，**図3.7.19**のように，電流ベクトル $\dot{I}$ の先端から，実数軸に向かって垂線を下ろし，$\overline{\text{OC}} > \overline{\text{CD}}$ であれば安定，$\overline{\text{OC}} < \overline{\text{CD}}$ であれば不安定となる．

　前項，本項で述べた判別法は，複雑なモデルには適用することができない

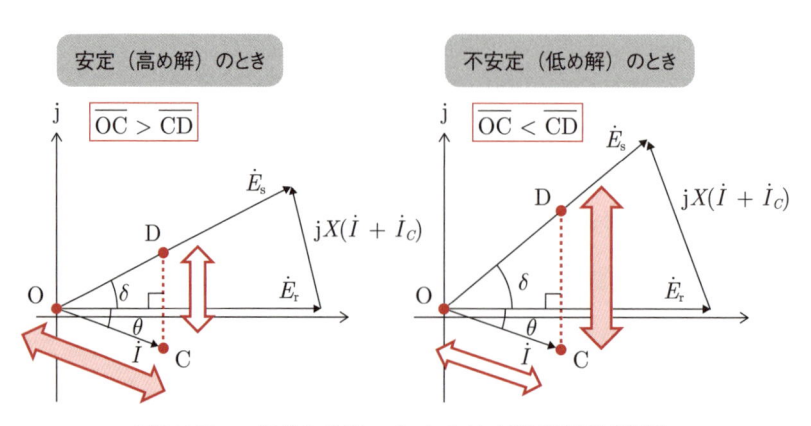

図3.7.19 一般的な系統モデルにおける電圧安定性判別法

ものの，電圧安定性に関するイメージを培うには非常に有用である．$P–V$ カーブをいちいち考える必要がなく，また，細かな計算も必要としない．ベクトル図を描き，図形の長さを見比べるだけでよい．ベクトル図を使うことですこしでもイメージがわけば幸いである．

3.8　まとめ

1. 電力系統の電気回路としての特性について考える場合，以下3点に注意する必要がある．
   ① 回路の一部分を切り取る
   ② 三相平衡を前提とする
   ③ 単位法やパーセント法を使う
2. 送配電設備のベクトル図は，潮流の力率や大小によって大きく変化する（**図3.8.1**，**図3.8.2**）．受電端電圧の大きさの変動を補償するため，送配電設備には電力用コンデンサやタップ切換変圧器などの電圧調整設備が設置されている．
3. 送配電設備の送電電力の大きさ P，無効電力の大きさ Q は，ベクトル図上では三角形の面積 S_1 および S_2 で表される（**図3.8.3**）．
4. 電圧調整設備の一つである電力用コンデンサは，無効電力を供給し，潮流力率を改善することで電圧を調整する設備である．投入点の電圧を押し上げる効果がある（**図3.8.4**）．
5. 電圧調整設備の一つであるタップ切換変圧器は，変圧比を変えることで，電圧を直接変化させる設備である．その効果は潮流の大きさに影響を受け，重潮流のときは思ったほど効果があがらない．特に重潮流のときは，タップ逆動作現象が発生し，タップ比を増加させても電圧が逆に減少してしまう（**図3.8.5**）．
6. タップの逆動作現象は，$P–V$ カーブを使って説明することができる．高め解領域では安定だが，低め解領域に入ると逆動作現象が発生し，電圧が崩壊する．簡単な系統のモデルの場合は，$P–V$ カーブを使わなくともベクトル図を使って安定性を判別することができる．**図3.8.6**のように実数軸に向かって垂線を引き，長さを見比べればよい．

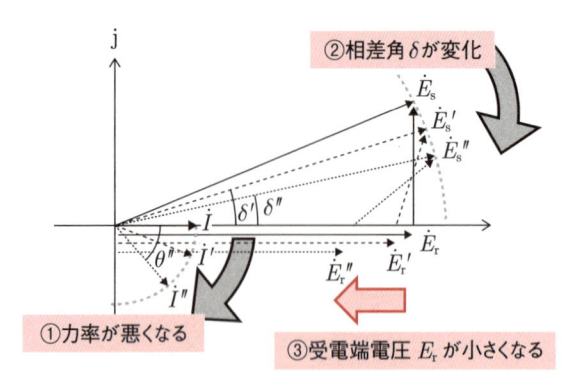

図 3.8.1 力率の変化とベクトル図の変化

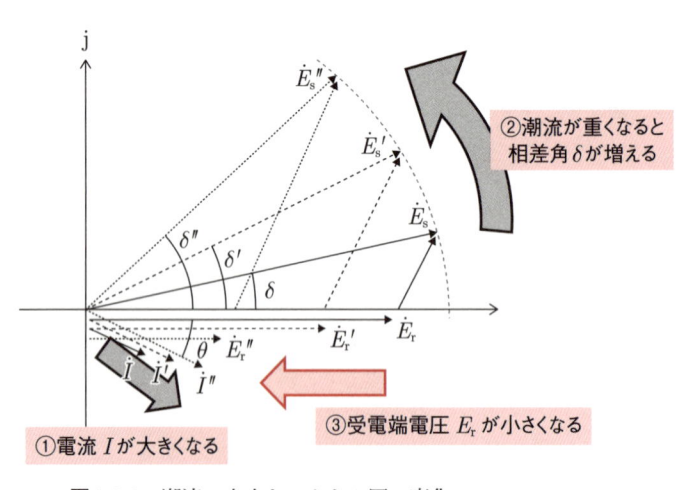

図 3.8.2 潮流の大小とベクトル図の変化

3.8 まとめ

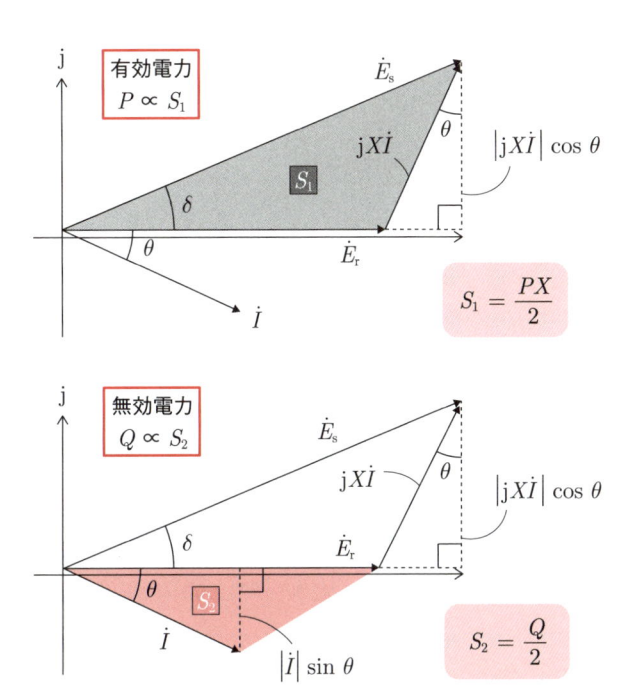

有効電力
$P \propto S_1$

$|jX\dot{I}|\cos\theta$

$S_1 = \dfrac{PX}{2}$

無効電力
$Q \propto S_2$

$|jX\dot{I}|\cos\theta$

$|\dot{I}|\sin\theta$

$S_2 = \dfrac{Q}{2}$

図 3.8.3 送配電設備のベクトル図と P, Q

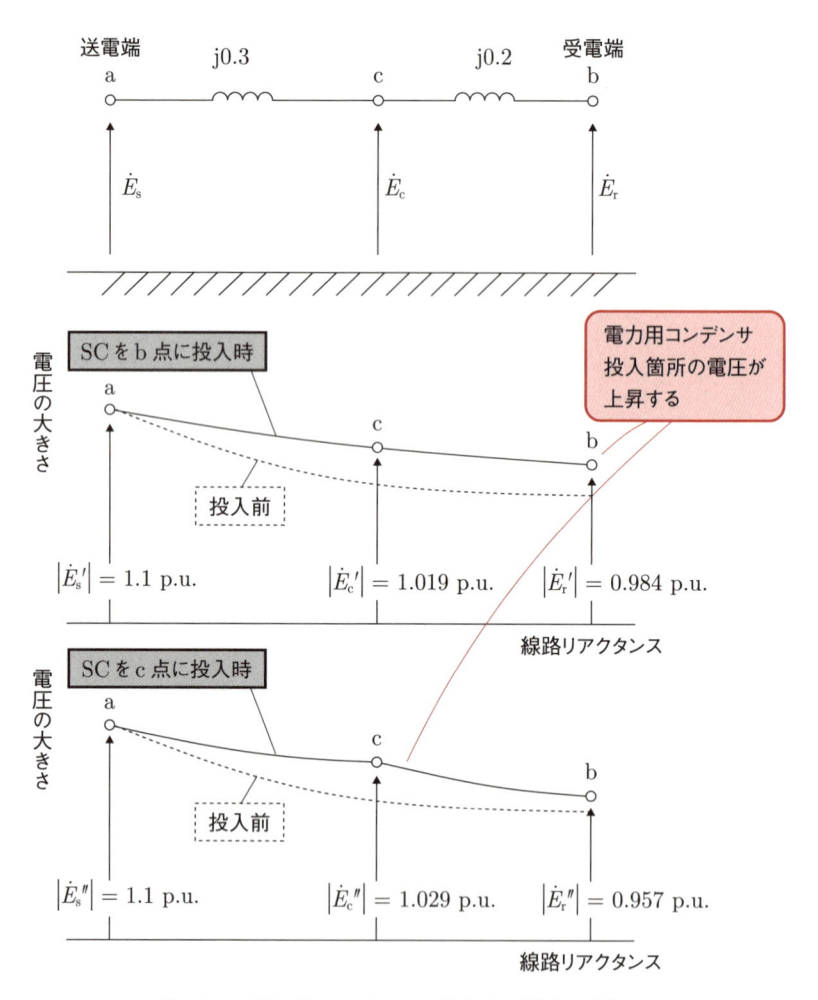

図3.8.4 電力用コンデンサの投入点と電圧の変化

3.8 まとめ

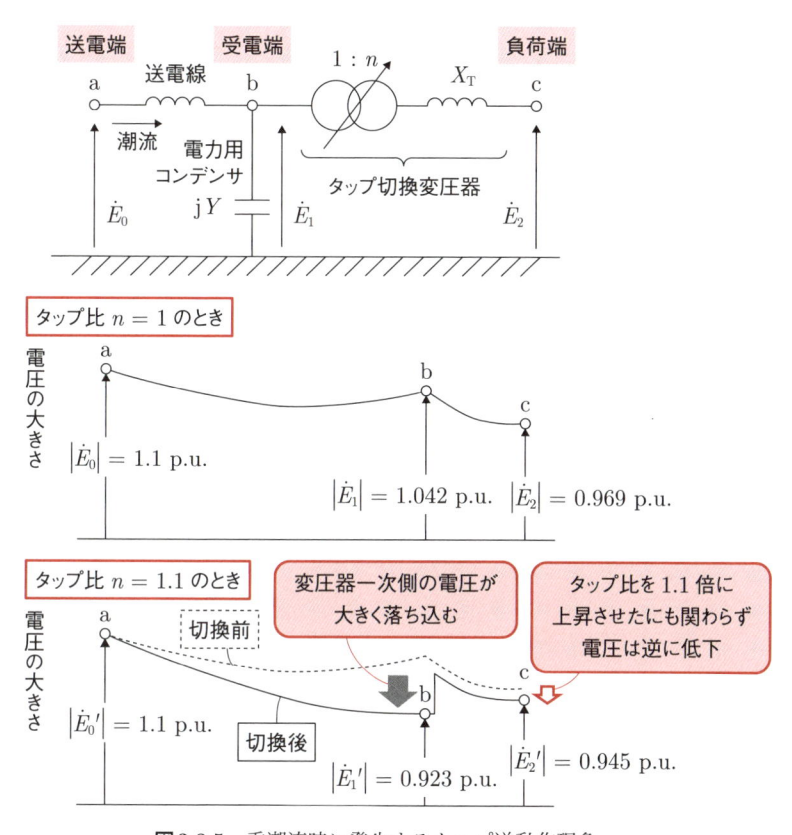

図3.8.5 重潮流時に発生するタップ逆動作現象

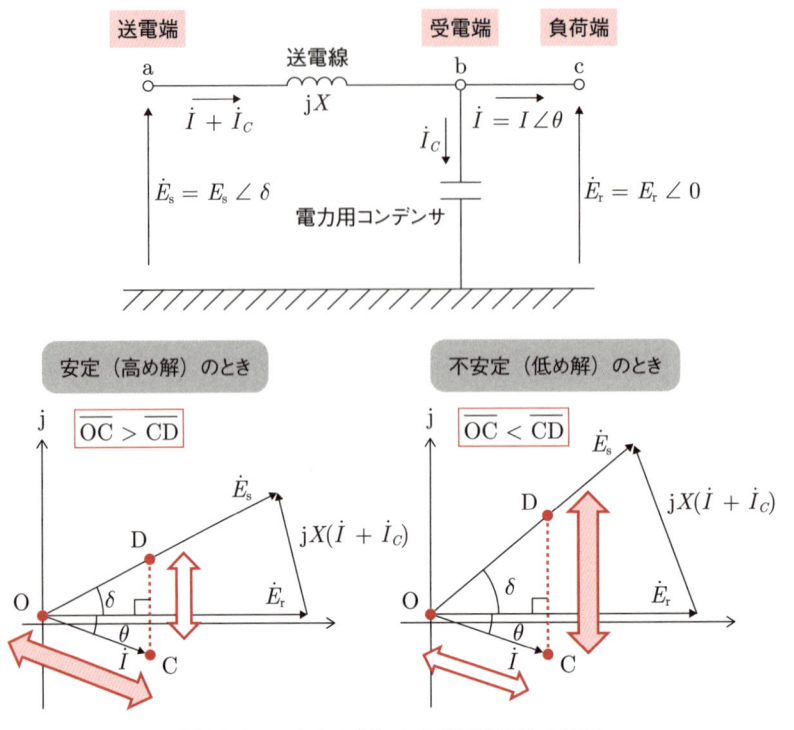

図3.8.6 ベクトル図による電圧安定性の判別

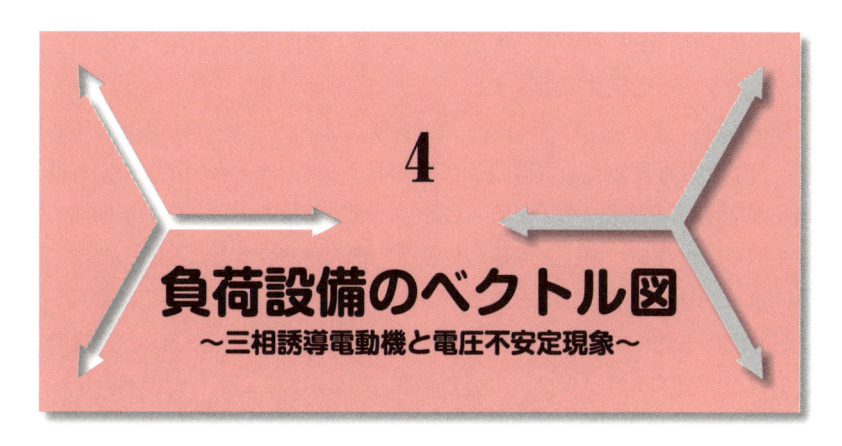

4 負荷設備のベクトル図
～三相誘導電動機と電圧不安定現象～

電気機器を使う際，どんなことに注意すればよいだろうか．

電力系統は日本中に張り巡らされており，そのほとんどがつながっている．そのため，たとえ機器単体では正しく使用されていたとしても，系統に接続されたほかの電気機器や，ネットワーク設備との相互作用により，急な電圧低下や機器へのダメージ，使用不能などを引き起こすことがある．

本章では，図4.1に示したとおり，電力系統における"負荷設備"の特性にフォーカスする．負荷とは，電力消費機器の総称である．2013年に経産省が取りまとめた資料によれば，日本の電力の55％は三相誘導電動機によって消費されている．そこで，さまざまな種類の負荷のなかでも特に三相誘導電動機に注目し，ベクトル図を交えて機器の仕組みと概要をわかりやすく説明

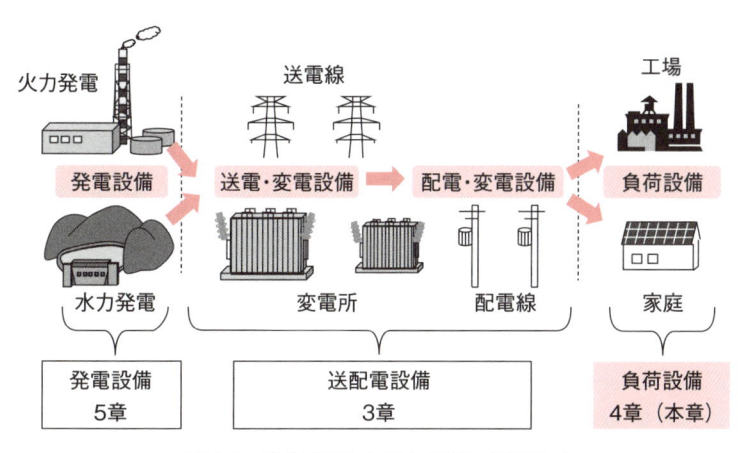

図4.1 電力系統における各章の位置付け

する．その後，三相誘導電動機が引き起こす"電圧不安定現象"について，ケーススタディを交えて解説する．

　誘導機は，"動的負荷"である．動的負荷とは，パラメータが定まっておらず，常に条件が変動する負荷のことを指す．通常，オームの法則によれば，電圧が増えれば電流も増加する．しかし，動的負荷の場合，この法則は必ずしも成り立たない．電圧が増加したとき，電流が減少することもあれば，条件によっては増加することもある．つまり，非常に厄介な機器である．

　三相誘導電動機の特性は，数式で考えようとすると複雑であるが，複雑なものほど活躍するのがベクトル図である．図を中心にご覧いただきたい．

4.1 日本の電力負荷の種類と特徴

　負荷には，照明や家電製品，電動機やインバータ機器など，さまざまな種類がある．これら機器は各家庭や工場に設置されているため，それらがいったいどのような機械で，どのような使われ方をしているのか，国や電力会社が調査し，把握することはむずかしい．

　そこで近年，負荷の"電圧・電流特性"に注目することで，系統と負荷の相互作用や応答性を把握しようという試みがおこなわれるようになった．電気機器を，電圧・電流特性の面から分類すると，以下三つに分類することができる．

（1） 定インピーダンス負荷

　電圧や周波数などの系統条件が変化した際，インピーダンスが大きく変化しない負荷を，定インピーダンス負荷と呼ぶ．電気ヒータなどの電熱負荷や照明，電灯などがこれに該当する．電力は消費しないが，電力用コンデンサ（SC）や分路リアクトル（ShR）もこれに分類される．これらは**図4.1.1**のように，簡単な等価回路モデルで表すことができる．

　特性曲線は図のようにEとIが比例し，感覚的に理解しやすいだろう．電圧変動や周波数変動に対して強く，機器として扱いやすい．

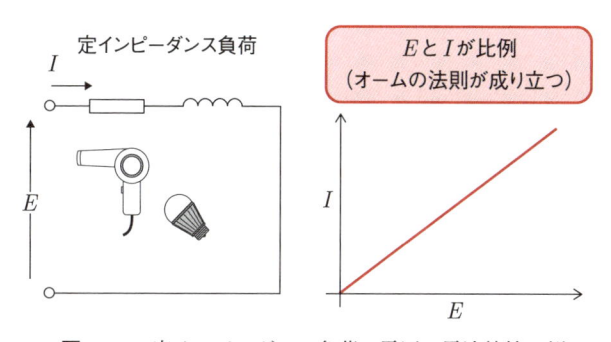

図4.1.1　定インピーダンス負荷の電圧・電流特性の例

（2） 定電力負荷

　電圧や周波数などの条件が変化しても常に一定の電力を消費する負荷を，定電力負荷と呼ぶ．エアコンや冷蔵庫などの家電製品や工場のインバータ機

器がこれに該当し，家庭用から産業用まで広く普及している．

図4.1.2に示すように，消費電力がほぼ一定であるため，電圧が低下すると電流は増加し，電圧が増加すると電流は減少する．等価回路は，インバータを介した複雑なモデルとなるため，電圧−電流特性を正確に考えることはむずかしい．しかし，ある電圧範囲を超えると，機器保護の観点から負荷を遮断するよう保護装置が働くものが多く，その場合は，ほかの機器や系統と相互作用する前に系統から脱落することになる．そのため，電圧−電流特性をモデル化することよりも，どのような条件で脱落するかを考えることのほうがより重要になる．

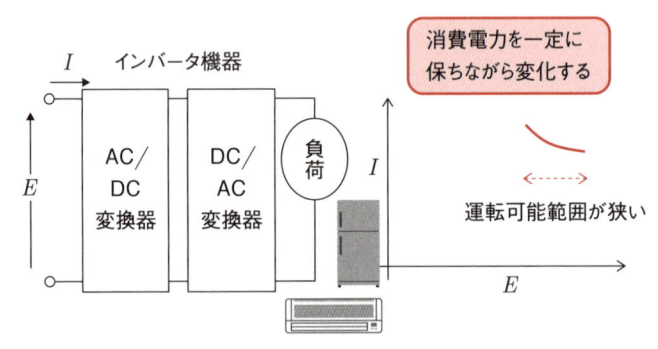

図4.1.2　定電力負荷の電圧・電流特性の例

（3）　動的負荷

系統条件や負荷側の条件とともにインピーダンスが大きく変化するものを，動的負荷と呼ぶ．

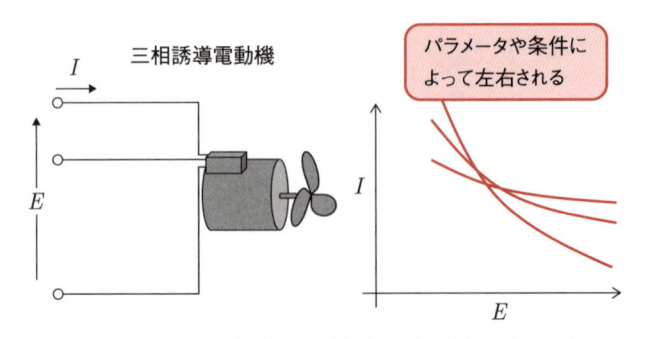

図4.1.3　動的負荷の電圧・電流特性の例

代表例として，三相誘導電動機があげられる．用途は主に産業用であり，ファンやポンプ，圧縮機などに用いられている．回転速度に応じてパラメータが変化するという特徴があり，計算が複雑になりやすい．特に工業地域においては，動的負荷の割合が高くなるため，これら機器の影響が系統全体に顕著に現れる．機器の特性や，系統との相互作用について，本章で詳しく述べる．

4.2 誘導電動機のベクトル図と円線図

日本の負荷設備の多くは三相誘導電動機であるため，この特性を理解することは電力系統の特性や応答を考えるうえで非常に重要である．

本節では，ベクトル図を交えて，三相誘導電動機の基礎的な説明をおこなう．等価回路の導出や運転特性についてわかりやすく説明したうえで，参考としてL形円線図の描き方を紹介する．

L形円線図は，2001年までJISにて規定されていた作図法の一種である．いまはJISの統合により記載が削除されてしまったが，三相誘導電動機の応答と特性を視覚的に理解するのに有用なツールであるので，参考にしてほしい．

なお本節では，三相誘導電動機の基礎的な解説のみとし，具体的なケーススタディは扱わない．そのため，すでに三相誘導電動機を理解されている方は4.1～4.2節を飛ばしていただいて構わない．4.3節，4.4節からご覧いただければ幸いである．

（1） 三相誘導電動機の等価回路の成り立ち

三相誘導電動機は，構造が簡単で堅ろうであることから，産業用で多く用いられている電動機である．電気回路としては，一次回路（固定子回路）と二次回路（回転子回路）から構成され，電源から一次回路へと伝達されたエネルギーは，電磁誘導作用によって二次回路に伝達され，回転エネルギーに変換される．この原理をわかりやすく理解するためには，一次回路と二次回路を分けて考えるとよい．二次回路のY結線1相分を等価回路にすると**図4.2.1**となる．

各パラメータは，次のとおりである．

r_2：二次巻線抵抗，x_2：二次巻線リアクタンス，s：滑り，

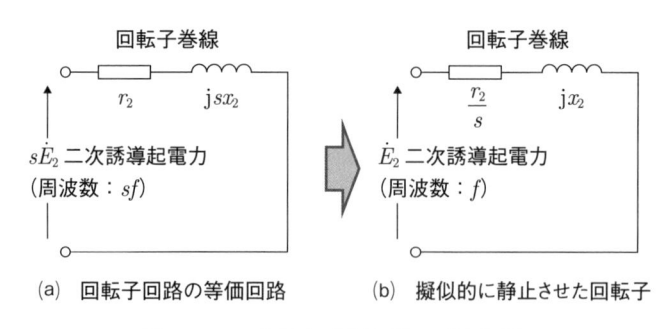

(a) 回転子回路の等価回路　　**(b)** 擬似的に静止させた回転子

図4.2.1 二次回路（回転子）の等価回路

sE_2：二次誘導起電力，f：電源周波数

図4.2.1回路(a)のとおり，二次側誘導起電力は，滑りsに比例する．そのため，誘導電動機が同期速度で回転している間（$s = 0$の間）は発生しない．また，誘導起電力の周波数も滑りsに比例し，sfとなる．しかし，このように起電力の大きさや周波数が滑りsの変化とともに増減すると，計算上非常に面倒である．そこで便宜上，回転子を静止させたとして，二次回路を計算しやすく換算したものが，回路(b)である．回路(b)は，誘導起電力をE_2，周波数をfとし，巻線抵抗，リアクタンスをそれぞれsで除したものであり，二次電流の大きさと位相は，回路(a)と同じ結果が得られる．

この二次回路を用いて，一次回路と組み合わせたものが**図4.2.2**となる．

図4.2.2は，回転子巻線抵抗が滑りsの変数となっている点を除けば，変圧器の等価回路とよく似ている．そこで変圧器と同様，一次電圧と二次電圧の比$a = E_1/E_2$を用いて，二次回路の諸定数を一次換算すれば，**図4.2.3**のとおり，誘導電動機のT形等価回路およびL形等価回路（簡易等価回路）を導

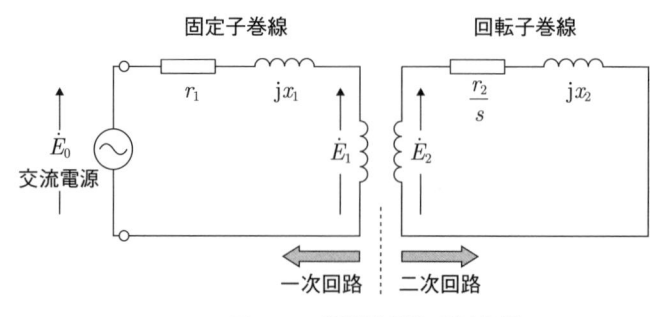

図4.2.2 誘導電動機の等価回路

4.2 誘導電動機のベクトル図と円線図

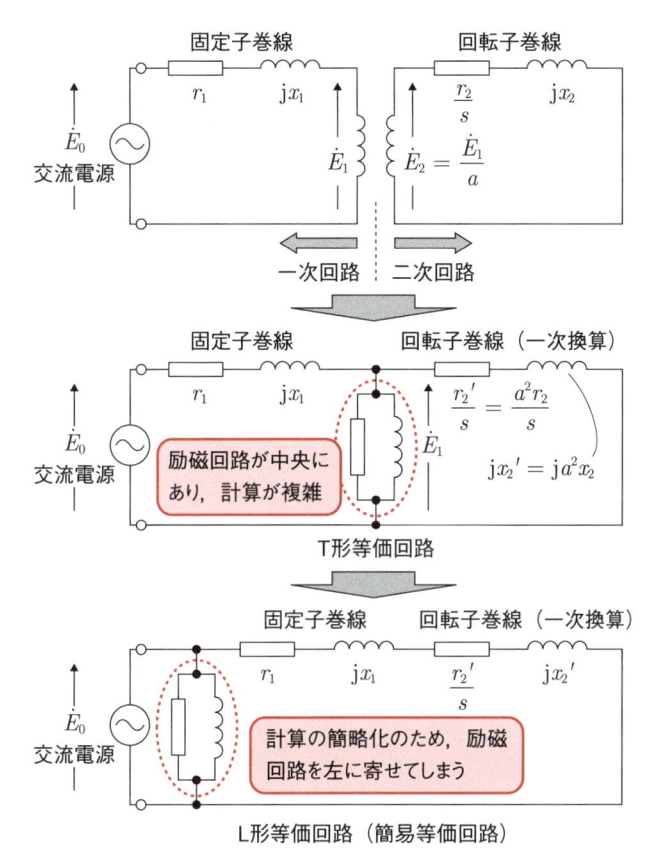

図4.2.3 誘導電動機のT形等価回路およびL形等価回路

き出すことができる．

　T形等価回路は解の精度にたけているものの，回路中央に励磁回路が位置しており，計算が複雑になりやすい．L形等価回路（簡易等価回路）は，励磁回路を電源側に寄せることで計算を簡便化したものである．計算は簡単だが，小形電動機などの励磁電流の影響が大きい機器においては，誤差が大きくなりやすいため適していない．T形等価回路，L形等価回路にはそれぞれ一長一短があるので，場合に応じて使い分けるとよい．

　さてここで，これら等価回路におけるエネルギーフローについて考えよう．電源から注入されたエネルギーは，回路上の各抵抗素子によって損失となって失われる．そのフローを**図4.2.4**に示す．

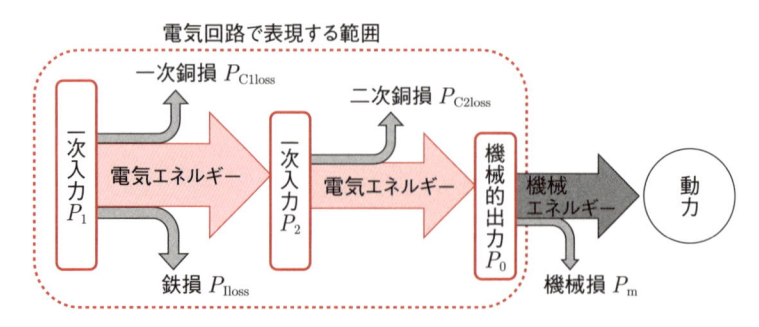

図4.2.4 誘導電動機のエネルギーフロー

　電源から注入されたエネルギー P_1 は，励磁回路にて鉄損 P_Iloss を，一次巻線抵抗にて一次銅損 P_C1loss を失い，残ったエネルギー P_2 が二次側に供給される．二次側では，二次巻線抵抗にて二次銅損 P_C2loss を失い，残ったエネルギー P_0 が，機械エネルギーとして出力される．実際の誘導電動機における動力は，軸受による摩擦損や風損などの機械損 P_m を失うが，これらは小さいため無視されることも多い．電気回路としては，一次入力 P_1 から機械的出力 P_0 までが表現され，機械的出力 P_0 を"出力"と呼ぶ．

　このようなエネルギーフローをわかりやすく理解するため，等価回路の二次抵抗を，r_2' と $(1-s)r_2'/s$ とに分けて描いたものが，**図4.2.5** である．等価回路上の，各抵抗にて消費されるエネルギーが，機械的出力，各損失に対応している（等価回路はY形1相分であり，エネルギーを求める場合は，3の係数を掛け忘れないよう注意が必要である）．

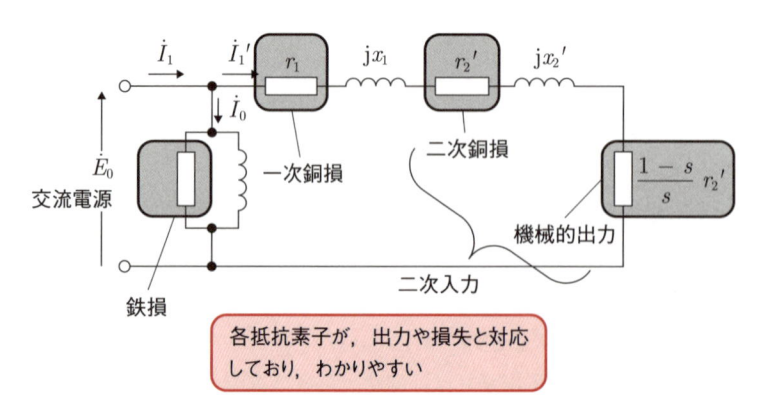

図4.2.5 エネルギーフローをわかりやすくした場合のL形等価回路

誘導電動機の等価回路はパラメータが多く，そのうえ，滑り s が変化するため，数式を展開して各数値を求めるのは大変である．とは言っても，解けないレベルではないので，パラメータを代入して回路計算できるようになっておきたい．

さて，誘導電動機の特性を考えるとき，トルク T の大きさが一つのポイントになるので求め方について参考に述べておこう．誘導電動機の機械的出力 P_0 は，トルク T と回転角速度 ω の積で示されるので，同期角速度 ω_0 を使えば，誘導電動機のトルク T は次のようになる．

$$T = \frac{P_0}{\omega} = \frac{(1-s)P_2}{(1-s)\omega_0} = \frac{P_2}{\omega_0}$$

同期角速度 ω_0 は常に一定であることから，トルクが二次入力 P_2 に比例する．そのため，P_2 はトルクを表す指標として用いられることも多い．その際は，二次入力 P_2 を同期ワットと呼ぶ．

（2） 三相誘導電動機のベクトル軌跡

(1)項にて得られた等価回路を使って，三相誘導電動機のベクトル図を導き出そう．

図4.2.6 に示したのは，三相誘導電動機のL形等価回路である．前述のとおり，L形等価回路は，T形等価回路に比べて計算は簡単だが正確性に欠ける．しかし，特性をつかむなら，L形等価回路で十分である．そこで，ここでは，L形等価回路を使って全体の特性について考えることにする．

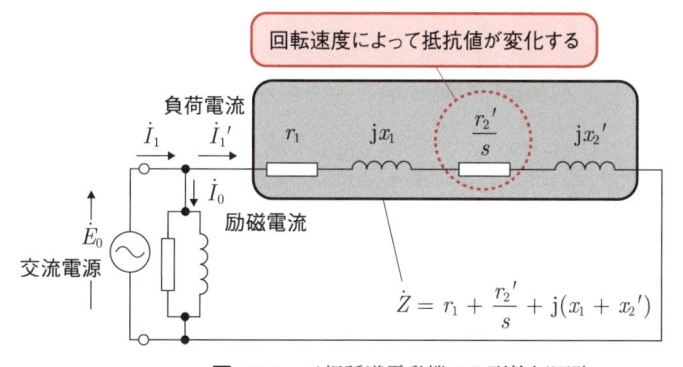

図4.2.6 三相誘導電動機のL形等価回路

図4.2.6に示したとおり，三相誘導電動機では励磁回路のインピーダンスは一定であるが，負荷回路のインピーダンス$\dot{Z}$は滑りsの変数となっている．それはつまり，励磁電流$\dot{I}_0$は，一定であるが，負荷電流$\dot{I}_1'$は，誘導電動機の回転速度によって変化するということである．

そこで，まずは負荷回路のインピーダンス$\dot{Z}$と負荷電流$\dot{I}_1'$の動きに注目しよう．

$$\dot{Z} = r_1 + \frac{r_2'}{s} + j(x_1 + x_2')$$

$$\dot{I}_1' = \frac{\dot{E}_0}{\dot{Z}} = \frac{\dot{E}_0}{r_1 + \frac{r_2'}{s} + j(x_1 + x_2')}$$

回転速度低下とともにsが増加

負荷インピーダンス$\dot{Z}$は，実部がsの変化に伴い変動する．通常滑りsは$0 \leq s \leq 1$の範囲で変動するが，$s = 0$のとき$\mathrm{Re}(\dot{Z}) = \infty$，$s = 1$のとき$\mathrm{Re}(\dot{Z}) = r_1 + r_2'$となる．

そのため，インピーダンスベクトル軌跡について考えると，$\dot{Z}$は実数軸に平行な直線状の軌跡となる．一方，負荷電流$\dot{I}_1'$は，負荷インピーダンス$\dot{Z}$の逆数を乗じたものであるから，1章で述べたベクトル軌跡の変形を利用することができる．直線状のベクトル軌跡の逆数は，原点を通る円弧状の軌跡になるという性質があった．そのため，**図4.2.7**に示したとおり，負荷電流$\dot{I}_1'$

sの変化とともに直線状に変化

$\dot{Z}$のベクトル軌跡

sの変化とともに円弧状に変化

$\dot{I}_1'$のベクトル軌跡

$$\dot{I}_1' = \frac{\dot{E}_0}{\dot{Z}}$$

$\angle \dot{I}_1' = -\angle \dot{Z}$を保ちながら，変化する

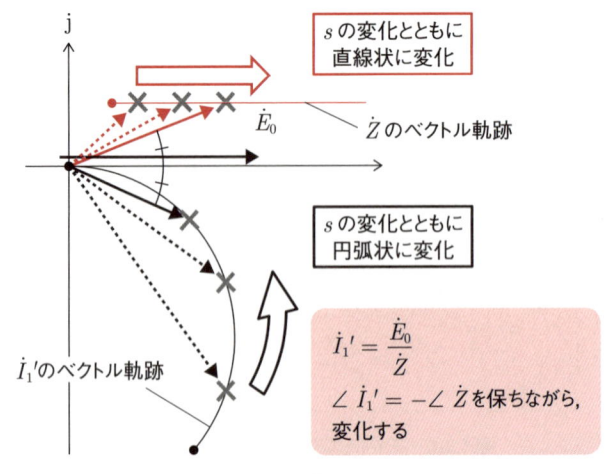

図4.2.7 負荷電流$\dot{I}_1'$のベクトル軌跡

は原点を通る円弧状のベクトル軌跡を描く．

出発点を$s=1$，終着点を$s=0$とすれば，終着点では$\dot{I_1}'=0+j0$となって原点となる．そのため電流ベクトル$\dot{I_1}'$は，原点に向かって，偏角$\angle \dot{I_1}' = -\angle \dot{Z}$を一定に保ちながら円弧上を推移する．

三相誘導電動機全体の電流$\dot{I_1}$は，負荷電流$\dot{I_1}'$に励磁電流$\dot{I_0}$を足し合わせたものである．励磁電流$\dot{I_0}$は一定だから，$\dot{I_1}$のベクトル軌跡は，先ほどの円弧状のベクトル軌跡に励磁電流$\dot{I_0}$を足せばよい．よって，誘導電動機全体の電圧と電流を示すベクトル図は，**図4.2.8**のようになる．

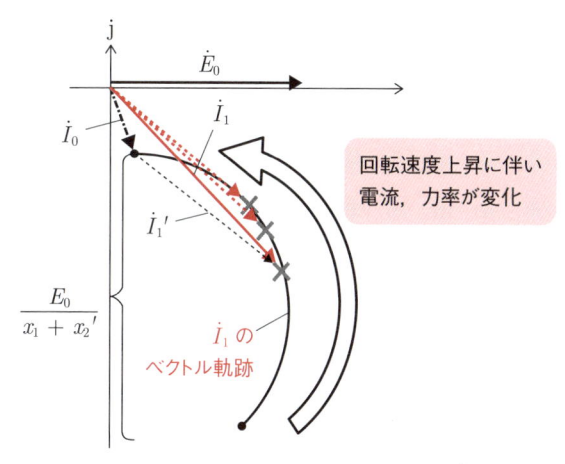

図4.2.8 誘導電動機のベクトル図（電圧Eと，電流$\dot{I_1}$）

誘導電動機に流れる電流$\dot{I_1}$は，sの増加に従って，$\dot{I_0}$を起点とし，円を描くように変化する．また，円の直径は，$E_0/(x_1+x_2')$となる．これが誘導電動機におけるベクトル図の基本形である．

起動時の変化を考えれば，誘導電動機の回転速度は停止状態から定格速度まで一気に加速する．滑りsは，$s=1$の状態から$s \fallingdotseq 0$まで一気に変化するので，このとき電流$\dot{I_1}$は，図4.2.8の右下から円弧上を駆け上がり，円の上部にて落ち着くことになる．

（3） 三相誘導電動機の円線図

作図によって各誘導電動機の特性や，運転状態を算定する方法を円線図法と呼ぶ．この手法は，2001年まではJIS C 4207にて特性算定方法の一つと

して規定されており，広く用いられていた．現在は，JISから削除されてしまったが，この手法は誘導電動機の特性を視覚的に理解するのに有用である．円線図法には，L形円線図，T形円線図などがある（それぞれ等価回路に対応する）．ここではL形円線図を取り上げよう．

図4.2.9に示したのは，L形円線図の一例である．

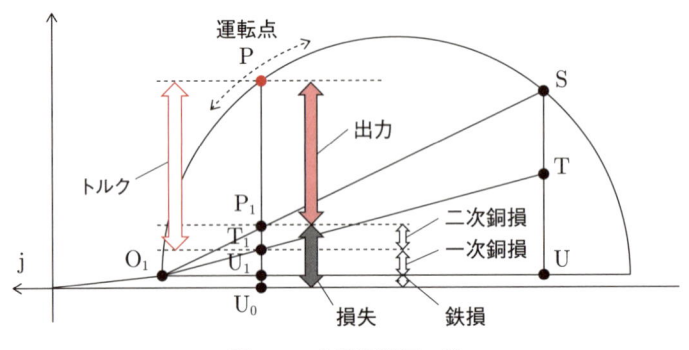

図4.2.9 L形円線図の例

L形円線図の外形は，誘導電動機の電流$\dot{I}_1$のベクトル軌跡を90°回転したものである．図4.2.8と図4.2.9を見比べていただければ，外形がほとんど同じであることがわかるだろう．

しかし，円線図はベクトル図と比べて，その活用方法や用途が大きく異なる．ベクトル図は，イメージを助けるための図であるのに対し，円線図は作図を目的としたものである．方眼紙に円線図を作図し，図上の長さを直接測ることにより，任意の電流または出力に対する機器の諸特性を求める．つまり，数式計算の代わりに用いることを目的としたものである．

ある運転点Pでの特性は，以下のとおりとなる．

滑り：$s = \dfrac{\overline{P_1 T_1}}{\overline{PT_1}}$　　効率：$\eta = \dfrac{\overline{PP_1}}{\overline{PU_0}}$

出力：$P_0 \propto \overline{PP_1}$　　損失：$P_{\text{loss}} \propto \overline{P_1 U_0}$

二次銅損：$P_{\text{C2loss}} \propto \overline{P_1 T_1}$　　一次銅損：$P_{\text{C1loss}} \propto \overline{T_1 U_1}$

鉄損：$P_{\text{Iloss}} \propto \overline{U_1 U_0}$

コンピュータで簡単に計算できる現代では，このような手法で数値を求める機会はほとんどないだろう．しかし，この図形的な対応を覚えておくと，特性をイメージしやすくなる．特に，誘導電動機の電流$\dot{I}_1$のベクトル軌跡を

描いたときは，これらの対応をそのまま活用することができる．ぜひ，覚えておいてほしい．

参考として，L形円線図の作図方法を示す．

＜L形円線図の描き方＞

① 無負荷試験により点O_1（$s=0$の点）を決定
② 拘束試験により点S（$s=1$の点）を決定
③ O_1Sの垂直二等分線と，O_1を通る横軸の交点Cを中心とし，半円を描く

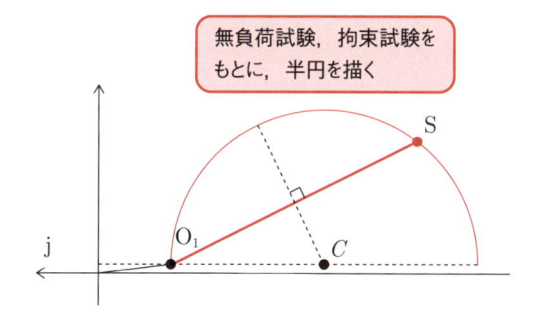

④ 点Sから垂線を下ろし，点Uを決定
⑤ 巻線抵抗測定により点Tを決定（ST：TU $= r_2'$：r_1 となる）

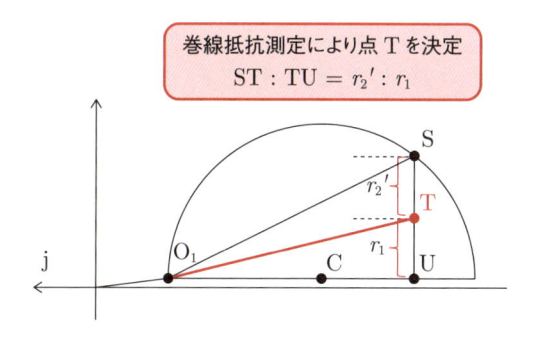

⑥ O_1Sの延長と横軸の交点を点Dとする
⑦ 電流測定により点Hを決定（DH = I となる）
⑧ HからO_1Sの並行線を引き，点Pを決定

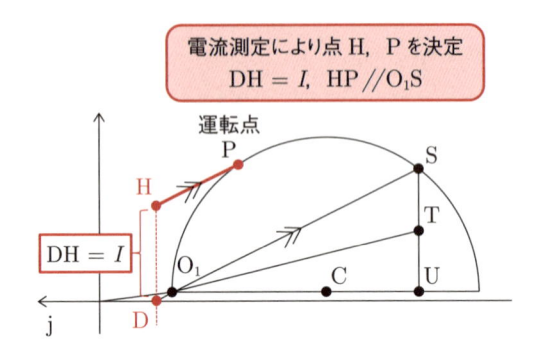

⑨ 点Pから横軸に向かって垂線を引き，P_1，T_1，U_1，U_0を決定し，完成となる

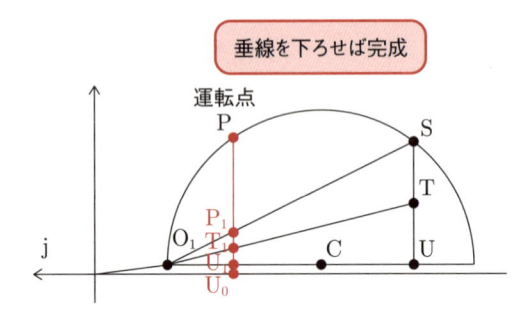

（4） 誘導電動機の出力とトルク

ここまで，三相誘導電動機の特性は，その回転速度（滑りs）によって大きく変化することを述べてきた．滑りsの大きさは，誘導電動機のトルクと負荷の要求するトルクの釣り合う点によって決定される．誘導電動機の滑りとトルクの関係を表すものを，トルク特性曲線という．**図4.2.10**にその一例を示す．

三相誘導電動機のトルク特性曲線は，山なりの外形を示す．低速範囲では，回転速度の上昇とともにトルクも大きくなり，ある程度高い回転速度になると最高トルクに達する．それ以降の回転速度になると，今度は滑りsに比例して低下する．

4.2 誘導電動機のベクトル図と円線図

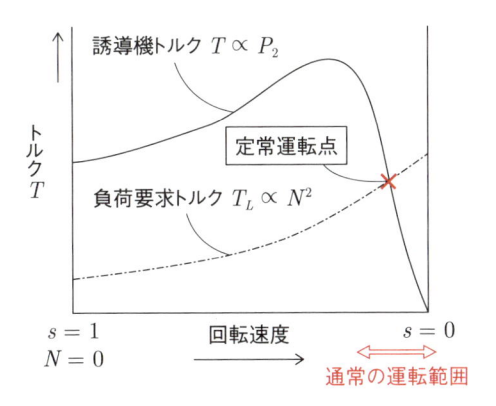

図4.2.10 誘導電動機のトルク特性曲線と負荷要求トルクの例

　一般的に三相誘導電動機は，ポンプや圧縮機，ファンなどと機械的に接続し運転することとなる．これらは一般的に，回転速度が上がれば上がるほど，高いトルクを要求する（回転速度の2～3乗に比例することが多い）．この負荷側が求めるトルクを，負荷要求トルク T_L と呼ぶ．

　誘導機トルク $T >$ 負荷要求トルク T_L となる回転速度では，誘導電動機は加速され，逆に誘導機トルク $T <$ 負荷要求トルク T_L の領域では減速することになる．そのため，誘導電動機の運転点は，誘導機トルク T と負荷側の要求トルク T_L の特性曲線の交点に落ち着く．つまり，これが定常的な運転点となる．

　一般的に三相誘導電動機の運転範囲は，$0 < s < 0.1$ の範囲内であり，その範囲内に交点（定常運転点）ができるよう，負荷要求トルク T_L に見合った誘導電動機を選定することになる．またその範囲内では誘導機トルク T と滑り s はほぼ比例関係にある．

　なお，このトルク特性曲線を使うと，視覚的に情報を得ることもできる．たとえば，**図4.2.11**に示すように，なんらかの影響により負荷要求トルクが変化し，定常運転点が運転点1から2へ推移したことを考えよう．

　出力 P_0 は，トルク T および回転速度 ω を使えば，$P_0 = T\omega$ と表されるから，P_0 は運転点を角とする長方形の面積と比例することがわかる．つまり，図4.2.11のように，長方形の面積の大きさをみれば，出力 P_0 の大きさの変化がわかる．何かの際に利用いただければ幸いである．

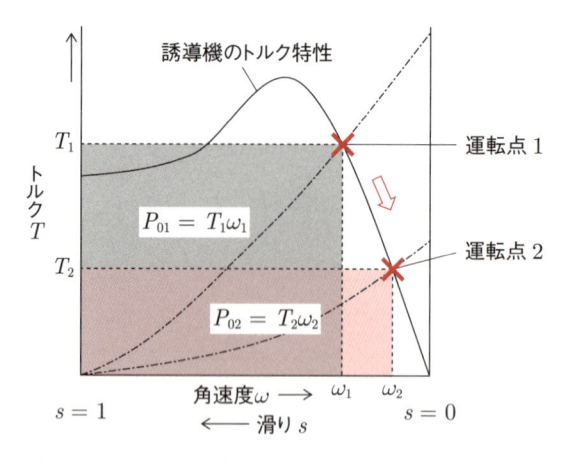

図4.2.11 トルク特性曲線を使った出力 P_0 の視覚化

4.3 運転方法とベクトル図の変化

本節では，誘導機のベクトル図の一例として，巻線形誘導電動機とかご形誘導発電機のベクトル図について取り上げ，誘導機のベクトル図の特性と変化について解説する．

前述のとおり，三相誘導電動機の計算はパラメータが多く面倒である．そこで，具体的な計算は割愛し，ベクトル図の特徴を視覚的にとらえることとする．機器や運転方式，前提条件が違ったとしても，どれも基本的なベクトル図は同じであるので，誘導機のベクトル図の理解につながればと思う．

なお近年では，インバータを介してかご形誘導電動機を駆動する場合が多いが，インバータ駆動の場合は，全体的な特性は定電力性に近いものになる．

（1） 巻線形誘導電動機のベクトル図

一般的に誘導機というと，ほとんどがかご形誘導電動機である．しかし，クレーンなど，大きな始動トルクが必要で起動停止頻度が高いものについては，巻線形誘導電動機を用いて"二次抵抗法"による運転をすることがある．この運転方法は，誘導電動機の特性を理解するのによい題材であるので，ここで取り上げたいと思う．なお，これは電気主任技術者やエネルギー管理士などの資格試験にも頻出するので，受験する方は覚えておくとよい．

4.3 運転方法とベクトル図の変化

　巻線形誘導電動機は，回転子に巻線をほどこした電動機である．スリップリングを通じて，外部から抵抗などを接続できるようになっている．**図4.3.1**に二次抵抗法のイメージ図を示す．

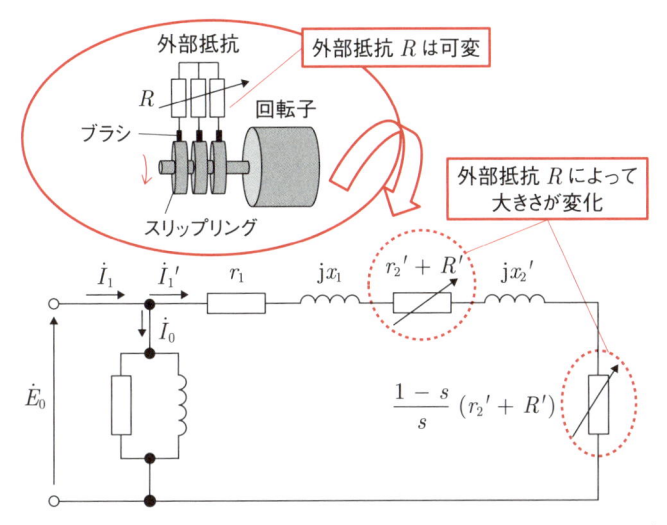

図4.3.1 巻線形誘導電動機の二次抵抗法（外部抵抗Rを接続した場合）

　スリップリングに外部抵抗Rを接続すると，等価回路上では，二次巻線抵抗r_2が$r_2 + R$になったように見える．つまり，外部抵抗Rの大きさを変化させることで，等価回路上の$r_2' + R'$の大きさを可変とし，トルク特性曲線を変化させることができる．

　例として，外部抵抗Rの大きさを，RからR'，R''と徐々に大きくしたときのトルク特性曲線を**図4.3.2**に示す．このとき，トルク特性曲線の最大トルクの山は，徐々に左側に移動する．また，それぞれの特性曲線において，トルクがT_1のときの滑りをそれぞれ，s_1，s_1'，s_1''とすれば，

$$s_1' = \frac{s_1(r_2 + R')}{r_2 + R}$$

$$s_1'' = \frac{s_1(r_2 + R'')}{r_2 + R}$$

の関係がある．これを比例推移という．

　図4.3.2をみればわかるように，外部抵抗Rを大きくすることで，低速回転時（特に起動時）のトルクが全体的に高く保つことができる．

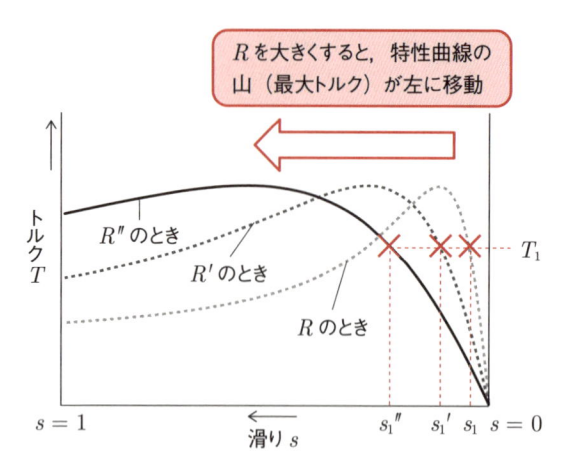

[図 4.3.2 のトルク特性曲線: R を大きくすると,特性曲線の山(最大トルク)が左に移動]

図4.3.2 外部抵抗 R の大きさと,トルク特性曲線の変化(比例推移)

このときのベクトル図の変化を考えよう.滑り s を,$0 \leqq s < 1$ の範囲とすれば,ベクトル図は**図4.3.3**のようになる.抵抗 R の大きさを変えたとしても,$\dot{I}_1$ のベクトル軌跡は円弧状のままであり,円の直径は $E_0/(x_1 + x_2')$ を保つ.一方で,その軌跡は徐々に短くなり,始動時の電流 $\dot{I}_1$ の大きさが小さくなることがわかるだろうか.そのため,二次抵抗では,電流特性は変えず

[図4.3.3 外部抵抗 R,R',R'' のときのベクトル図($R < R' < R''$).R が大きくなると,$\dot{I}_1$ の軌跡は短くなる(円の直径は変わらない)]

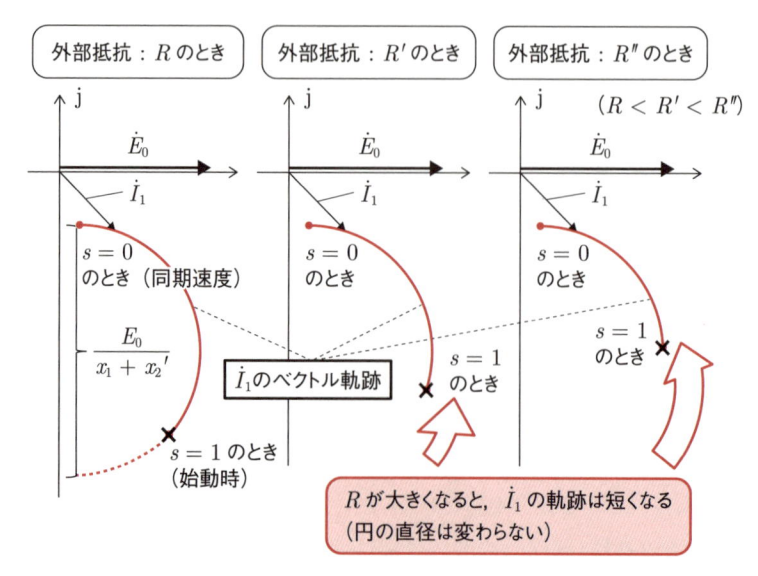

図4.3.3 外部抵抗を変化させたときのベクトル図の変化

4.3 運転方法とベクトル図の変化

に，始動電流を抑えることができる．

このことは数式を使っても確認できる．$s=1$ のときの電流ベクトル $\dot{I}_1$ は，

$$\dot{I}_1 = \lim_{s \to 1} \left(\dot{I}_0 + \frac{\dot{E}_0}{r_1 + \dfrac{r_2' + R'}{s} + \mathrm{j}(x_1 + x_2')} \right)$$

$$= \left(\dot{I}_0 + \frac{\dot{E}_0}{r_1 + r_2' + R' + \mathrm{j}(x_1 + x_2')} \right)$$

となる．この分母は，R の大きさに依存して大きくなることが確認できるだろう．分母が大きくなれば，電流は小さくなるので，始動時の電流を抑えることができるのである．

さて，二次抵抗法による運転は，良好なトルク特性や始動電流特性が得られる一方で，抵抗による熱損失により効率が悪化するというデメリットがある．このことは，円線図を使って視覚化するとわかりやすい．

図4.3.4に，外部抵抗 R を変化させたときのL形円線図を示す．点Sは，始動時（$s=1$）の点であるが，外部抵抗が大きくなるとともに，円弧上を左側に移行することになる．そのため，図4.3.4に示したように，図上の運転点が同じ位置であったとしても，そのときの効率 $\mathrm{PP_1/PU_0}$ は，外部抵抗が大きくなると悪化することがわかるだろう．このように，ベクトル図と円線図の二つの図を効果的に使うことで，運転特性を視角的に理解することができるので活用してほしい．

効率：$\eta = \dfrac{\overline{\mathrm{PP_1}}}{\overline{\mathrm{PU_0}}}$ は，外部抵抗が大きくなると悪化する

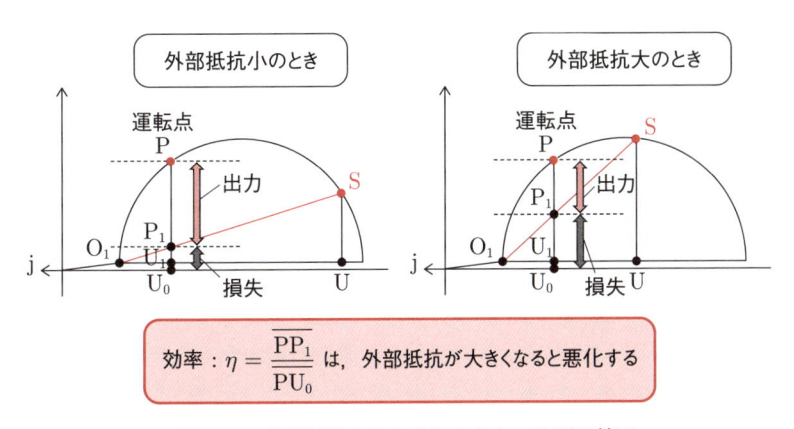

図4.3.4 外部抵抗を大きくしたときのL形円線図

（2） かご形誘導発電機のベクトル図

　かご形誘導電動機の回転子に，外部から力を加え回転速度をさらに速くすると，滑り s が負の値をとり，発電することができる．この発電機を，かご形誘導発電機という．ここでは，誘導機のベクトル図の理解のため，かご形誘導発電機の例について取り上げよう．なお，発電機の種類や特性については，詳しくは5章に述べる．

　かご形誘導発電機の等価回路は，かご形誘導電動機と同じである．ただし，滑り s が負の範囲となるため，抵抗 $(1-s)r_2'/s$ が負のレジスタンスとなり，負のエネルギーを消費（つまり発電）する素子となる．回路図を**図4.3.5**に示す．

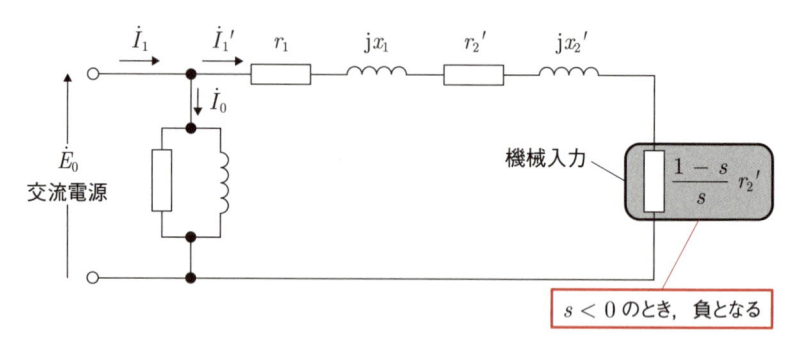

図4.3.5　かご形誘導発電機の等価回路

　発電機においても電動機のとき同様，電流や電圧の向きをあえて変えずにベクトル図を描けば，**図4.3.6**のようになる．

　ここで，$\dot{I}_1$ の軌跡が現れる場所が第2象限ではなく第3象限であることに注目してほしい．負荷電流 $\dot{I}_1$ の虚数が負であるということは，無効電力を消費しているということである．つまりかご形誘導発電機は，有効電力を生み出すことはできるものの，無効電力は生み出すことができずむしろ消費してしまい，常に"進み力率"の発電機となる．このときの運転特性は，誘導電動機のときと同様，円線図を使うことで視覚的に理解することができる．**図4.3.7**にかご形誘導発電機の円線図を示す．

　かご形誘導発電機の円線図は，誘導電動機の円線図を下側に延長したもので表される．特性は図に示したとおりであり，たとえば効率は，$\eta = \dfrac{\overline{\mathrm{PU}_0}}{\overline{\mathrm{PP}_1}}$ と

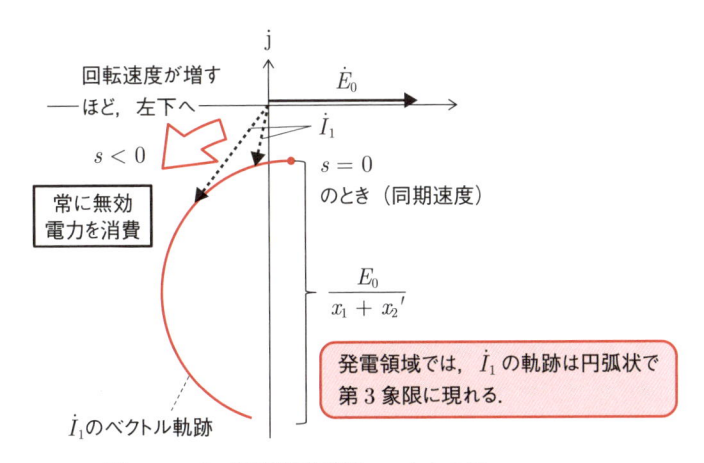

4.3 運転方法とベクトル図の変化

図4.3.6 かご形誘導発電機のベクトル図

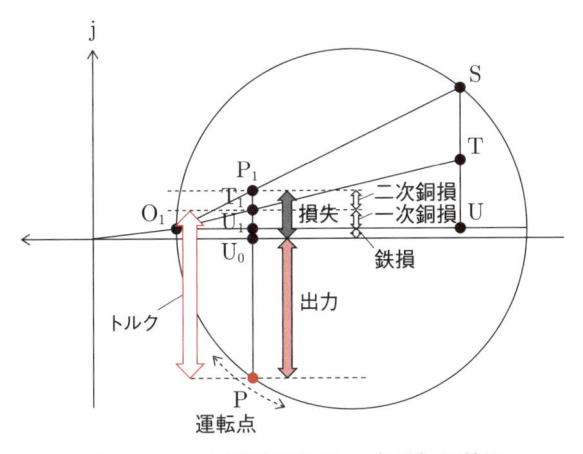

（図中の注記）
- 回転速度が増すほど，左下へ
- $s < 0$
- 常に無効電力を消費
- $\dot{E}_0$
- $\dot{I}_1$
- $s = 0$ のとき（同期速度）
- $\dfrac{E_0}{x_1 + x_2'}$
- 発電領域では，$\dot{I}_1$ の軌跡は円弧状で第3象限に現れる．
- $\dot{I}_1$ のベクトル軌跡

図4.3.7 かご形誘導発電機の（L形）円線図

（図中の注記：S, T, U, P_1, T_1, U_1, O_1, U_0, P, 二次銅損, 一次銅損, 鉄損, 損失, トルク, 出力, 運転点）

なる．

ここで最も留意すべき点は，発電機出力（系統側に流れ出る有効電力）の最大値である．発電機出力を P_0' とすれば，図4.3.7では，$P_0' \propto \overline{\mathrm{PU}_0}$ である．そのため，発電機出力は，運転点Pが円弧の真下に位置したとき最大値をとり，それ以降回転速度が上昇したとしても，増えることはない．

横軸に回転速度を，縦軸に発電機が生み出す有効電力 P_0' と無効電力 Q_0'，トルク T' を示すと，**図4.3.8**のようになる．

このように，回転速度が遅いうちは，加速とともに有効電力 P_0' やトルク

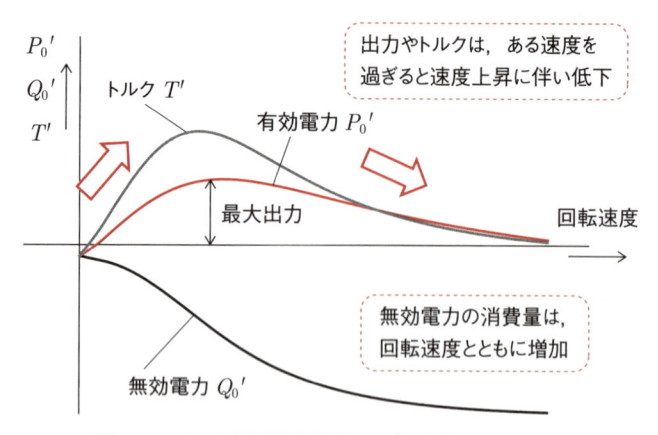

図4.3.8 かご形誘導発電機の回転速度−出力特性

T'は増加するが，ある速度を超えると逆に低下する．そのため運転時にこの速度を超えると，異常な加速力が発生し，別の方法でブレーキをかけないかぎり過速度状態から戻ってくることができない．発電機を設置する際は，発生しうる最大出力よりも十分大きい容量をもったものを選定することが重要である．

なお，図のとおり，無効電力Q_0'は常に負の値をとるので，無効電力は消費されるのみである．その消費量は回転速度とともに増加し，その量を調整することはできない．

4.4 電圧低下時の誘導電動機の運転特性

本節から先は，三相誘導電動機の負荷としての特性について深掘りをおこなう．

三相誘導電動機は電圧低下に弱い．ちょっとした低下でも，ストールしてしまうことがある．本節では，ベクトル図を通じて，電圧変動に対する誘導電動機の応答について解説する．

なお，ここまでは簡易等価回路を用いてきたが，より正確に応答を考える場合はT形等価回路のほうが優れている．そこで，コンピュータを使ってT形等価回路を計算させることで，結果だけをみていくことにする．

（1） T形等価回路を使った場合の誘導電動機のベクトル軌跡

図4.4.1に示したのは三相誘導電動機のT形等価回路である．鉄損は無視することとし，励磁回路は励磁リアクタンスMのみで表すこととした．パラメータについては，一般的な三相誘導電動機を参考に，**表4.4.1**のとおりとする．負荷の要求トルクT_Lは，$T_\mathrm{L}=0.5+0.6\omega^2$とし，誘導機トルクについては，始動トルクや最大トルクのバランスから，二次入力P_2に定数1.67を乗算して換算する．

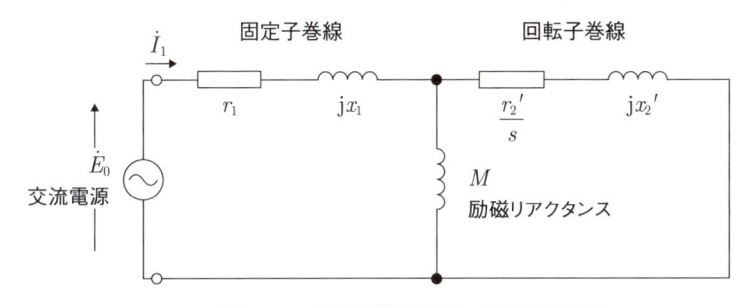

図4.4.1 三相誘導電動機のT形等価回路

表4.4.1 T形等価回路のパラメータ

	記号	パラメータ		記号	パラメータ
交流電源	E_0	1.0 p.u.	励磁リアクタンス	M	5.0 p.u.
一次巻線抵抗	r_1	0.7 p.u.	一次巻線リアクタンス	x_1	1.4 p.u.
二次巻線抵抗	r_2'	0.5 p.u.	二次巻線リアクタンス	x_2'	1.2 p.u.

このときの，電流$\dot{I}_1$のベクトル軌跡を**図4.4.2**に示す．

図4.4.2をみればわかるように，電流$\dot{I}_1$のベクトル軌跡はL形等価回路のときと同様に円弧状の軌跡を描き，外形もよく似たものになる．ただし，T形等価回路の場合は，L形と違い$s=0$のときの点が，円の頂点ではなくなるので注意してほしい．

このときのトルク特性曲線を**図4.4.3**に示す．誘導電動機のトルクが回転数の上昇とともに山なりに変化する様子がわかるだろう．この回路の最大トルクは$T_\mathrm{max}=2.38$ p.u.であり，そのときの滑りは$s=0.19$である．また，定常運転点はTとT_Lの交点（$s=0.04$，$T=T_\mathrm{L}=1.0$ p.u.）となる．

誘導電動機では，定格トルクに対して最大トルクの余裕をもつことが重要

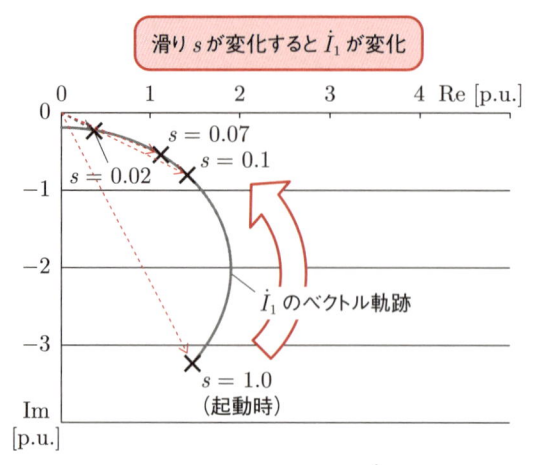

図 4.4.2 T形等価回路における電流 $\dot{I}_1$ のベクトル軌跡

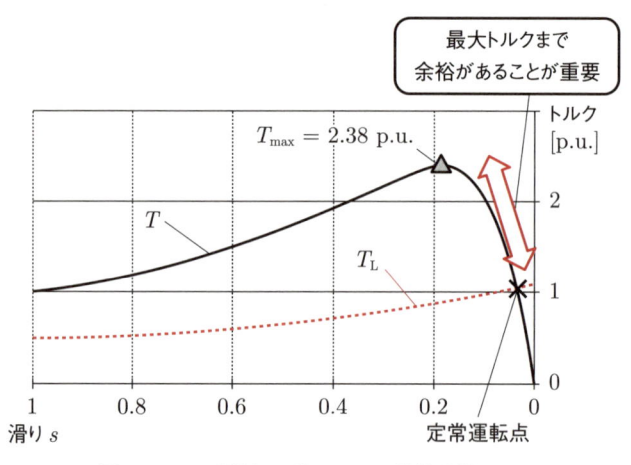

図 4.4.3 T形等価回路のトルク特性曲線

である．もし，なんらかの原因で負荷トルクが最大トルクを上回った場合，誘導電動機は低速度で回転し続けることになる．そのとき，回路には大電流が流れ続け，機器の損傷を起こし，電力系統にもダメージを与える危険性がある．

（2） 電圧が低下した場合の変化

系統電圧が変動した場合，誘導電動機はどんな応答を示すだろうか．

4.4 電圧低下時の誘導電動機の運転特性

図4.4.1のT形等価回路を用いて，ほかのパラメータは変えずに電源電圧E_0のみ低下させると，トルク特性曲線は**図4.4.4**のように変化する．

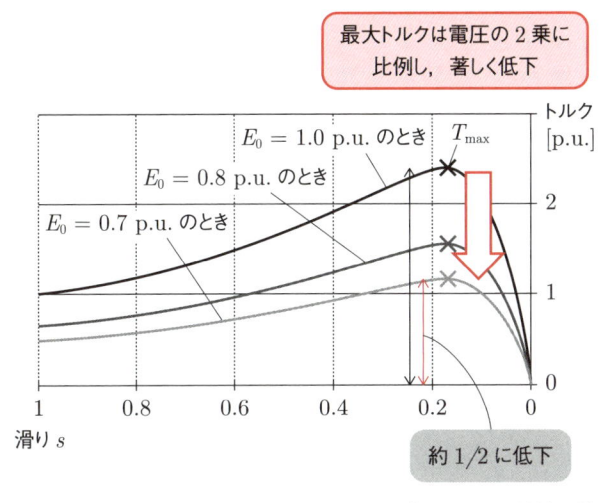

最大トルクは電圧の2乗に比例し，著しく低下

図4.4.4 電圧低下時（$E_0 = 1.0, 0.8, 0.7$ p.u.）のトルク特性曲線

図4.4.4のように，電源電圧E_0が低下するとトルク特性曲線のカーブの外形は変わらず，高さのみが低くなる．山の頂点である，最大トルク$T_{\max}$は，電圧E_0の2乗に比例する．そのため電圧E_0が80％に低下すれば，最大トルク$T_{\max}$は0.64倍に，70％だと0.49倍に低下する．系統事故などによって一時的に系統電圧が低下した場合，誘導電動機はその影響を受け，特性曲線が大きく変化するので注意が必要である．

さて，それぞれの場合について運転点がどう推移するか考えよう．トルク特性曲線に，負荷の要求トルクT_Lを合わせて描くと**図4.4.5**になる．

運転点は図4.4.5のトルクTと負荷要求トルクT_Lとの交点となるから，電圧の低下に伴い，運転点が左側に推移することがわかる．ただし，この推移は小さなものであるから，誘導電動機の運転速度は，ほとんど変わらない．このときの電流$\dot{I}_1$のベクトル軌跡を**図4.4.6**に示す．

図4.4.6をみると，ベクトル軌跡は，電圧低下とともに小さくなっているのに対し，負荷電流は電圧低下とともに逆に大きくなることがわかるだろうか．ベクトル軌跡の直径は，$E_0/(x_1 + x_2')$で表されるため，電圧E_0が低下すると，円弧は比例して小さくなる．一方，運転点に着目すると，滑りsが

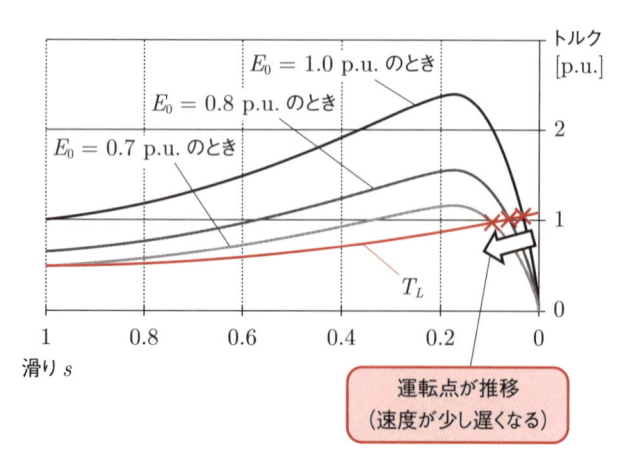

図4.4.5 電圧低下時の運転点の推移

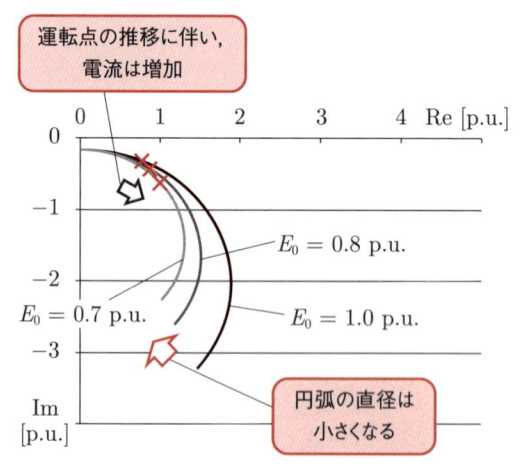

図4.4.6 電圧低下時の電流 $\dot{I}_1$ のベクトル軌跡と，運転点の推移

増大し運転点が推移するため，電圧が低下したときのほうが逆に電流が増大するのである．

このように誘導電動機では，電圧が低下すると電流のベクトル軌跡自体は小さくなるものの，運転点の推移によって電流は増大するという一見不思議な現象が起きている．

4.5 誘導電動機の相互作用と電圧不安定現象

前節にて検証したように，誘導電動機は，回転速度によってパラメータが変化し，電圧が下がると逆に電流が増えるという特性をもっている．誘導電動機の割合が高い地域では，この特性が相互に作用し，機器もしくは系統側に大きなダメージを与えることがある．これを誘導機の電圧不安定現象という．

本節では，電圧不安定現象の発生メカニズムについて考える．ケーススタディによって，どのような条件で不安定現象が起きるかについて検証し，解説する．この現象は，特に送電線が長い場合や，変圧器の直列使用の場合など，直列リアクタンス成分が大きいときに現れやすい．また，超高圧の大規模系統から，工場の電源盤などの小規模系統まで，さまざまな規模の系統で起こりうるものである．

なお，この誘導電動機による"電圧不安定現象"は，3章で述べた電圧安定性問題とは異なる問題である．混同しないよう注意してほしい．

（1） 系統の影響を考慮した誘導電動機の特性

前節までは，機器単体の特性について考えた．本節では，系統全体の応答を考えるため，系統全体を俯瞰したモデルを使って，シミュレーションをおこなう．

図4.5.1に示したのは，前節（図4.4.1）の誘導電動機等価回路に，簡易的に電力系統上位側を追加したモデルである．系統側には受電端と負荷端間のリアクタンス X と，電圧降下を補償するためのサセプタンス Y をおいた．リアクタンスは，受電回路や受電用変圧器を，サセプタンスは，電圧補償・力

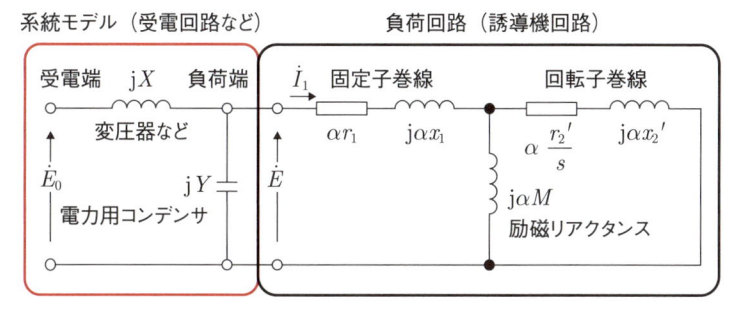

図4.5.1　系統を俯瞰した場合の誘導機モデル

率改善の電力用コンデンサを表している．受電端電圧 E_0 は $E_0 = 1.0$ p.u. 一定とし，負荷端電圧 E は受電回路や負荷回路の影響を受けて変動するものとする．

　負荷側については，大小さまざまな負荷を一括して，1機の大容量誘導電動機でモデル化することとする．これは，小容量誘導電動機の複数台を，1機の大容量の誘導電動機で代表するものである．また，負荷の変動を模擬するため，係数 α を用いて負荷率を変動させることとした（$\alpha = 100\%$，50%，25%）．α は，電気回路としての負荷率であり，負荷トルクの変動を模擬するものではないことに注意してほしい．誘導電動機の運転台数を模擬していると考えれば，わかりやすいだろう．

　各パラメータは**表4.5.1**とし，誘導機トルク，負荷要求トルクについては4.4節(1)項と同様とした．

表4.5.1 パラメータ

	記号	パラメータ		記号	パラメータ
受電電圧	E_0	1.0 p.u.	変圧器リアクタンス	X	0.2 p.u.
サセプタンス	Y	0.15 p.u.	励磁リアクタンス	M	5.0 p.u.
一次巻線抵抗	r_1	0.7 p.u.	一次巻線リアクタンス	x_1	1.4 p.u.
二次巻線抵抗	r_2'	0.5 p.u.	二次巻線リアクタンス	x_2'	1.2 p.u.
負荷率	α		25%，50%，100%		

　このときの誘導電動機全体のトルク特性曲線を**図4.5.2**に示す．負荷端電圧 $E = 1.0$ p.u. 一定時の曲線は，誘導電動機単体がもつ本来の特性を示したものであり，前節の結果を示したものである．

　図4.5.2をみると α が大きくなるにつれ，トルク曲線の山が低下することがみてとれる．特性曲線の頂点（最大トルク）に注目すれば，その結果は**表4.5.2**のとおりとなり，α が100%の際，最大トルクは誘導電動機の本来もっているトルクの64%となり大きく低減されてしまう．

　こう書くと，最大トルクが低下することが大きな問題となるように見えるかもしれないが，実際は，これは何の悪影響も及ぼさない．そもそも本回路では，複数台の小容量誘導電動機を，1台の大容量誘導電動機に模擬している．そのため，全台を同時に起動しないかぎり，s が1に近づくことはありえ

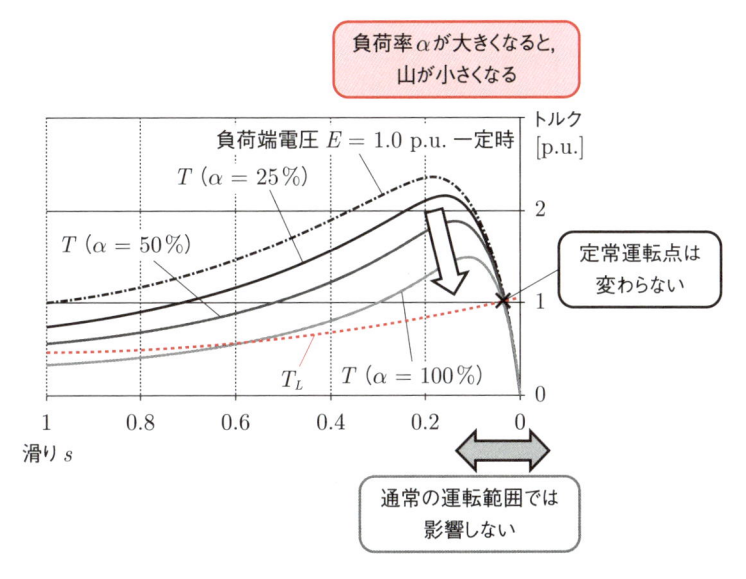

4.5 誘導電動機の相互作用と電圧不安定現象

図4.5.2 系統全体を俯瞰したときの誘導電動機のトルク特性曲線

表4.5.2 各負荷率における最大トルクの比較

	最大トルク[p.u.]	比較
負荷端電圧一定（$E = 1.0$ p.u.）	2.38	100％
負荷率$\alpha = 25\%$のとき	2.18	92％
負荷率$\alpha = 50\%$のとき	1.91	80％
負荷率$\alpha = 100\%$のとき	1.52	64％

ない．

　また，図4.5.2を見ると通常の運転範囲である$0 < s < 0.05$では，負荷率αが変化してもトルク特性曲線は本来の曲線から変化がないことがわかるだろう．トルクTと負荷トルクT_Lとの交点は，負荷率αを変化させても推移せず，運転状態に変化を及ぼすこともない．

　今回のように，低速度領域の誘導機特性に変化が生じる理由については，**図4.5.3**のように考えるとわかりやすい．滑りsが増加すると，誘導機に流れる電流が増加する．誘導機の負荷電流は，系統を模擬したリアクタンスXに流れるから，電流が増えると電圧降下をまねき，負荷端電圧Eが低下する．負荷端電圧が低下すると，その2乗に比例して誘導電動機のトルクが低下す

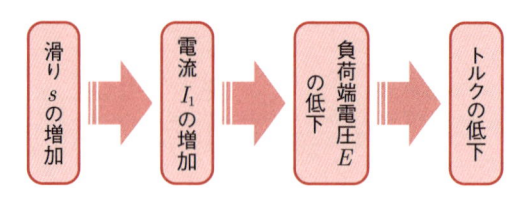

滑りsの増加 ▶ 電流I_1の増加 ▶ 負荷端電圧Eの低下 ▶ トルクの低下

図4.5.3 俯瞰モデルにおいて低速度領域にてトルクが低下する理由

る．このようにして，複数台の誘導電動機を1台の大容量誘導電動機に代表したモデルでは，低速度領域のトルクが低下する．

この現象を負荷電流に注目して考えるとどうなるだろうか．**図4.5.4**に電流$\dot{I}_1$のベクトル軌跡を示す．

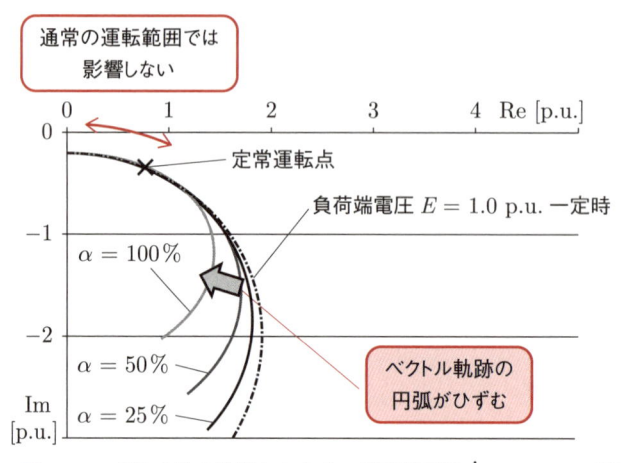

図4.5.4 系統全体を俯瞰したときの誘導機電流$\dot{I}_1$のベクトル軌跡

本来，誘導電動機のベクトル軌跡はきれいな円弧状の軌跡となる．しかし，今回のように滑りの増加に伴い，負荷端電圧Eが低下する場合，その軌跡はひずんだ円弧状になる．特に滑りsが大きい範囲においてひずみは大きくなり，またこの傾向は，負荷率αが高くなるほど顕著になる．

しかし，トルク特性曲線と同様，通常の運転範囲に注目すれば，その軌跡はどの場合も同一であり影響しない．αに変化があっても運転点は推移せず，問題にはならない．

（2） 誘導電動機による電圧不安定現象の発生メカニズム

前項では，複数台の誘導機を1台の大容量誘導電動機にモデル化した場合の，低速度領域のトルク低下現象について述べた．負荷率が大きくなると，トルク特性曲線は大きく変化し，最大トルクが低下した．

この現象がさらに大きくなったとき，何かのきっかけにより，系統全体が一瞬にして電圧崩壊にいたることがある．これを誘導電動機の電圧不安定現象という．

これは，重負荷時に誘導電動機が一斉にストールし，それまでは何ともなかった電力系統が急激な電圧低下に陥るものである．"電圧安定性"という呼び名のため，3章で述べた変圧器タップの逆動作現象と一緒にされてしまうことも多いが，これらの原理は全く異なる．変圧器タップの逆動作現象は数十秒から分単位の長いスパンで起きる現象である一方，誘導電動機による電圧不安定現象は数秒程度の短いスパンで発生するものである．

さて，この現象を起こさせるために，さらにこの影響が顕著に現れるケースを考えよう．図4.5.1のモデルにおいて，系統モデル（受電回路など）を大きなリアクタンスで模擬すると，誘導電動機の影響が強く現れる．そこで，パラメータを**表4.5.3**とし，前項のときよりもリアクタンスXとサセプタンスYを増加させることで，電圧不安定現象について検証する．

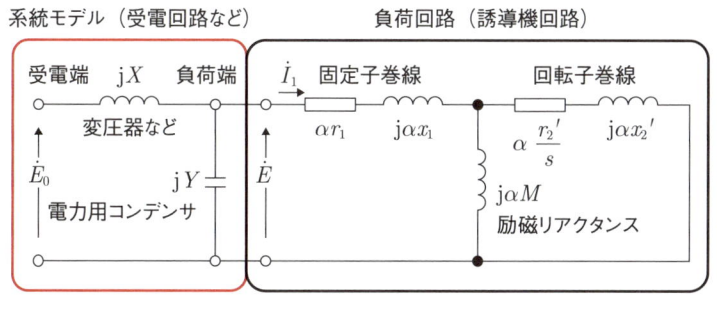

図4.5.1（再掲） 系統＋負荷の簡易モデル

負荷率αを増加させた場合のトルク特性曲線を**図4.5.5**に，誘導機電流$\dot{I}_1$のベクトル軌跡を**図4.5.6**に示す．

図4.5.5を図4.5.2と見比べると，トルクの山の低下がさらに顕著になっていることがわかるだろう．電流$\dot{I}_1$のベクトル軌跡も同様で，図4.5.6では，

表4.5.3 パラメータ（系統リアクタンスが大きい場合）

	記号	パラメータ		記号	パラメータ
受電電圧	E_0	1.0 p.u.	リアクタンス	X	0.4 p.u.
サセプタンス	Y	0.2 p.u.	励磁リアクタンス	M	5.0 p.u.
一次巻線抵抗	r_1	0.7 p.u.	一次巻線リアクタンス	x_1	1.4 p.u.
二次巻線抵抗	r_2'	0.5 p.u.	二次巻線リアクタンス	x_2'	1.2 p.u.
負荷率	α	25％，50％，100％			

※赤字は表4.5.1からの変更点

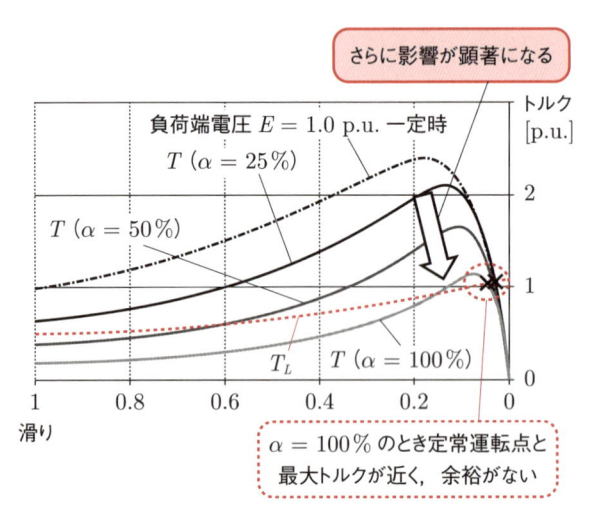

図4.5.5 系統リアクタンスが大きい場合のトルク特性曲線

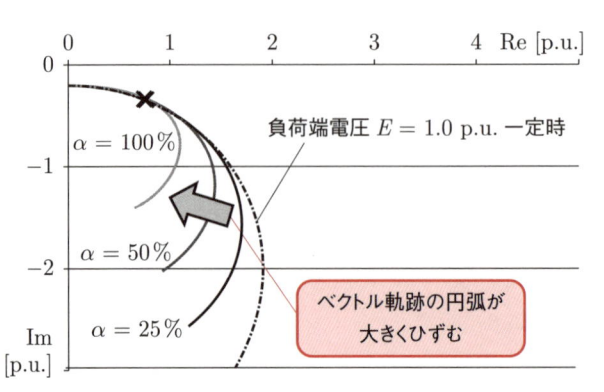

図4.5.6 系統リアクタンスが大きい場合の$\dot{I}_1$のベクトル軌跡

4.5 誘導電動機の相互作用と電圧不安定現象

図4.5.3のときに比べて，ベクトル軌跡のひずみが大きくなっている．このように，系統側のリアクタンスが大きくなると，誘導電動機のトルク低下現象の影響は非常に強くなる．

図4.5.5において，トルクTと負荷トルクT_Lの交点（運転点）に注目すると，$\alpha = 100\%$のとき，定常運転点が誘導電動機のもつ最大トルクに近接しており，余裕がないことがわかる．このように余裕がない場合，トルクTと負荷トルクT_Lの均衡は非常に危うく，ちょっとした系統動揺によってその均衡が崩れる．

もし，$\alpha = 100\%$の重負荷時に，系統側になんらかの事故が発生して，瞬時電圧低下が起きたらどうなるだろうか．落雷事故などにより，受電端電圧が$E_0 = 0.9$ p.u.に一時的に低下するケースを考えよう．

図4.5.7に示したのは，負荷率$\alpha = 100\%$の誘導機トルクTと，瞬時電圧低下発生時（$E_0 = 0.9$ p.u.）の誘導機トルクT'，負荷トルクT_Lの様子である．瞬時電圧低下が発生すると，運転点は①から②へ移行する．このとき$T' < T_L$であるから，滑りは増加し，回転速度は低下することになる．瞬時電圧低下が復帰するとき，回転速度が③まで低下したとすると，復帰後の運転

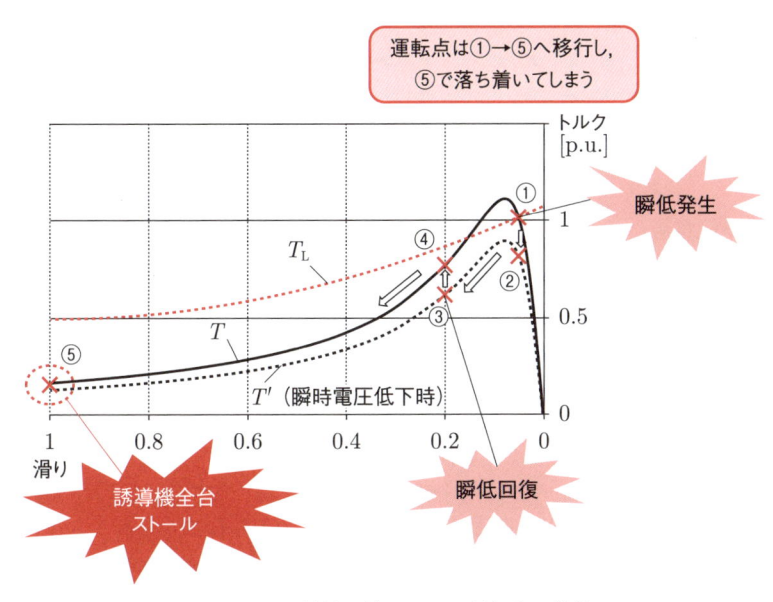

図4.5.7 トルク特性曲線における運転点の推移

点は④となる．④では $T < T_L$ であるから，瞬時電圧低下が復帰したにも関わらず，回転速度はさらに低下することになり，最終的に⑤に落ち着いてしまう．

運転点が⑤に落ち着くということは，誘導電動機が系統に接続されたまま回転速度がゼロとなり，大電流を流し続ける"ストール状態"になるということである．これが誘導電動機の電圧不安定現象の基本的な発生メカニズムである．このときの負荷端電圧 E の変化を図 4.5.8 に，移行フローを図 4.5.9 に示す．

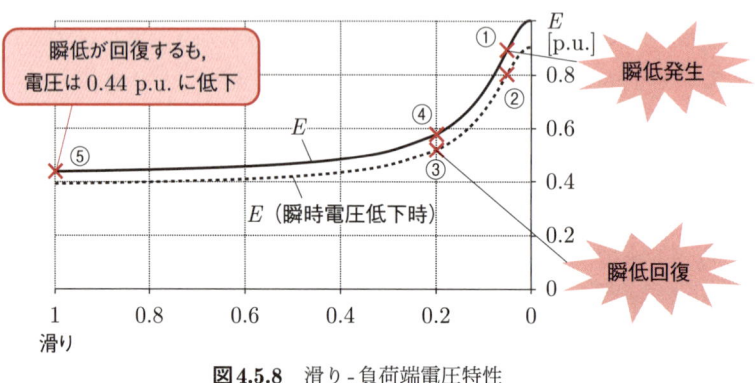

図 4.5.8 滑り-負荷端電圧特性

誘導電動機が多く接続された系統では，重負荷時にいつの間にか目に見えないところで誘導電動機がもつトルクが本来の特性よりも小さくなる．そのため，瞬時電圧低下などのきっかけにより，誘導電動機が一斉にストールし過電流状態に陥り，電圧が大きく低下する．

実際には，誘導電動機がストールして大電流が流れ続けると，保護継電器および遮断器が動作して，系統から切り離される．そのため，現象やメカニズムはもっと複雑となる．

また，誘導電動機の回転速度が変化するスピードは，個々の慣性モーメントによって左右される．ファンのように慣性モーメントが大きなものの場合，速度がなかなか落ちないため，②→③の移行において，③まで到達することなく瞬時電圧低下が回復されるケースも考えられる．しかし，仮に何割かの誘導電動機がストールを免れたとしても，ほかの誘導電動機がストールした場合，その影響によって潮流が増え系統電圧が低下し，トルク特性曲線

4.5 誘導電動機の相互作用と電圧不安定現象　　　　　　　　　　　　　　　　　　211

```
┌─────────────────────────────────────────────┐
│ 系統に瞬時電圧低下が起き，受電端電圧が下がると，トルク曲線は │
│ 低下し，運転点が点①から点②へ移る            │
└─────────────────────────────────────────────┘
                    ▽
┌─────────────────────────────────────────────┐
│ 点②では，負荷トルク $T_L$ > 誘導機トルク $T'$ となり，電動機は減速され， │
│ 運転点③へと移動する                        │
└─────────────────────────────────────────────┘
                    ▽
┌─────────────────────────────────────────────┐
│ 瞬時電圧低下が回復しトルク特性曲線が上昇．運転点が④に移行する │
└─────────────────────────────────────────────┘
                    ▽
┌─────────────────────────────────────────────┐
│ 点④では，負荷トルク $T_L$ > 誘導機トルク $T$ となり，電動機は減速され， │
│ ⑤へ移行する                               │
└─────────────────────────────────────────────┘
                    ▽
┌─────────────────────────────────────────────┐
│ 一度⑤に陥った運転点は，負荷が脱落して負荷率 $\alpha$ が変化しないかぎり， │
│ 再起動できない．                            │
└─────────────────────────────────────────────┘
```

図 4.5.9　誘導電動機の電圧不安定現象の発生フロー

はさらに引き下げられることになる．つまり，系統に接続された複数台の誘導電動機が相互に作用して，ストールがさらなるストールを引き起こす．**図 4.5.10**に示すように，負のスパイラルが起き，一瞬にして大ストールが発生し，電圧が崩壊するのである．

これらのフローについて，ベクトル図を使ってまとめると，**図 4.5.11**のようになる．1台の誘導電動機の特性は，きれいな円弧状のベクトル軌跡とな

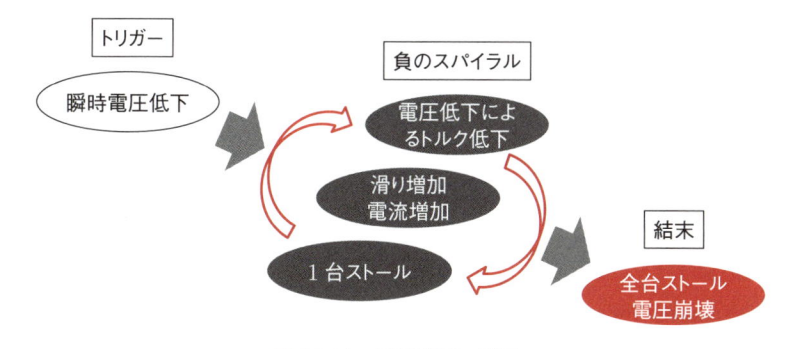

図 4.5.10　電圧崩壊の様子

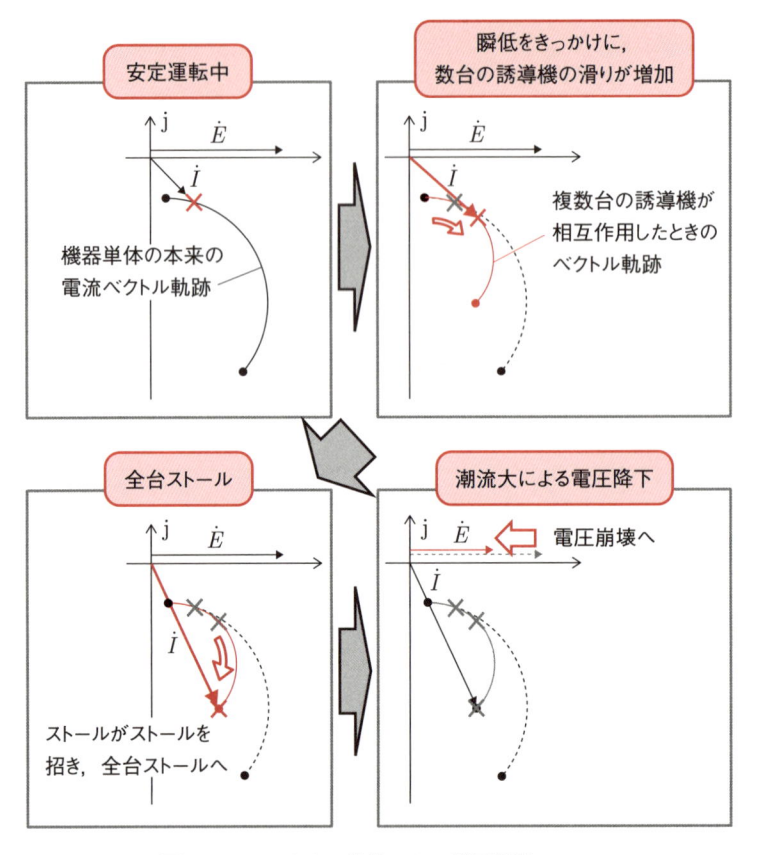

図4.5.11 ベクトル軌跡でみる電圧崩壊フロー

るが，複数台の誘導機が相互に作用するとその軌跡がひずんだものになるため，今回のような現象がおきると理解することができる．

4.6 まとめ

1. 三相誘導電動機は，日本の電力系統において高い割合を占める負荷であり，その特性を知ることは非常に重要である．
2. 電気的視点では，誘導電動機は"動的負荷"に分類される．誘導電動機に流れる電流は，滑り"s"の関数となり，回転速度によって大きく変動する．ベクトル図上では，電流は円弧状のベクトル軌跡として表される（**図**

4.6 まとめ

4.6.1).
3. 電流ベクトル軌跡を90°回転した形に作図したものを，円線図と呼ぶ（**図4.6.2**)．運転点での特性を目でみて理解することができる．
4. 巻線形誘導電動機において，スリップリングを通じて二次巻線に外部抵抗を接続すると，比例推移を使ったトルク制御が可能になる．このとき外部抵抗を大きくすると，電流ベクトル軌跡の外形は短くなる（**図4.6.3**)．軌跡が短いと，損失が大きくなり効率が悪化する．
5. 定常運転点は，トルク特性曲線においてトルクTと負荷トルクT_Lの交点によって決定される．もし，系統側の電圧が低下すると，最大トルクはその2乗に比例して低下するため注意が必要である（**図4.6.4**)．
6. 系統リアクタンスが大きく重負荷の場合は，1台の誘導電動機のストールがほかの誘導電動機のストールを引き起こし，電圧不安定現象が発生することがある．このとき，誘導電動機の電流ベクトル軌跡は本来の特性に比べてひずんだものになる（**図4.6.5**)．

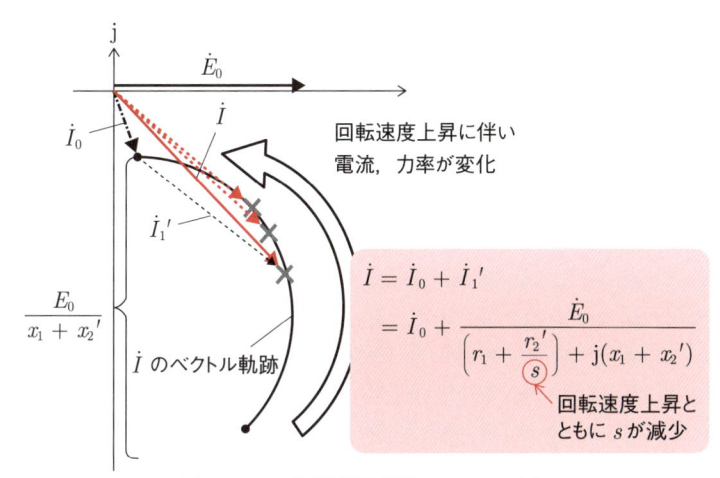

$$\dot{I} = \dot{I}_0 + \dot{I}_1'$$
$$= \dot{I}_0 + \frac{\dot{E}_0}{\left(r_1 + \dfrac{r_2'}{s}\right) + j(x_1 + x_2')}$$

回転速度上昇に伴い電流，力率が変化

回転速度上昇とともにsが減少

図4.6.1 三相誘導電動機のベクトル図

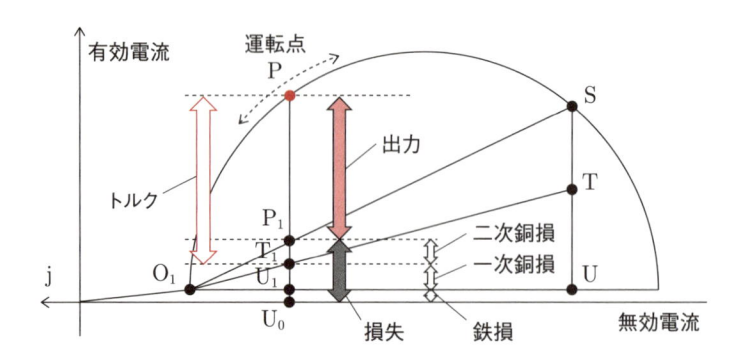

図4.6.2 誘導電動機のL形円線図

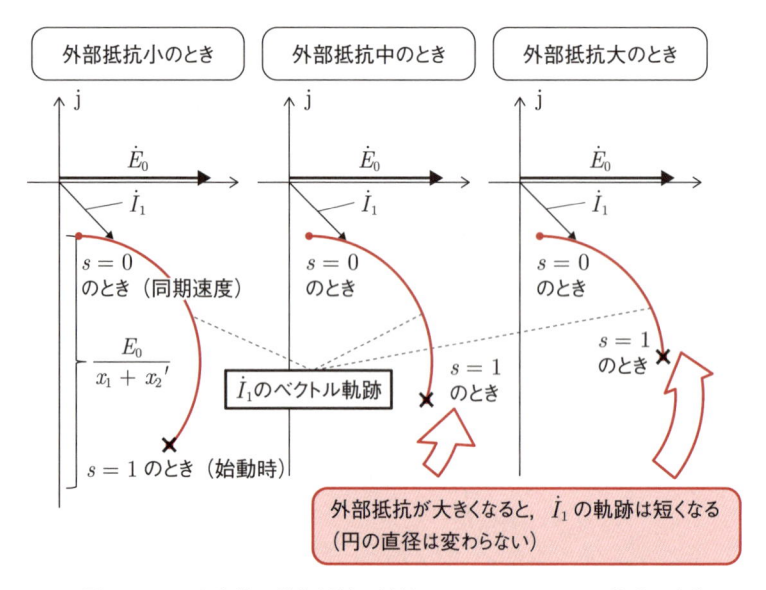

図4.6.3 二次巻線に外部抵抗を接続したときのベクトル軌跡の変化

4.6 まとめ

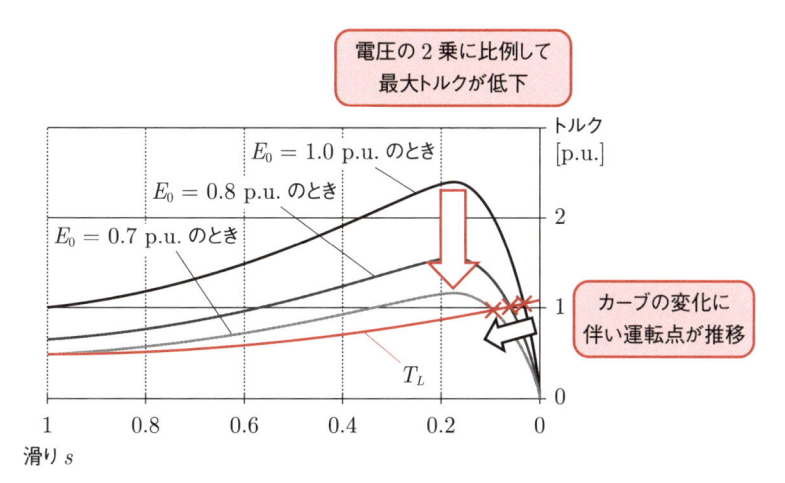

図4.6.4 誘導電動機のトルク特性曲線

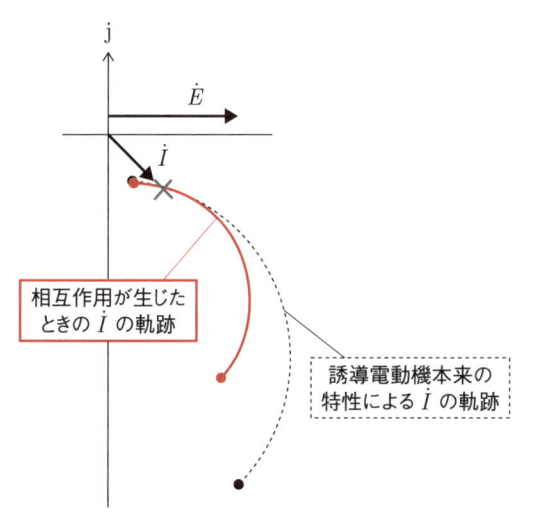

図4.6.5 誘導電動機に相互作用が発生したときのベクトル軌跡の変化

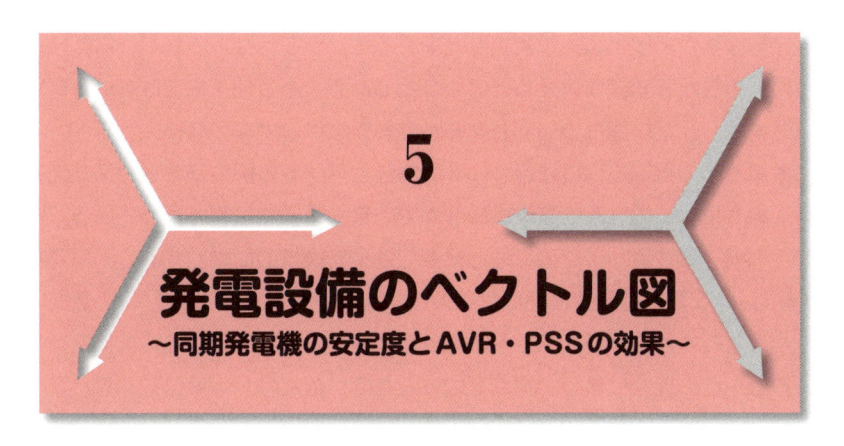

5 発電設備のベクトル図
〜同期発電機の安定度とAVR・PSSの効果〜

　発電設備といえば，これまでは電力会社が設置する大形の設備がほとんどであった．昭和の日本の経済発展を支えた電気エネルギーは，水力や火力，原子力など大形の発電所でつくり出されたものがほとんどであっただろう．そのため，その設備や技術を他業界の人々が知る機会はそう多くなかったのではないだろうか．

　しかし時代は大きく変わった．今や発電設備は電力会社の発電所だけではない．メーカの工場では"自家発"と呼ばれる大形の発電設備を設置し，病院や小売店では小形ガスタービンやディーゼル発電機を，一般家庭でさえ屋根に太陽光パネルを取り付けている．さまざまな人々がさまざまな場所に発電設備を設置する時代がやってきた．

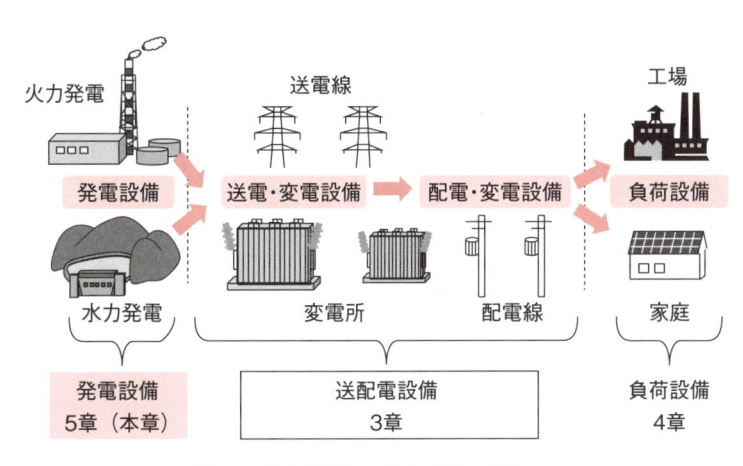

図5.1　電力系統における各章の位置付け

発電設備が多様化し，設置場所が増えるということは，それだけ電気技術者に求められる知識が増えるということである．もう他人事ではない．電気技術者は，発電設備についても熟知しておかなければならない．

　本章では，発電設備に注目し，その特性とベクトル図にフォーカスを当てる．電力系統における発電設備のなかで，最も重要な役割を担っている"同期発電機"に注目し，その原理と機能，効果を視覚的に説明する．同期発電機には，"安定度問題"と呼ばれる大きな問題がある．"安定度"は，数式で考えるとむずかしいが，ベクトル図を使えば簡単である．すでによくご存じの方も，この機会に新しい視点を取り入れていただければ幸いである．

5.1 発電機の種類と特徴

電力系統に連系される発電機のほとんどは，次の三つに分類することができる．

（1） 同期発電機

同期発電機は，火力や水力，原子力発電などの大形の発電設備に採用される発電方式である．回転子が系統と同じ周波数（同期速度）で回転することからこの名前がついている．電力系統に流通する電気エネルギーのほとんどはこの発電機によって発電されたものであり，電力系統において"発電機"といえば，同期発電機を指すと考えて差し支えない．

周波数や電圧を一定に保つ能力に優れており，常用発電設備から非常用まで広く用いられている．

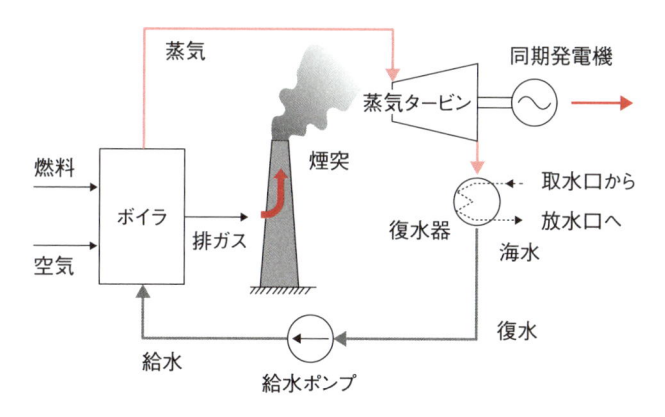

図5.1.1 火力発電設備における同期発電機の使用例

（2） 誘導発電機

誘導発電機は，電磁誘導により回転エネルギーを電気エネルギーに変換する発電機である．同期発電機とは違い，回転子の回転速度は系統周波数よりもすこしだけ速い．かつては小形の水力発電設備にて用いられることもあったが，単独運転ができないこと，同期発電機に比べて効率が悪いこと，大形化がむずかしいことなどから電力発電用途として使用される頻度は低く，これまであまり注目されてこなかった．

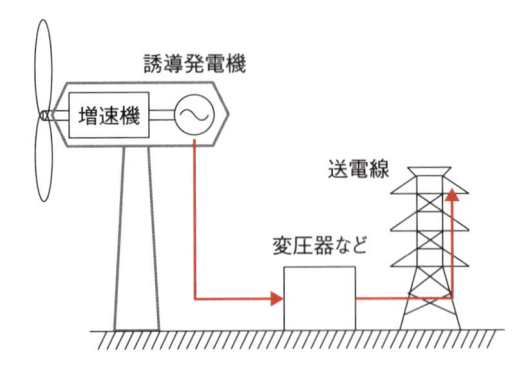

図5.1.2 風力発電設備における誘導発電機の使用例

　だが近年，風力発電や中小水力発電の用途として急速に設備量が増加し，注目が集まっている．電力用の用途としては，かご形誘導発電機や二次励磁形誘導発電機があり，かご形については，4章にて述べたとおりである．なお，"二次励磁形誘導発電機"は，誘導発電機という名がついているものの，電気的特性はどちらかというと同期発電機に近い．そのため，"交流励磁形同期発電機"と呼ばれることもある．

（3） 太陽電池・燃料電池

　半導体パネルを用いて太陽光エネルギーを電気エネルギーに変換する発電装置を太陽電池と呼ぶ．また，水素と酸素の電気化学反応により電気エネルギーを得るものを燃料電池と呼ぶ．どちらも"電池"という名がついているが，電気を蓄える機能は備わっていない．

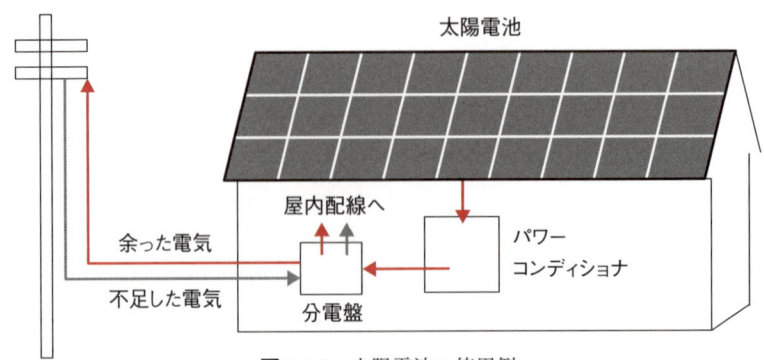

図5.1.3 太陽電池の使用例

回転機ではないため，軸受などのメンテナンスが不要であり保守性に優れている．一方，得られるエネルギーが直流であるため，交流の電力系統で使用するためにはパワーコンディショナと呼ばれる機器を介する必要がある．家庭用，産業用ともに，近年増加傾向にある．

5.2 同期発電機の等価回路とベクトル図の特徴

前節で述べたとおり，電力系統における発電機のほとんどは，同期発電機である．本節では，同期発電機の基本的な仕組みと役割について述べる．その後，同期発電機のベクトル図の基本と変化について，ケーススタディを交えて解説する．

同期発電機のベクトル図は，3章で述べた電力系統のベクトル図によく似ている．どちらにも転用可能なテクニックが多くあるので，3章と合わせて理解していただきたい．

（1） 同期発電機の仕組みと等価回路

同期発電機は，外見上，大きなモータのような形をしており，回転子に蒸気タービンなどの回転機を物理的に結合することで駆動する発電機である．"回転界磁形"のものが多く，その場合は磁石である回転子が，電磁誘導によって電機子巻線に電圧を誘起する仕組みとなる．

図5.2.1に同期発電機（円筒形）の簡易等価回路を示す．同期発電機の等価回路は，内部誘起電圧 $\dot{E}_\mathrm{f}$ と，電機子漏れリアクタンス x'，巻線抵抗 r_a，電機子反作用リアクタンス x_a にて表される．インピーダンスのなかでは特に電機

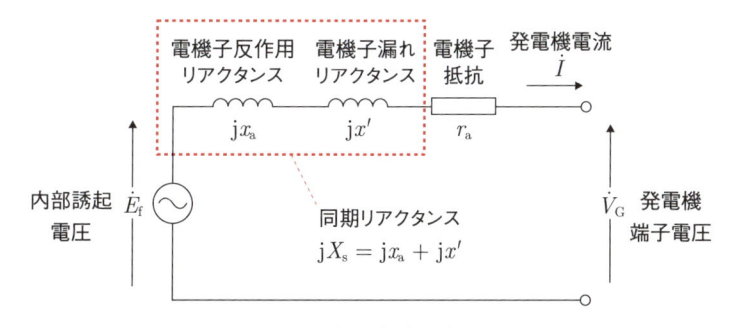

図 5.2.1 同期発電機（円筒形）の簡易等価回路

子反作用リアクタンス x_a の値が大きく，それに比較すると巻線抵抗 r_a は非常に小さい．すべてのリアクタンスを合わせて同期リアクタンス X_s と呼び，等価回路のインピーダンスを（r_a は無視し）X_s のみで表すことも多い．

"内部誘起電圧 $\dot{E}_f$" は，"無負荷誘導起電力" や "無負荷誘起電圧" ともいい，回転子巻線による磁束のみによって誘導される電圧である．実際に発電機端子に現れる電圧 $\dot{V}_G$ は，運転時にはリアクタンス成分などの影響を受け，$\dot{E}_f$ よりも位相は遅れ，大きさも小さくなる．

なお，同期発電機には永久磁石を使ったものと，界磁巻線により電磁石を使うものがあるが，そのほとんどは界磁巻線形である．そのため図5.2.2のとおり，電機子回路とは別に，界磁回路と呼ばれる回路が存在する．

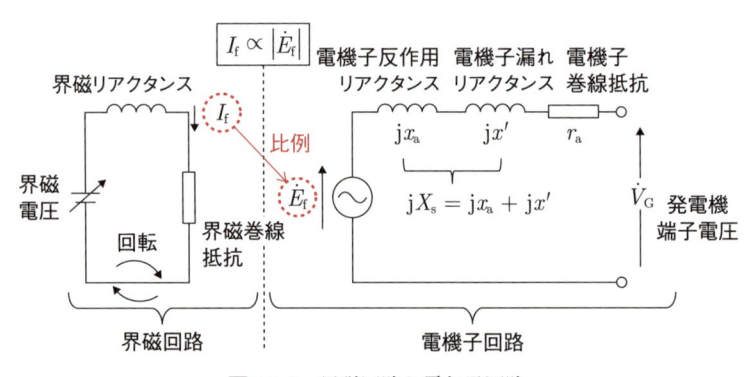

図5.2.2 界磁回路と電気子回路

界磁回路は回転子を電磁石に変化させるために組まれたもので，直流電源と界磁巻線のみのシンプルな構成である．通常，界磁電圧は，励磁機やサイリスタなどを用いて制御可能であり，それによって磁石の強さを変化させることができる．制御フローを図5.2.3に示す．界磁回路に流れる電流 I_f，電機子回路に誘起される電圧 $\dot{E}_f$ の大きさはほぼ比例の関係にあり，二つの回路が密接に関係している．つまり，この場合，計算機が界磁回路を制御することにより，内部誘起電圧 $\dot{E}_f$ の大きさを自由に変化させることができるということである．

なお，内部誘起電圧 $\dot{E}_f$ は，実際にどこかに現れる電圧ではなく，架空の電圧値である．そのため，オシロスコープによって直接測定しようと思っても計測できるものではない．ただし，無負荷状態（発電機電流 $\dot{I} = 0$ となった

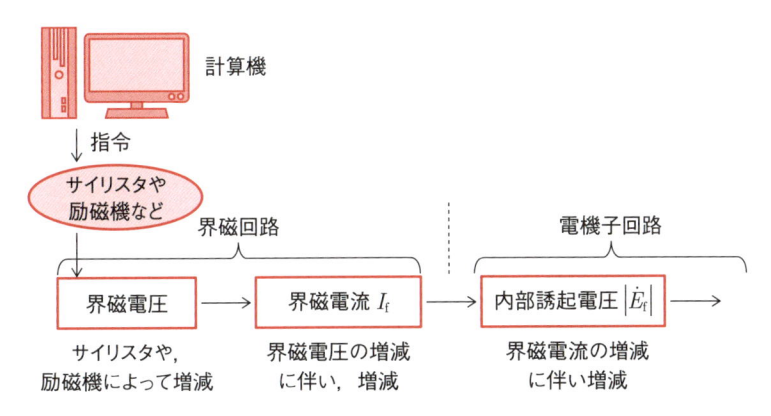

5.2 同期発電機の等価回路とベクトル図の特徴

図5.2.3 界磁回路と電機子回路の関係

場合）では，$\dot{E}_\mathrm{f} = \dot{V}_\mathrm{G}$ となり，発電機端子にて計測することができる．

（2） 同期発電機のベクトル図

同期発電機は，ただ電力を生み出すだけでなく，その発電電力量の大きさはもちろん，無効電力や電圧を調整することができるという特徴がある．有効電力 P と無効電力 Q をそれぞれ独立に制御することが可能であり，この長所が同期発電機を広く普及させた理由の一つとなっている．

図 **5.2.4** のように，有効電力 P は燃料の投入量によって制御され，無効電力 Q は内部誘起電圧 $\dot{E}_\mathrm{f}$ によって制御される．詳しくは後述するが，無効電力 Q を P と独立に増減させると，電圧の補償をおこなうことができる．そのため，同期発電機は電力系統の維持において欠かせない．

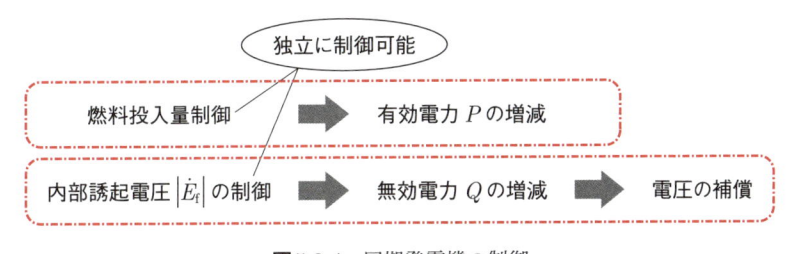

図5.2.4 同期発電機の制御

さて，同期発電機の制御と効果，ベクトル図の変化について，簡単な等価回路を用いて考えよう．**図5.2.5** は，同期発電機の簡易等価回路図である．

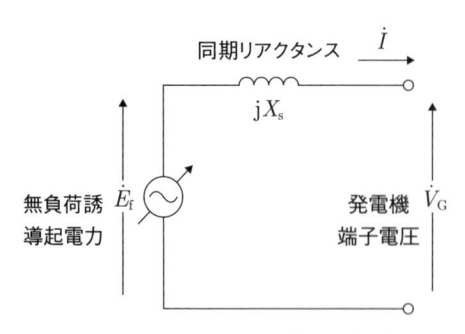

図5.2.5　同期発電機の簡易等価回路

簡略化のため，電機子巻線抵抗は無視し，インピーダンスは同期リアクタンス X_s のみにて表すこととする．この回路において，発電機端子電圧 $\dot{V}_G$ を基準にしてベクトル図を描くと，図5.2.6となる．なお，内部誘起電圧 $\dot{E}_f$ の位相（内部相差角）を δ とし，発電機端子電圧上での発電力率を $\cos\theta$ （遅れ）とした．

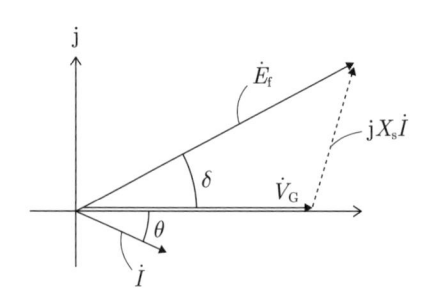

図5.2.6　同期発電機のベクトル図の例

さて，実際に等価回路に数字を当てはめてケーススタディをしたいのだが，その前に数式の整理を行っておこう．有効電力 P および無効電力 Q は以下の式で表される．

$$P + jQ = \dot{V}_G \overline{\dot{I}}$$

また，内部誘起電圧 $\dot{E}_f$ と発電機端子電圧 $\dot{V}_G$ の関係は，ベクトル図を参考にすると，

$$\dot{E}_f = \dot{V}_G + jX_s\dot{I}$$
$$\dot{I} = \frac{\dot{E}_f - \dot{V}_G}{jX_s}$$

5.2 同期発電機の等価回路とベクトル図の特徴

となる．これらを整理すると，

$$P + jQ = \dot{V}_\mathrm{G} \overline{\left(\frac{\dot{E}_\mathrm{f} - \dot{V}_\mathrm{G}}{jX_\mathrm{s}}\right)} = \dot{V}_\mathrm{G} \frac{\overline{\dot{E}_\mathrm{f}} - \overline{\dot{V}_\mathrm{G}}}{-jX_\mathrm{s}}$$

$$= \frac{j\overline{\dot{E}_\mathrm{f}}\dot{V}_\mathrm{G} - j|\dot{V}_\mathrm{G}|^2}{X_\mathrm{s}}$$

ここで，$\dot{V}_\mathrm{G}$ を基準にとって，$\dot{E}_\mathrm{f}$ の位相差を δ とすれば，

$$\dot{E}_\mathrm{f} = |\dot{E}_\mathrm{f}|\cos\delta + j|\dot{E}_\mathrm{f}|\sin\delta$$
$$\dot{V}_\mathrm{G} = |\dot{V}_\mathrm{G}|$$

となるので，P，Q をそれぞれ整理すれば，

$$P + jQ = \frac{j(|\dot{E}_\mathrm{f}|\cos\delta - j|\dot{E}_\mathrm{f}|\sin\delta)|\dot{V}_\mathrm{G}| - j|\dot{V}_\mathrm{G}|^2}{X_\mathrm{s}}$$

$$= \frac{|\dot{E}_\mathrm{f}||\dot{V}_\mathrm{G}|\sin\delta}{X_\mathrm{s}} + j\frac{|\dot{E}_\mathrm{f}||\dot{V}_\mathrm{G}|\cos\delta - |\dot{V}_\mathrm{G}|^2}{X_\mathrm{s}}$$

この数式は，送電線における電力伝搬式と非常によく似た数式であることにお気づきだろうか．送電線では，送電線のインピーダンスを X_0，送電端電圧を $\dot{E}_\mathrm{s}$，受電端電圧を $\dot{E}_\mathrm{r}$ とすれば，以下のとおりであった．

$$P + jQ = \frac{|\dot{E}_\mathrm{s}||\dot{E}_\mathrm{r}|\sin\delta}{X_0} + j\frac{|\dot{E}_\mathrm{s}||\dot{E}_\mathrm{r}|\cos\delta - |\dot{E}_\mathrm{r}|^2}{X_0}$$

二つの式を見比べれば，$\dot{E}_\mathrm{s}$ が $\dot{E}_\mathrm{f}$ に，$\dot{E}_\mathrm{r}$ が $\dot{V}_\mathrm{G}$ に，X_0 が X_s にそれぞれ対応しており，式の形はどちらも全く同じである．つまり，同期発電機における P，Q の数式は，送電設備とほとんど一緒である．

また，ここで改めてベクトル図に注目すると，**図5.2.7**のとおり，ベクトル図の形も送電線のものとそっくりである．

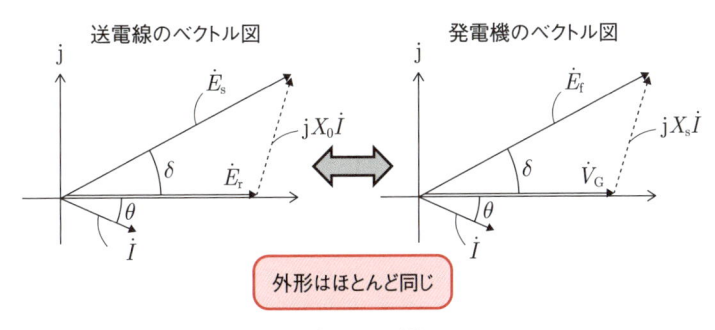

図5.2.7 発電機と送電線のベクトル図

つまり，発電機のベクトル図と数式は，3章で述べた送電線のそれとほぼ同じであり，考え方をそのまま転用することができる．たとえば，3章で述べた P，Q のベクトル図上の視覚化は，図 **5.2.8** のように表され，三角形の面積 S_1，S_2 の増減によって，P，Q の増減の変化を理解することができる．

有効電力
$P \propto S_1$

無効電力
$Q \propto S_2$

$$S_1 = \frac{|\dot{E}_f||\dot{V}_G| \sin \delta}{2} = \frac{P}{2} X_s$$

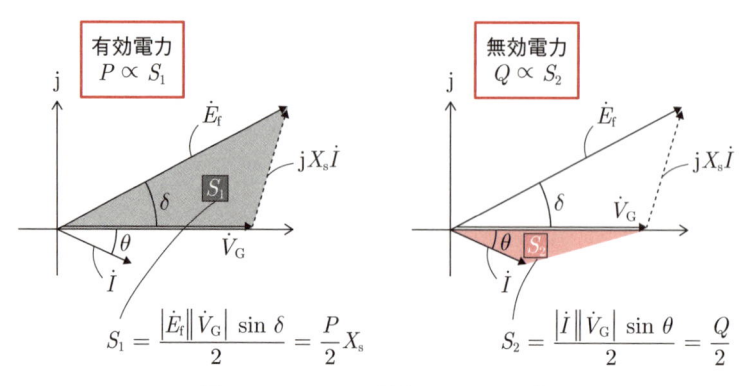

$$S_2 = \frac{|\dot{I}||\dot{V}_G| \sin \theta}{2} = \frac{Q}{2}$$

図 **5.2.8** ベクトル図上での P および Q

（3） 同期発電機の運転方式と，ベクトル図の変化

さて，発電機の数式の整理およびベクトル図の使い方がわかっただろうか．ここからは，簡単な例を通じて同期発電機の応答と動作，ベクトル図について考えよう．

図 **5.2.9** に示したのは，発電機端子電圧 $\dot{V}_G$ の大きさが 1.0 p.u. 一定と仮定した場合の回路である．同期リアクタンス X_s は，1.2 p.u. とした．なお，発電機端子電圧 $\dot{V}_G$ の大きさが一定というのは，発電機端子が巨大な調相設備と電圧調整機能をもった電力系統に接続されていることを想定し，発電機の動作や応答にかかわらず常に電圧が一定に保たれている状況を仮定したもので

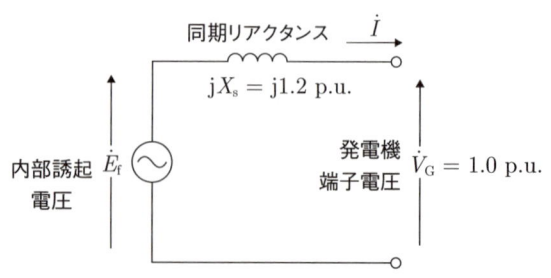

図 **5.2.9** 発電機端子電圧 $|\dot{V}_G|$ 一定のときのモデル等価回路

ある.

　同期発電機では，燃料投入量によって有効電力 P を，内部誘起電圧 $|\dot{E}_\mathrm{f}|$ の増減によって無効電力 Q をそれぞれ独立に制御することができる．そこで，三つのケースに分け，①内部誘起電圧 $|\dot{E}_\mathrm{f}|$ 一定，出力 P 可変，②出力 P 一定，内部誘起電圧 $|\dot{E}_\mathrm{f}|$ 可変，③内部誘起電圧 $|\dot{E}_\mathrm{f}|$，出力 P ともに可変，とし，それぞれの応答を考える．

① 内部誘起電圧 $|\dot{E}_\mathrm{f}|$ 一定，出力 P 可変の場合

　界磁電流 I_f を一定にすると，内部誘起電圧 $\dot{E}_\mathrm{f}$ の大きさが一定のまま保たれる．そこで，$|\dot{E}_\mathrm{f}| = 1.6$ p.u. 一定に保ったまま出力 P を増減させると，発電機はどう応答するだろうか．

　$|\dot{E}_\mathrm{f}| = 1.6$ p.u. のとき，出力 P および無効電力 Q は次のように表される．

$$P + \mathrm{j}Q = \frac{1.6 \times 1 \times \sin\delta}{1.2} + \mathrm{j}\frac{1.6 \times 1 \times \cos\delta - 1^2}{1.2}$$
$$= \frac{4}{3}\sin\delta + \mathrm{j}\frac{8\cos\delta - 5}{6}$$

　通常，相差角 δ は $0 < \delta < \pi/2$ の範囲にあり，$\sin\delta > 0$，$\cos\delta > 0$ である．そのため，出力 P が増えると内部相差角 δ は大きくなる．また，Q を P で表すと，

$$Q = \frac{8\sqrt{1 - \sin^2\delta} - 5}{6} = \frac{2\sqrt{16 - 9P^2} - 5}{6}$$

となり，出力 P が増えるに従い，無効電力 Q が徐々に小さくなって進み力率側に振れることがわかる．つまり，内部誘起電圧 $|\dot{E}_\mathrm{f}|$ 一定の条件下では，燃料投入量を増やして P が増加すると，Q は逆に減少する．そのため発電機の発電力率は，出力の増加とともに急激に進み力率側に向かう（発電機が進み力率にある状態とは，発電機が遅れ無効電力を消費している状態を指す）．

　たとえば $\delta = \pi/6$（$\delta = 30°$）のときは，

$$P + \mathrm{j}Q = \frac{4}{3} \times \frac{1}{2} + \mathrm{j}\frac{8 \times \dfrac{\sqrt{3}}{2} - 5}{6} = 0.667 + \mathrm{j}0.321 \text{ p.u.}$$

$$\cos\theta = \frac{P}{\sqrt{P^2 + Q^2}} = \frac{0.667}{\sqrt{0.667^2 + 0.321^2}} = 0.90$$

となる．もし相差角がすこし増えて $\delta = \pi/4$ ($\delta = 45°$) となれば，

$$P + jQ = \frac{4}{3} \times \frac{\sqrt{2}}{2} + j\frac{8 \times \frac{\sqrt{2}}{2} - 5}{6} = 0.943 + j0.109 \text{ p.u.}$$

$$\cos\theta = \frac{P}{\sqrt{P^2 + Q^2}} = \frac{0.943}{\sqrt{0.943^2 + 0.109^2}} = 0.99$$

となって，P が増える一方で Q が減少し，力率は進み方向に変化する．

この原理は，ベクトル図で考えるとわかりやすい．**図 5.2.10** に示したとおり，$\dot{E}_\text{f}$ は，大きさが 1.6 p.u. 一定で，偏角 δ が可変のベクトルとなるため，原点を中心に円弧状の軌跡を描く．そのため相差角 δ の増加とともに，有効電力 P を表す三角形面積 S_1 は徐々に大きくなり，逆に無効電力 Q を表す S_2 は小さくなることがわかる．

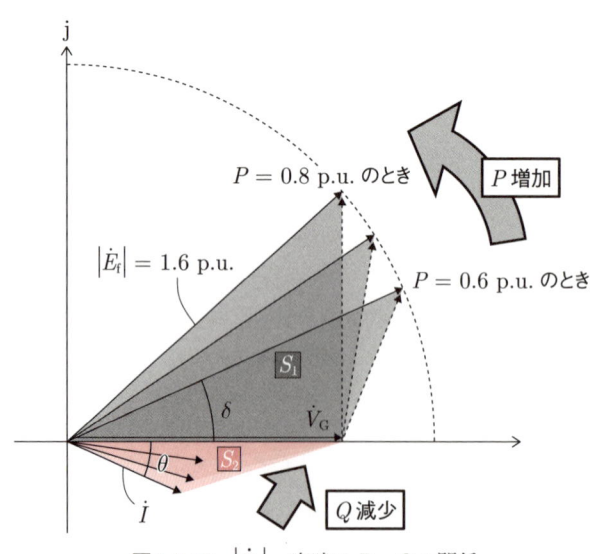

図 5.2.10 $\left|\dot{E}_\text{f}\right|$ 一定時の P，Q の関係

② 出力 P 一定，内部誘起電圧 $\left|\dot{E}_\text{f}\right|$ 可変のとき

出力 P を一定とし，内部誘起電圧 $\left|\dot{E}_\text{f}\right|$ を変化させると，どのような応答となるだろうか．燃料投入量を一定にすれば，蒸気タービンなどから入力されるエネルギーは一定となり，有効電力 P は一定となる．図 5.2.9 の等価回路において，$P = 0.8$ p.u. 一定とし，$\left|\dot{E}_\text{f}\right|$ を可変とすれば，

5.2 同期発電機の等価回路とベクトル図の特徴

$$P = \frac{|\dot{E}_\mathrm{f}| \sin\delta}{1.2} = 0.8$$

$$\sin\delta = \frac{0.96}{|\dot{E}_\mathrm{f}|}$$

となって，$|\dot{E}_\mathrm{f}|$ が大きくなればなるほど，相差角 δ が小さくなることがわかる．

一方，無効電力 Q は，

$$Q = \frac{|\dot{E}_\mathrm{f}|\sqrt{1-\left(\frac{0.96}{|\dot{E}_\mathrm{f}|}\right)^2}-1}{1.2} = \frac{\sqrt{|\dot{E}_\mathrm{f}|^2 - 0.96^2}-1}{1.2}$$

となって，$|\dot{E}_\mathrm{f}|$ が大きくなると Q は大きくなる．このとき発電力率を考えれば，$|\dot{E}_\mathrm{f}|$ の増加とともに遅れ側に向かうことになる．

たとえば，$|\dot{E}_\mathrm{f}| = 1.2$ p.u. のときは，

$$\sin\delta = \frac{0.96}{|\dot{E}_\mathrm{f}|} = \frac{0.96}{1.2} = 0.8$$

$$Q = \frac{\sqrt{|\dot{E}_\mathrm{f}|^2 - 0.96^2}-1}{1.2} = \frac{\sqrt{1.2^2 - 0.96^2}-1}{1.2} = -0.233 \text{ p.u.}$$

となって進み力率となるが，$|\dot{E}_\mathrm{f}| = 1.6$ p.u. のときは，

$$\sin\delta = \frac{0.96}{|\dot{E}_\mathrm{f}|} = \frac{0.96}{1.6} = 0.6$$

$$Q = \frac{\sqrt{|\dot{E}_\mathrm{f}|^2 - 0.96^2}-1}{1.2} = \frac{\sqrt{1.6^2 - 0.96^2}-1}{1.2} = 0.233 \text{ p.u.}$$

となって遅れ力率となる．

この原理をベクトル図にすると，**図5.2.11**のようになる．P が変化しないため S_1 の面積の大きさは不変であり，三角形 S_1 は高さを一定に保ったまま，横へスライドするような形となる．一方，無効電力 Q を表す三角形 S_2 は，内部誘起電圧 $|\dot{E}_\mathrm{f}|$ の増加とともに大きくなる．

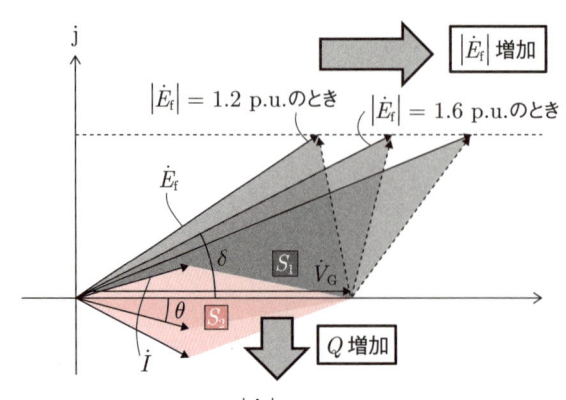

図5.2.11 P 一定時，$|\dot{E}_\mathrm{f}|$ を増加させたときの Q の変化

③ 内部誘起電圧 $|\dot{E}_\mathrm{f}|$，出力 P ともに可変の場合

P および $|\dot{E}_\mathrm{f}|$ をそれぞれ独立に制御し，組み合わせることによって，理想の応答を得ることができる．一例として，発電力率を一定とした場合のベクトル図を**図5.2.12**に示す．

力率が一定の場合，電流ベクトル $\dot{I}$ は傾角 θ を保ったまま大きさのみが変化する．そのため，三角形 S_1 をなす辺 $\mathrm{j}X_\mathrm{s}\dot{I}$ も同様に，傾角を保ったまま大きさのみが変化する．このときは図のように，P と Q が一定の割合を保ったままそれぞれが増加することになる．

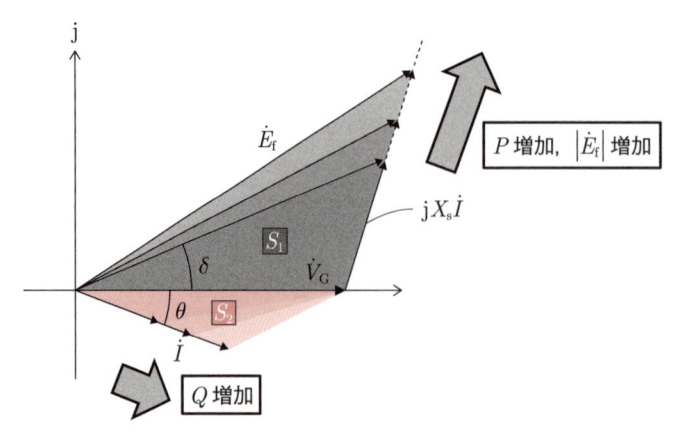

図5.2.12 力率一定制御のとき

（4） 同期発電機のベクトル図の特徴と変化

これまで述べたとおり，同期発電機では，Pおよび$|\dot{E}_\mathrm{f}|$それぞれを増減することでさまざまな応答を自在に得ることができる．その変化を**表5.2.1**にまとめる．

表5.2.1 $|\dot{E}_\mathrm{f}|$，Pの変化と発電機の応答

	Pを増加したとき	$|\dot{E}_\mathrm{f}|$を増加したとき
Q	減少する	増加する
力率	進み方向へ向かう	遅れ方向へ向かう

ここで一点注意してほしいことがある．発電機のベクトル図は，送配電設備のベクトル図と非常によく似ているものであった．しかし，送配電設備のそれとは決定的に違う点がある．それは，内部誘起電圧$|\dot{E}_\mathrm{f}|$の制御範囲の広さと応答の速さである．

送配電設備では，送電端電圧$\dot{E}_\mathrm{s}$および受電端電圧$\dot{E}_\mathrm{r}$の大きさは，せいぜい±10％程度の範囲でしか制御することができなかった．また，その主たる制御方法は変圧器タップ切換動作であり，応答特性は遅く，数十秒～数分程度のものが多い．そのほかにもSCやShRによって，電圧を制御することもできるが，これらは段階的にしか制御することができない．そのため，瞬時に大量に投入・遮断を繰り返すことは非現実的であり，やはり制御性がよいとはいえない．

一方，同期発電機の内部誘起電圧$|\dot{E}_\mathrm{f}|$は，送配電設備の電圧制御に比べ，制御範囲が広く制御応答速度も速い．個々の機器によって特性には違いはあるものの，無負荷時の定格電圧の0～500％の制御範囲，応答速度も数秒程度（界磁電圧の応答速度は0.1 s以下）という広範囲かつ高速応答のものもある．特に大形の発電機においては，これに準ずる励磁装置を備えたものが多く，送配電設備の電圧調整能力とは比べものにならない．加えて，その大きさを無段階に調整可能であることも忘れてはならない．

つまり，同期発電機のベクトル図および計算式は，送配電設備と似た形であるが，送配電設備と比較して制御範囲や応答性に関して著しくたけている（**図5.2.13**）．

送電線のベクトル図
・可変幅　小（±10％）
・制御速度　遅（数分）

発電機のベクトル図
・可変幅　大（0〜500％）
・制御速度　速（数秒）

外形は似ているが，$\dot{E}_\mathrm{s}$ と $\dot{E}_\mathrm{f}$ の制御性に大きな違いあり

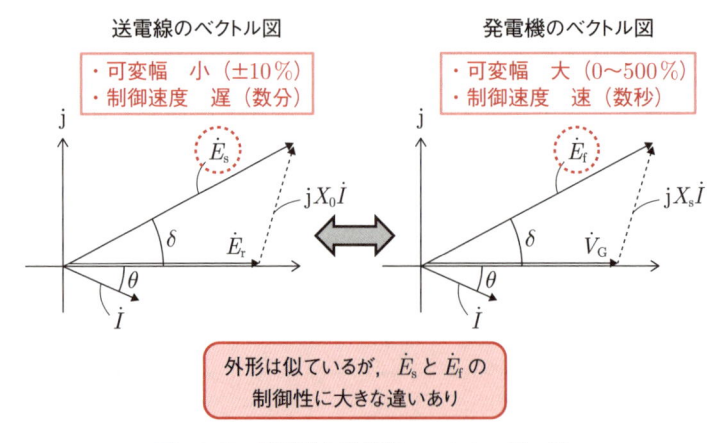

図5.2.13　発電機と送電線のベクトル図の違い

5.3　電圧補償機能（AVR）とベクトル図

　前節では，同期発電機の発電機端子電圧 $|\dot{V}_\mathrm{G}|$ が常に1.0 p.u.に保たれているという条件下にて，ベクトル図の変化について考えた．この条件は，同期発電機の基本特性を考えるには問題ない．しかし，発電機の詳細な特性や，応答を理解するには，少々乱暴な仮定である．実際，発電機端子電圧 $|\dot{V}_\mathrm{G}|$ は，発電機の出力や力率などの影響を受けて増減することが多く，これらの影響を合わせて考えないと，同期発電機の本当の特性が見えてこないのである．そこで，条件を広げて考えることで，同期発電機の大きな特徴である"電圧補償機能"について明らかにしよう．

（1）発電設備の模擬（同期発電機＋送電系統）

　同期発電機を設置する場合，**図5.3.1**に示すように，発電機と変電所の間には昇圧用変圧器や送電線などの機器が設置されることが一般的である．そのため，変電所母線電圧 $|\dot{V}_\mathrm{i}|$ が常に一定に保たれていたとしても，発電機の出力が増減すると変圧器や送電線のリアクタンスの影響によって発電機端子電圧 $|\dot{V}_\mathrm{G}|$ は変化することになる．

　そこで発電機と変圧器，送電線を合わせて，"発電設備"とし，$|\dot{V}_\mathrm{i}|$ を一定と仮定して発電機の応答を考えれば，より実態に近い状態での発電機の特性・

5.3 電圧補償機能（AVR）とベクトル図

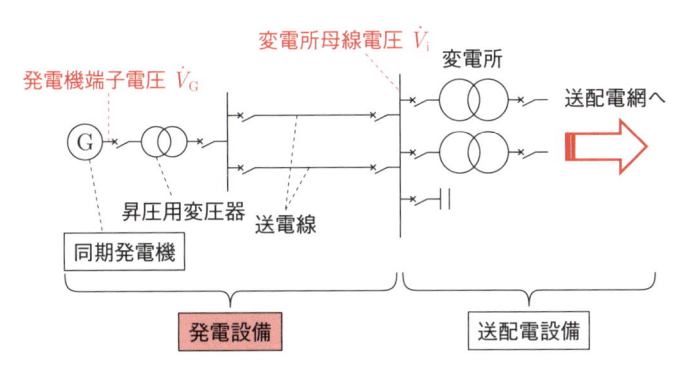

図5.3.1 電力系統における発電機の接続例

機能がわかる．

図5.3.2は，図5.3.1における"発電設備"を簡易等価回路に落とし込んだものである．昇圧用変圧器および送電線のリアクタンスを合算してX_0とし，抵抗分の影響は無視する．また，変電所母線電圧$\dot{V}_i$の大きさは，変電所の調相設備などの影響によって一定に保たれているものとする．

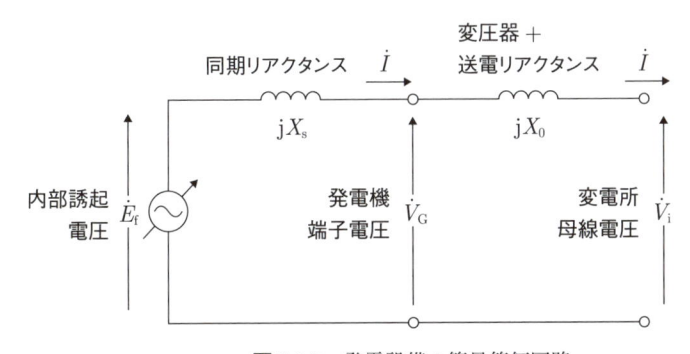

図5.3.2 発電設備の簡易等価回路

さて，新しい回路図（図5.3.2）を用いて，具体的なケーススタディをおこなうのだが，その前にP，$\dot{E}_f$，$\dot{V}_i$，$\dot{V}_G$などの関係について，数式の整理をおこなおう．

それぞれ方程式を立ててガリガリと計算してもよいのだが，今回のように変数が多くなると，計算が複雑化し計算ミスが生じやすい．そこで，ベクトル図を使って図形的に解く手法を紹介する．$\dot{V}_G$を基準ベクトルとして，$\dot{E}_f$との相差角をδ，$\dot{V}_i$との位相差をϕとすれば，ベクトル図は**図5.3.3**となる．

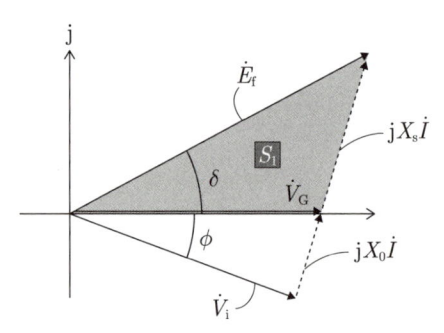

図5.3.3 発電設備のベクトル図

　等価回路の形が変わっても，ハッチングされた三角形の面積 S_1 と発電機出力 P の関係は変わらず，次のように表すことができる．

$$S_1 = \frac{|\dot{E}_\mathrm{f}||\dot{V}_\mathrm{G}|}{2}\sin\delta = \frac{X_\mathrm{s}}{2}P$$

$$\left(\because\quad P = \frac{|\dot{E}_\mathrm{f}||\dot{V}_\mathrm{G}|}{X_\mathrm{s}}\sin\delta\right)$$

　そこで，**図5.3.4**のとおり，三角形の各頂点に，O，A，B，Cと記号を振り，三角形の面積 S_1 および，E_f，V_i の大きさの3点が与えられた状態から，図形的な展開によって辺 $\overline{\mathrm{OB}}$（$\dot{V}_\mathrm{G}$ の大きさ）の長さを導き出そう．

　大きな三角形△OACに注目すれば，その面積は2通りの表し方が可能である．方程式をつくると，

$$\triangle \mathrm{OAC} = S_1\frac{\overline{\mathrm{AC}}}{\overline{\mathrm{AB}}} = \overline{\mathrm{OA}}\cdot\overline{\mathrm{OC}}\cdot\frac{\sin(\angle \mathrm{AOC})}{2}$$

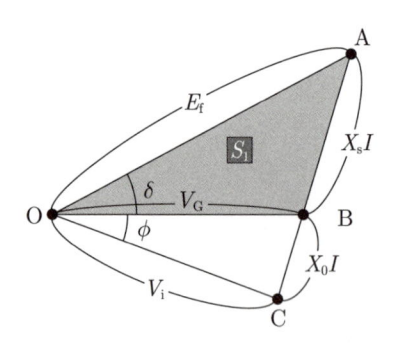

図5.3.4 ベクトル図による数式整理

5.3 電圧補償機能（AVR）とベクトル図

代入して整理すると，

$$S_1 \frac{X_s I + X_0 I}{X_s I} = \frac{E_f V_i \sin(\delta + \phi)}{2}$$

$$\sin(\delta + \phi) = \frac{2S_1}{E_f V_i}\left(\frac{X_s + X_0}{X_s}\right) \quad \cdots\cdots\cdots ①$$

こうして∠AOCが求まったので，余弦定理を用いれば，ACの長さを求めることができ，

$$\overline{AC}^2 = \overline{OA}^2 + \overline{OC}^2 - 2\,\overline{OA}\,\overline{OC}\cos(\angle AOC)$$

代入すると，

$$(X_s I + X_0 I)^2 = E_f^2 + V_i^2 - 2E_f V_i \cos(\delta + \phi)$$

$$I^2 = \frac{E_f^2 + V_i^2 - 2E_f V_i \cos(\delta + \phi)}{(X_s + X_0)^2} \quad \cdots\cdots\cdots ②$$

図5.3.4の右下，∠OCAは，余弦定理を適用し，

$$\cos(\angle OCA) = \frac{\overline{CO}^2 + \overline{CA}^2 - \overline{OA}^2}{2\,\overline{CO}\,\overline{CA}}$$

$$= \frac{V_i^2 + \{(X_s + X_0)I\}^2 - E_f^2}{2V_i(X_s + X_0)I} \quad \cdots\cdots\cdots ③$$

最後に，∠OCAを使って△OCBにおいて余弦定理を用い，辺の長さ$\overline{OB}$を求めれば，

$$\overline{OB}^2 = \overline{OC}^2 + \overline{CB}^2 - 2\,\overline{OC}\,\overline{CB}\cos(\angle OCB)$$

$$= (X_0 I)^2 + V_i^2 - 2V_i X_0 I \cos(\angle OCB) \quad \cdots\cdots\cdots ④$$

となって，四つの式を導き出すことができた．

P, E_f, V_i, V_Gの関係を求めるためには，①〜④式を整理すればよい．④式に③式を代入して展開すれば，

$$\overline{OB}^2 = X_0^2 I^2 + V_i^2 - 2V_i X_0 I \frac{V_i^2 + \{(X_s + X_0)I\}^2 - E_f^2}{2V_i(X_s + X_0)I}$$

$$= X_s X_0 I^2 + V_i^2 + \frac{-X_0 V_i^2 + X_0 E_f^2}{(X_s + X_0)}$$

ここに②式を代入すれば，

$$\overline{\mathrm{OB}}^2$$
$$= X_\mathrm{s} X_0 \frac{E_\mathrm{f}^2 + V_\mathrm{i}^2 - 2E_\mathrm{f} V_\mathrm{i} \cos(\delta + \phi)}{(X_\mathrm{s} + X_0)^2} + V_\mathrm{i}^2 + \frac{-X_0 V_\mathrm{i}^2 + X_0 E_\mathrm{f}^2}{(X_\mathrm{s} + X_0)}$$
$$= \frac{X_0^2 E_\mathrm{f}^2 + X_\mathrm{s}^2 V_\mathrm{i}^2 + 2X_\mathrm{s} X_0 E_\mathrm{f} V_\mathrm{i} \cos(\delta + \phi)}{(X_\mathrm{s} + X_0)^2}$$

さらに①式を使うと，$\cos(\delta + \phi)$ を正とすれば，
$$\overline{\mathrm{OB}}^2 = \frac{X_0^2 E_\mathrm{f}^2 + X_\mathrm{s}^2 V_\mathrm{i}^2 + 2X_\mathrm{s} X_0 \sqrt{E_\mathrm{f}^2 V_\mathrm{i}^2 - P^2(X_\mathrm{s} + X_0)^2}}{(X_\mathrm{s} + X_0)^2}$$

よって，$\overline{\mathrm{OB}}$（発電機端子電圧 $|\dot{V}_\mathrm{G}|$）は，次のようになる．

$$|\dot{V}_\mathrm{G}| = \frac{\sqrt{X_0^2 E_\mathrm{f}^2 + X_\mathrm{s}^2 V_\mathrm{i}^2 + 2X_\mathrm{s} X_0 \sqrt{E_\mathrm{f}^2 V_\mathrm{i}^2 - P^2(X_\mathrm{s} + X_0)^2}}}{X_\mathrm{s} + X_0}$$

$$\left(\begin{array}{l} \text{※ただし，} \dfrac{\pi}{2} < (\delta + \phi) < \pi \text{のときは，} \\[6pt] |\dot{V}_\mathrm{G}| = \dfrac{\sqrt{X_0^2 E_\mathrm{f}^2 + X_\mathrm{s}^2 V_\mathrm{i}^2 - 2X_\mathrm{s} X_0 \sqrt{E_\mathrm{f}^2 V_\mathrm{i}^2 - P^2(X_\mathrm{s} + X_0)^2}}}{X_\mathrm{s} + X_0} \end{array} \right)$$

同様にして，電流 $\dot{I}$ の大きさは，次のように整理できる．

$$|\dot{I}| = \frac{\sqrt{E_\mathrm{f}^2 + V_\mathrm{i}^2 - 2\sqrt{E_\mathrm{f}^2 V_\mathrm{i}^2 - P^2(X_\mathrm{s} + X_0)^2}}}{X_\mathrm{s} + X_0}$$

（2） 発電設備のベクトル図の応答

さて，この整理された数式を用いて，発電設備におけるケーススタディをおこなう．発電機が $|\dot{E}_\mathrm{f}|$ および P をそれぞれ独立して制御可能であることは，前節の前提から変わらない．そこで前節同様，三つのケースに分け，①内部誘起電圧 $|\dot{E}_\mathrm{f}|$ 一定，出力 P 可変，②出力 P 一定，内部誘起電圧 $|\dot{E}_\mathrm{f}|$ 可変，③内部誘起電圧 $|\dot{E}_\mathrm{f}|$，出力 P ともに可変，のそれぞれを考えることにする．

なお，用いる等価回路は**図 5.3.5** とし，同期リアクタンス X_s は 1.2 p.u.，変圧器＋送電リアクタンス X_0 は 0.4 p.u. とする．また，変電所母線電圧である V_i の大きさは，1.0 p.u. に常に一定に保たれていることとする．

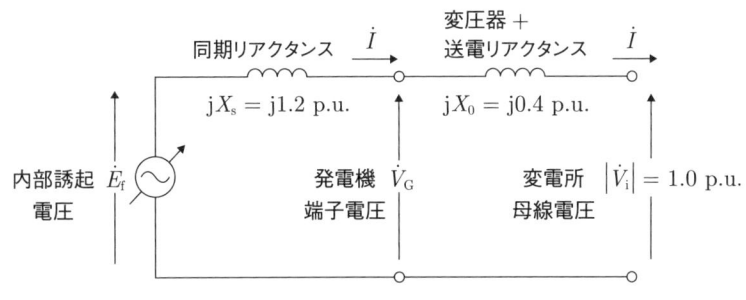

5.3 電圧補償機能（AVR）とベクトル図

図5.3.5 発電設備モデル

① 内部誘起電圧 $|\dot{E}_\mathrm{f}|$ 一定，出力 P 可変の場合

図5.3.5のモデルにおいて，内部誘起電圧 $|\dot{E}_\mathrm{f}| = 1.6$ p.u. 一定とすると，電圧 $\dot{V}_\mathrm{G}$ は，

$$|\dot{V}_\mathrm{G}| = \frac{\sqrt{X_0{}^2 E_\mathrm{f}{}^2 + X_\mathrm{s}{}^2 V_\mathrm{i}{}^2 + 2X_\mathrm{s} X_0 \sqrt{E_\mathrm{f}{}^2 V_\mathrm{i}{}^2 - P^2(X_\mathrm{s} + X_0)^2}}}{X_\mathrm{s} + X_0}$$

$$= \frac{\sqrt{0.4^2 \times 1.6^2 + 1.2^2 + 2 \times 1.2 \times 0.4 \sqrt{1.6^2 - P^2 \times 1.6^2}}}{1.6}$$

$$= \sqrt{0.7225 + 0.6\sqrt{1 - P^2}}$$

となって，P が大きくなればなるほど発電端電圧が小さくなることがわかる．

たとえば，$P = 0.6$ p.u. のときは，

$$|\dot{V}_\mathrm{G}| = \sqrt{0.7225 + 0.6\sqrt{1 - 0.6^2}} = \sqrt{0.7225 + 0.6 \times 0.8}$$

$$= 1.097 \text{ p.u.}$$

$$\sin\delta = \frac{PX_\mathrm{s}}{V_\mathrm{G} E_\mathrm{f}} = \frac{0.6 \times 1.2}{1.097 \times 1.6} = 0.410$$

$$\delta = 24.2°$$

$$Q = \frac{E_\mathrm{f} V_\mathrm{G} \cos\delta - V_\mathrm{G}{}^2}{X_\mathrm{s}} = \frac{1.6 \times 1.097 \sqrt{1 - 0.410^2} - 1.097^2}{1.2}$$

$$= 0.331 \text{ p.u.}$$

一方，出力が増大し，$P = 1.0$ p.u. となったときは，

$$|\dot{V}_\mathrm{G}| = \sqrt{0.7225 + 0.6\sqrt{1 - 1^2}} = 0.85 \text{ p.u.}$$

$$\sin\delta = \frac{PX_\mathrm{s}}{V_\mathrm{G} E_\mathrm{f}} = \frac{1.2}{0.85 \times 1.6} = 0.882$$

$$\delta = 61.8°$$

$$Q = \frac{1.6 \times 0.85\sqrt{1-0.882^2} - 0.85^2}{1.2} = -0.069 \text{ p.u.}$$

となって，電圧 $|\dot{V}_\mathrm{G}|$ は定格値に比べ大きく落ち込み，また，発電機力率は進み力率になる．

この現象をベクトル図で考えると，**図5.3.6** のようになる．内部誘起電圧 $\dot{E}_\mathrm{f}$ および変電所母線電圧 $\dot{V}_\mathrm{i}$ の大きさは一定であるので，それぞれ原点を中心とした円弧状の軌跡を描く．出力 P が大きくなると，相差角 δ が増加してハッチングされた面積 S_1 は大きくなる．一方，位相差 ϕ も同時に大きくなるので，$\dot{E}_\mathrm{f}$ および $\dot{V}_\mathrm{i}$ を結ぶ点上にある発電機端子電圧 $\dot{V}_\mathrm{G}$ は小さくなることがわかるだろう．

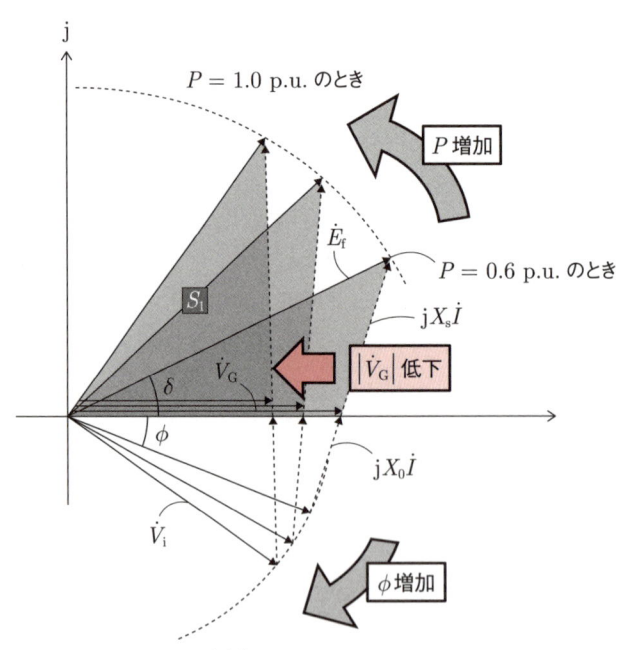

図5.3.6 $|\dot{E}_\mathrm{f}|$ 一定時，P を増加させた場合

② 出力 P 一定，内部誘起電圧 $|\dot{E}_\mathrm{f}|$ 可変の場合

図5.3.5の発電設備において，発電機出力 P の大きさを一定として，内部誘起電圧 $|\dot{E}_\mathrm{f}|$ を変化させた場合の応答を考える．$P = 1.0$ p.u. とすれば，発電機端子電圧 $\dot{V}_\mathrm{G}$ は，

5.3 電圧補償機能（AVR）とベクトル図

$$|\dot{V}_\mathrm{G}| = \frac{\sqrt{X_0{}^2 E_\mathrm{f}{}^2 + X_\mathrm{s}{}^2 V_\mathrm{i}{}^2 + 2 X_\mathrm{s} X_0 \sqrt{E_\mathrm{f}{}^2 V_\mathrm{i}{}^2 - P^2(X_\mathrm{s}+X_0)^2}}}{X_\mathrm{s}+X_0}$$

$$= \frac{\sqrt{0.4^2 \times E_\mathrm{f}{}^2 + 1.2^2 + 2\times 1.2 \times 0.4\sqrt{E_\mathrm{f}{}^2 - 1.0^2\times 1.6^2}}}{1.6}$$

$$= \frac{\sqrt{9 + E_\mathrm{f}{}^2 + 6\sqrt{E_\mathrm{f}{}^2 - 1.6^2}}}{4}$$

となって，$|\dot{E}_\mathrm{f}|$ が大きくなればなるほど $|\dot{V}_\mathrm{G}|$ も大きくなることがわかる．たとえば，$|\dot{E}_\mathrm{f}|=1.6$ p.u. のときは，①のケースから以下のとおりであった．

$|\dot{V}_\mathrm{G}| = 0.85$ p.u.

$$\sin\delta = \frac{P X_\mathrm{s}}{V_\mathrm{G} E_\mathrm{f}} = \frac{1.2}{0.85\times 1.6} = 0.882$$

$$Q = \frac{1.6\times 0.85\sqrt{1-0.882^2} - 0.85^2}{1.2} = -0.069 \text{ p.u.}$$

ここで，内部誘起電圧を，$|E_\mathrm{f}|=1.8$ p.u. に増加させると

$$|\dot{V}_\mathrm{G}| = \frac{\sqrt{9 + E_\mathrm{f}{}^2 + 6\sqrt{E_\mathrm{f}{}^2 - 1.6^2}}}{4} = \frac{\sqrt{9 + 1.8^2 + 6\sqrt{1.8^2 - 1.6^2}}}{4}$$

$= 1.036$ p.u.

となって，$|\dot{V}_\mathrm{G}|$ が大きくなり，落ち込みが補償されたことがわかる．なお，このときの相差角 δ および無効電力 Q は，

$$\sin\delta = \frac{P X_\mathrm{s}}{V_\mathrm{G} E_\mathrm{f}} = \frac{1.2}{1.036\times 1.8} = 0.643$$

$\delta = 40.0°$

$$Q = \frac{1.8\times 1.036\sqrt{1-0.643^2} - 1.036^2}{1.2} = 0.295 \text{ p.u.}$$

となって遅れ力率となる．この応答をベクトル図で示すと，**図 5.3.7** となる．

P が一定であるので，三角形の面積 S_1 の大きさは変わらない．$|\dot{E}_\mathrm{f}|$ が大きくなった分，相差角 δ が小さくなり，$|\dot{V}_\mathrm{G}|$ が押し上げられる．これが同期発電機による電圧補償の原理である．

この電圧補償の様子を，横軸にリアクタンスをとり，縦軸に電圧の大きさをとって，電圧分布図として**図 5.3.8** に示す．内部誘起電圧 $|\dot{E}_\mathrm{f}|$ が 1.6 p.u. のときは，発電機端子電圧 $|\dot{V}_\mathrm{G}|$ は，0.85 p.u. であった．内部誘起電圧を 1.8

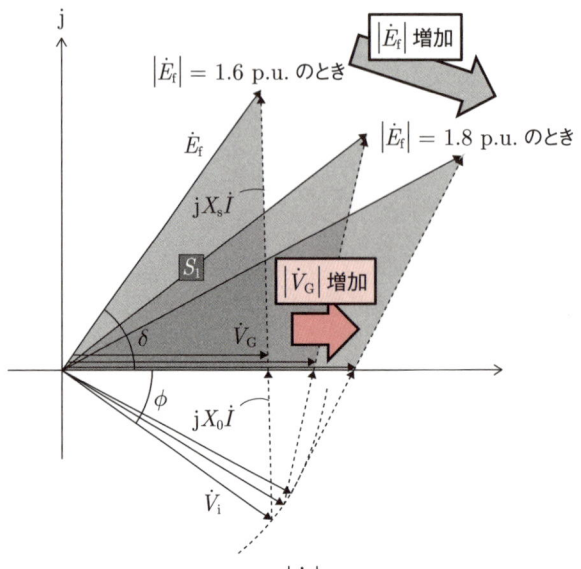

図 5.3.7 P 一定，$|\dot{E}_\mathrm{f}|$ を増加させた場合

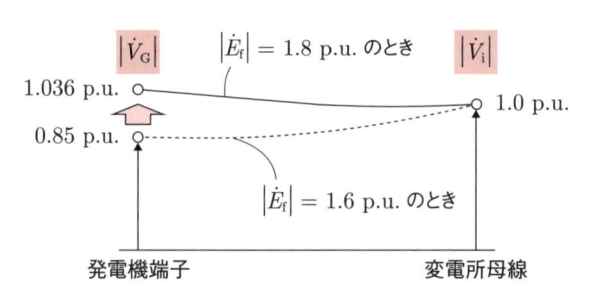

図 5.3.8 電圧分布図（同期発電機による電圧補償の様子）

p.u. に増加させると，発電機端子電圧 $|\dot{V}_\mathrm{G}|$ は 1.036 p.u. に上昇する．内部誘起電圧 $|\dot{E}_\mathrm{f}|$ が上昇することによって，無効電力 Q が増加し，発電機端子電圧 $|\dot{V}_\mathrm{G}|$ が補償される様子がわかっただろうか．

③ 出力 P 可変，内部誘起電圧 $|\dot{E}_\mathrm{f}|$ 可変の場合

同期発電機には通常，AVR（Automatic Voltage Regulator）と呼ばれる装置が設置されている．AVR とは，発電機端子電圧 $|\dot{V}_\mathrm{G}|$ を 0.9〜1.1 p.u. 程度の範囲に自動的に保つような制御系を組んだ制御装置であり，発電機端子電圧が増減したことを感知すると，自動的に界磁回路の直流電圧の大きさを

5.3 電圧補償機能（AVR）とベクトル図

増減し，$|\dot{V}_G|$を一定に保つ機能をもつものである．

AVRをONにし，AVRによって発電機端子電圧を$|\dot{V}_G| = 1.0$ p.u.に保ったまま，発電機出力Pを徐々に上げていくと，そのベクトル図は**図5.3.9**のようになる．

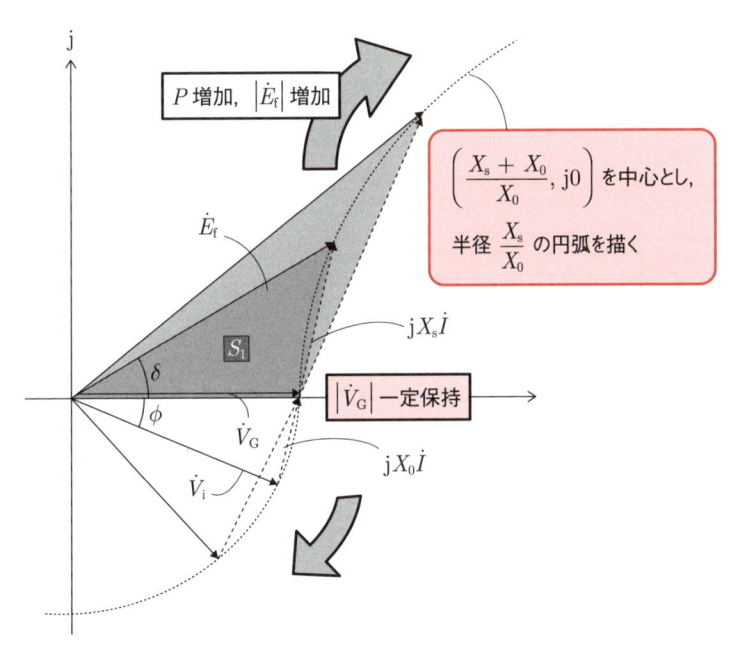

図5.3.9 AVRによって自動制御をおこないながら出力Pを増加させた場合

ここで，ケース①のベクトル図（図5.3.6）と，ケース③のベクトル図（図5.3.9）を比較すると，その様相が大きく異なることがわかるだろうか．同じように出力を増加してもAVRをONしていると，内部誘起電圧$\dot{E}_f$は原点ではなく，点$((X_s + X_0)/X_0, 0)$を中心とした円弧を描く．そのため出力が増えるにつれ，$|\dot{E}_f|$および内部相差角δが増加し，発電機力率は進みではなく遅れ方向に向かう（力率の変化は$jX_s\dot{I}$の傾きをみればわかりやすい）．

電力系統に接続される同期発電機は，AVRによる自動制御機能を利用することが一般的であり，おおよそ図5.3.9のようなベクトル軌跡を描く．同期発電機の変化と応答に電圧補償機能を加えてまとめると，**表5.3.1**となる．

同期発電機は自由度が広く，さまざまな制御が可能であるため，そのベクトル図にはいろんな形がある．一見矛盾するように感じるかもしれないが，こ

表5.3.1 同期発電機の $|\dot{E}_\mathrm{f}|$, P の変化と発電機の応答

	P を増加したとき	$|\dot{E}_\mathrm{f}|$ を増加したとき	P を増加したとき (AVRをON)
無効電力 Q	減少する	増加する	増加する
力率 θ	遅れ方向へ向かう	進み方向へ向かう	遅れ方向へ向かう
電圧 $|\dot{V}_\mathrm{G}|$	減少する	増加する	一定に保たれる

れまで示したベクトル図やベクトル軌跡はすべて，それぞれのケースにおいて真である．どれも重要な性質なので，一つずつ理解していくとよいだろう．

5.4 発電機の安定度問題とは

　同期発電機には，安定度と呼ばれる特有の指標がある．これは，発電機が同期運転を保っていられるかどうかを示す指標の一つである．これが失われると発電機は同期を保てなくなり，その影響により，系統に大きなじょう乱が生じる．そのため，同期運転が保てなくなった（脱調した）発電機はすぐに停止させ，系統から切り離さなければならない．

　本節では，安定度とベクトル図を結びつけ，新しい視点で安定度問題を考える．安定度問題を理解するためには，まず内部相差角 δ を明確にイメージする必要がある．そこで，同期発電機の物理的構造と δ の関係性について，イメージ図を使って視覚化する．その後，ベクトル図によって安定度問題の基本をおさらいする．

　なお，同期発電機の安定度問題は，3章や4章で述べた電圧安定性問題の安定度とは本質的に異なるものである．"安定度"という言葉は，さまざまな場面に広く使われており紛らわしいため，混同しないよう注意が必要である．

(1) 内部相差角 δ と安定度の関係

　同期発電機の安定度問題を考えるときは，"内部相差角 δ" に注目するとよい．しかし，残念ながらこれは非常に本質をつかみにくい概念である．

　そもそも δ とは，等価回路上にて，端子電圧 $\dot{V}_\mathrm{G}$ と発電機内部誘起電圧 $\dot{E}_\mathrm{f}$ との間の電気位相差として定義されるものであった．しかし，これを明確にイメージできる方はどれほどいるだろうか．電気位相差は，目に見えるもの

5.4 発電機の安定度問題とは

ではない．さらに，$\dot{E}_f$ は等価回路上の架空の電圧である．ピンとこないのも仕方ない．そこで，若干回り道かもしれないが，内部相差角 δ を一目で理解できるイメージ図を用いることによって，視覚的に説明したいと思う．

同期発電機は，界磁回路と電機子回路からなり，それぞれのコイルが内部に磁界をつくり出している．そこで，それぞれのコイルから生じる起磁力に注目し，それらを磁石にみたてたものが，**図5.4.1** のイメージ図である．図上では，界磁回路が発生する起磁力 F_f と，これに電機子反作用を加えた合成起磁力 F_G を，それぞれ磁石によって視覚的に表した．この二つの磁石はともに同期速度で回転しており，その一瞬を切り取った図と理解していただきたい（外側の二つの小さい磁石は，ともに合成起磁力 F_G を表すものであり，二つで一つととらえてほしい）．

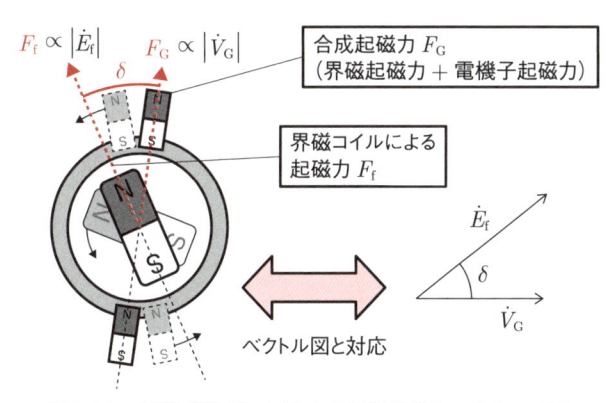

図5.4.1 同期発電機における内部相差角 δ のイメージ図

定常状態におけるそれぞれの起磁力の大きさと向きを，物理ベクトル $\dot{F}_f$, $\dot{F}_G$ として表せば，電気ベクトル図における $\dot{E}_f$, $\dot{V}_G$ と相似の関係となる．つまり，図上の二つの磁石がなす角度が，内部相差角 δ である．このように，図5.4.1のイメージ図を使うことによって，電気位相差である内部相差角 δ は，二つの回転する磁石がなす物理的角度に置き換えることができる．

ここで，界磁回路が直流回路で，磁石の役割をはたしていたことを思い出してほしい．界磁回路が発生する起磁力 F_f の向きは，そもそも回転子の物理的な向きと同じである．つまり，内部相差角 δ が大きいときは，小さいときに比べて回転子が進んで回転しており，小さいときは遅れて回転している．逆にいえば，回転子の回転速度が速くなれば δ が大きくなり，遅くなれば δ は

小さくなるということである．

　また，この二つの磁石の間には，磁力による吸引力が発生すると考えることができる．回転子の磁石F_fが，磁石F_Gを吸引しながら回転しているととらえるとわかりやすい．後述するが，この吸引トルクの大きさは出力Pに比例する．

［補足］　同期発電機の吸引トルクを電磁気学的に説明する場合は，回転子の起磁力と電機子反作用によって生じる起磁力との間に吸引トルクが発生すると考えるほうが自然である．本書ではδと結びつけて考えるため，便宜上，電機子反作用のみではなく，界磁起磁力との合成起磁力とした．どちらの場合も磁石と吸引トルクの正負の関係は同じであり，イメージ上において支障はない．ただし，起磁力と吸引力の関係を厳密に考えると，トルクの大きさに関して電磁気学と齟齬が発生するので注意してほしい．つまり，図5.3.1のイメージ図は，二つの磁石が吸引力を発生すると考えた場合は，その大きさについてのみ若干正確性に欠ける．なお，電機子反作用のみによって生じる起磁力は，合成起磁力から回転子による起磁力を引いた方向に発生し，回転子起磁力との位相差は$(\delta + \theta + \pi/2)$となる．

　内部相差角δは，回転子の回転位相とむすびつくことがイメージできただろうか．ここで，安定度と内部相差角δの関係について考えよう．

　安定度が失われた状態とは，回転子が同期速度と無関係に回転する状態である．イメージ図で説明したとおり，δは回転子の回転位相を表すものであった．つまり，安定度は内部相差角δが一定の値を保っていられるかどうかによって判断することができる．安定度が失われると，δが大きくなったり小さくなったりして一定値を保てず，回転子も同様に加速されたり減速されたりして同期速度を保てない状態となる．

　図5.4.2に示したように，同期発電機は，機械エネルギーP_Mを受け電気エネルギーPに変換し，主回路へ伝達する役割を担っている．機械エネルギーP_Mは，蒸気タービンなどからロータを通じて同期発電機の回転子に伝達される回転エネルギーであり，電気エネルギーPとは，発電機主回路に電圧と電流を発生させる発電エネルギーである．機械エネルギーP_Mと電気エネルギーPの釣合いがとれない場合は，回転子が加速もしくは減速し，回転子自身が運動エネルギーとして消費することになる．つまり，回転子が一定の回転速度で回転し続けるためには，$P = P_\mathrm{M}$が成り立たなければならない．

　このP，P_Mは，同期発電機のイメージ図上では，それぞれ磁石による吸引トルクT_Eおよび機械トルクT_Mに対応し，その関係は**図5.4.3**のように示す

5.4 発電機の安定度問題とは

図5.4.2 機械エネルギー P_M と電気エネルギー P の釣合い

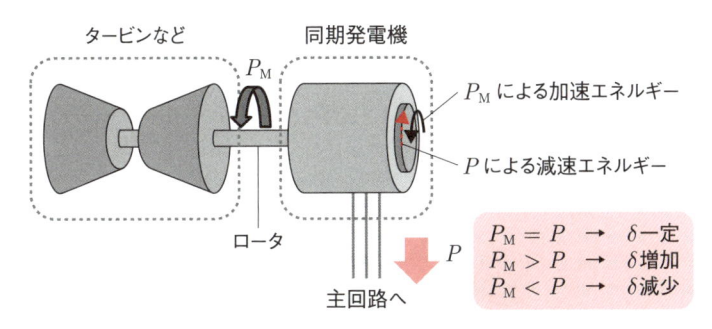

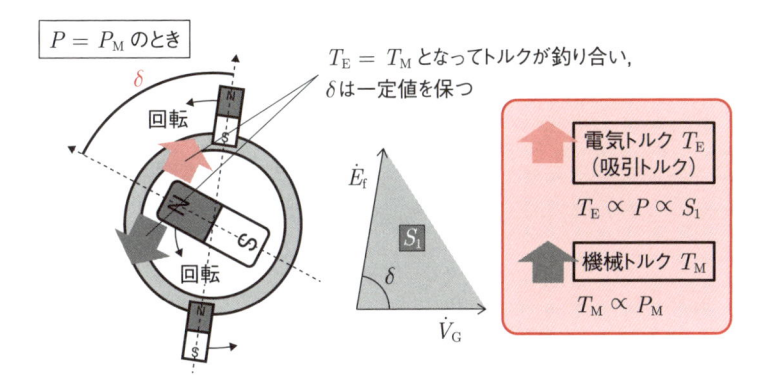

図5.4.3 定常運転時の T_E，T_M の釣合い

ことができる．図のように，定常状態では二つのトルクが釣り合っているため，二つの磁石がなす角度 δ は一定のままである．

ここで，回転子になんらかの力が加わり加速し，δ が大きくなった状態を考えよう．回転子が加速し，$\delta > \pi$ となると，**図5.4.4**のように磁石の位置関係は逆になる．このとき，機械トルクの方向は変わらないから，回転子には加速方向のトルクのみが働くこととなる．

一度こうなってしまうと，慌てて内部誘起電圧 $\dot{E}_f$ や機械エネルギー P_M の大きさを制御したとしても，回転子に加わるトルクの向きがもとに戻ることはない．回転子は急加速し，内部相差角 δ が1回転してもとの位相関係に戻るまで（$\delta > 2\pi$ の範囲まで）加速し続ける．加えて，このとき蓄えられる加速エネルギーは非常に大きく，δ が1回転してもとの位相に戻ったとしても，その加速エネルギーを電気エネルギーとして吸収することは困難である．そのため，内部相差角 δ は再度 $\delta > \pi$ の範囲に達し，同じフローを何度も繰り返

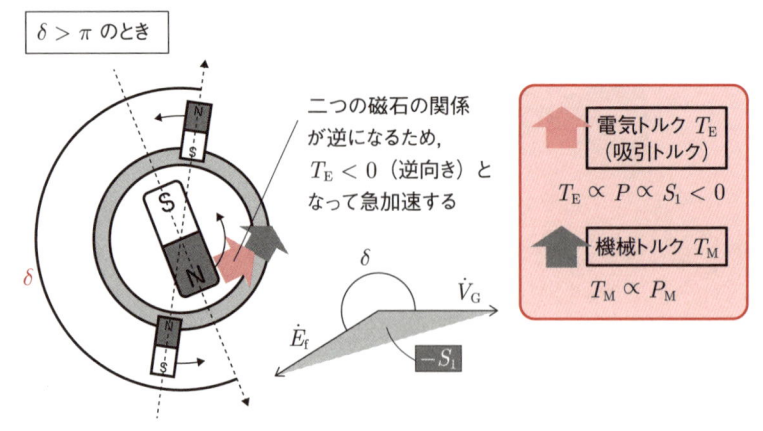

図5.4.4 $\delta > \pi$ のとき（不安定な場合）

す．つまり，一度脱調すると脱調を繰り返してしまい，同期運転に戻ることができない．これが脱調の大まかな原理である．

（2） 安定度の種類と使い分け

さて，内部相差角 δ および脱調の原理をイメージできただろうか．ここで，安定度の変化と発電機の動きを具体的に考える前に，安定度の指標について整理しよう．安定度には，定態安定度と動態安定度，過渡安定度と呼ばれる三つの指標がある．これら三つの指標を，検討条件および指標の使い分けという視点で分類すると，**図5.4.5** のようになる．

定態安定度とは，ゆっくりとした小さな負荷変動や外乱を受けた場合に，

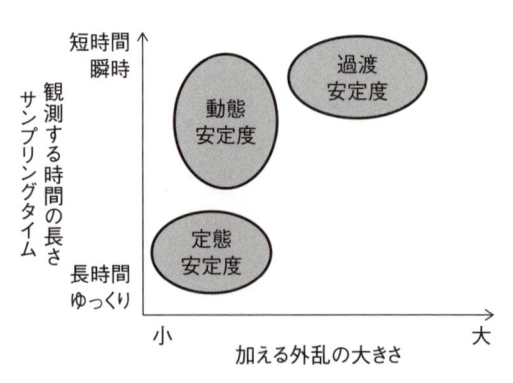

図5.4.5 三つの安定度とその使い分けイメージ

ほかのパラメータを一定のまま変化させなかったとしても，同期運転を保つことができるか否かを示すものであり，三つのうち，一番基礎的なケースを扱うものである．

動態安定度は定態安定度の対義語ともいえる指標で，発電機の自動制御効果などを加味して考えたときに同期運転を保つことができるか否かを示すものである．

過渡安定度は，系統事故や送電線の回線切換，ほかの発電機の突然の解列など，回路条件が急激に変化した場合に，同期運転を保つことができるかを示すものである．

（3） 定態安定度とベクトル図

さて，ここからは安定度のなかで最も基本的な指標である定態安定度について，ベクトル図を使って考えよう．

先に結論をいってしまうと，定態安定度は内部相差角δの値によって簡単に判別することができる．$0 < \delta < \pi/2$の範囲では安定，$\delta = \pi/2$のときに安定限界，$\delta > \pi/2$の範囲では不安定である．このことは，δの増加とともに，Pが増加するか減少するかが大きなポイントとなる．

なんらかの影響によって一時的に回転子が加速され，$\delta + \Delta\delta$となったとき，電気エネルギーPが増加すれば，トルクT_Eも増加し，回転子は押し戻されて内部相差角はδに戻ることができる．逆に，δが増加したときPが減少する場合は，T_Eも減少し，回転子がさらに加速されるため，$\Delta\delta$がどんどん大きくなってしまう．

例として，発電機端子電圧$|\dot{V}_G|$を一定とした**図5.4.6**のモデルで考えよう．

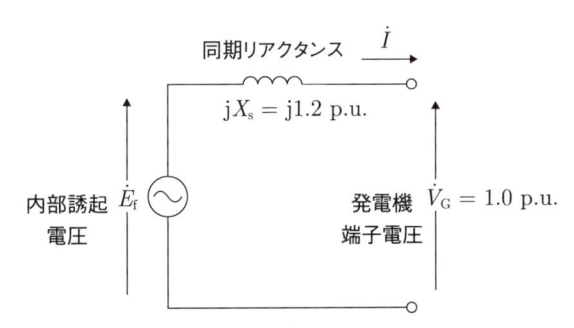

図5.4.6 発電機端子電圧$|\dot{V}_G| = 1.0$ p.u. 一定のとき

これは，発電機端子電圧$|\dot{V}_\mathrm{G}|$を常に1.0 p.u.一定と仮定したものである．

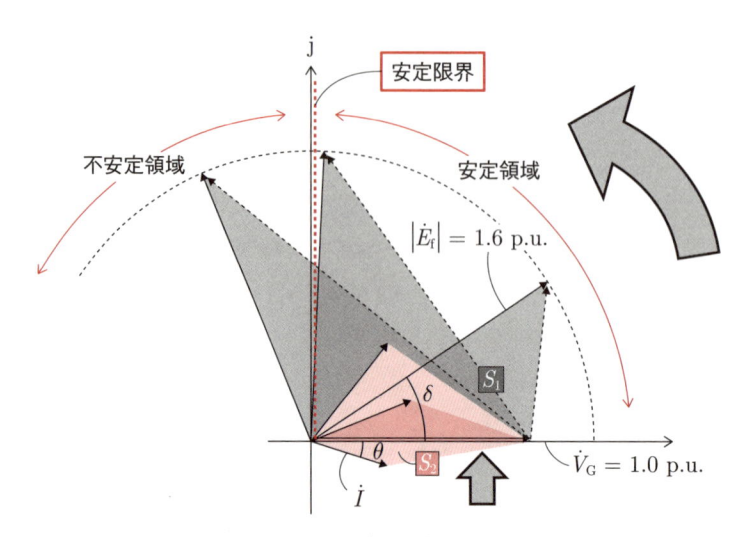

このとき，内部誘起電圧$|\dot{E}_\mathrm{f}|$を1.6 p.u.一定として，相差角δを増加させていくと，そのときのベクトル図は**図5.4.7**のようになる．

図5.4.7 発電機の定態安定度

図のとおり，内部相差角δが$0 \leq \delta < \pi/2$の範囲では，δが増加するに従い三角形の面積S_1は大きくなる．一方，δが$\pi/2$を超えると，今度は逆にS_1が小さくなる．面積S_1は発電機出力Pを表すものであったから，出力は，δが$\pi/2$のときに最大値をとり，それ以降は減少の一途となることがわかる．

このことは，数式で表すとより明快であり，発電機出力Pは，

$$P = \frac{|\dot{E}_\mathrm{f}||\dot{V}_\mathrm{G}|}{X_\mathrm{s}} \sin\delta = \frac{1.6 \times 1.0}{1.2} \sin\delta = \frac{4}{3}\sin\delta$$

であるので，$0 \leq \delta < \pi/2$の範囲では，δの増加とともにPは増加し，$\delta = \pi/2$のとき最大値1.33 p.u.をとる．また，δが$\pi/2$を超えると，δが増加するとともにPは減少するため，このまま何の制御もなされない場合は，回転子が加速し続け，$\delta = \pi$に達し，脱調を起こす．

定態安定度について**表5.4.1**に整理する．

表のように，定態安定度のみを考えれば，内部相差角δは$0 \leq \delta < \pi/2$の範囲であれば同期発電機は安定運転が可能であるという結論となる．しかし，実際には，δはその範囲よりも狭い範囲でしか運転することができず，δ

5.4 発電機の安定度問題とは

表5.4.1 内部相差角 δ と安定・不安定領域

	$0 \leqq \delta < \pi/2$ $(0 \sim 90°)$	$\pi/2 \leqq \delta < \pi$ $(90 \sim 180°)$	$\pi \leqq \delta < 2\pi$ $(180 \sim 360°)$
P の変化	δ 増加時 P 増加	δ 増加時 P 減少	$P < 0$
脱調の過程	脱調せず	長時間，領域にいると脱調へ	一瞬でも領域に入ると脱調へ
定態安定度	安定	不安定	不安定

が $\pi/2$ に近づいた状態で定常的に運転することは現実にはありえない．その理由の一つは，無効電力 Q にある．

無効電力 Q の大きさは，図5.4.7では三角形 S_2 の面積で示され，その面積は δ の増加とともに単調減少となる（実数軸よりも三角形が上側にあるときは，S_2 は負の面積を表す）．

無効電力 Q は数式上，以下のように展開され，

$$Q = \frac{|\dot{E}_\mathrm{f}||\dot{V}_\mathrm{G}|\cos\delta - |\dot{V}_\mathrm{G}|^2}{X_\mathrm{s}} = \frac{1.6 \times 1.0 \cos\delta - 1.0^2}{1.2} = \frac{4}{3}\cos\delta - \frac{5}{6}$$

であるから，$\delta = 0$ のときは $Q = 0.5$ p.u. と遅れ力率だったものが，$\delta = 0.895$（51°）のときに $Q = 0$ となり，さらに δ が増加すると，$\delta = \pi/2$（90°）のとき，$Q = -0.83$ p.u. となり，発生無効電力が負となる．

δ と P，Q の関係を**図5.4.8**に示す．図5.4.8は，横軸に内部相差角 δ を，縦軸に P および Q をとった図であり，P–δ 曲線，Q–δ 曲線と呼ばれる．図上において，δ が $\pi/2$ に近づくと，発生無効電力 Q が極端に負となっていることがわかるだろうか．これは今回のケース（$|\dot{E}_\mathrm{f}|$=1.6 p.u.）にかぎらず，起きる現象である．たとえば，$\delta = \pi/2$ のときの $Q_{(\pi/2)}$ を数式上で求めれば，

$$Q_{\frac{\pi}{2}} = \frac{|\dot{E}_\mathrm{f}||\dot{V}_\mathrm{G}|\cos\frac{\pi}{2} - |\dot{V}_\mathrm{G}|^2}{X_\mathrm{s}} = -\frac{|\dot{V}_\mathrm{G}|^2}{X_\mathrm{s}}$$

であるから，内部誘起電圧 $|\dot{E}_\mathrm{f}|$ をいくら変化させても，δ が $\pi/2$ に近づけば必ず極端な進み力率になることがわかるだろう．

電力系統では，有効電力 P と無効電力 Q の両者の需要・供給が常にバランスを保っていなければならない．需要家側にて消費されるエネルギーはほとんどのケースでは遅れ力率である．加えて，発電された電力を需要家まで

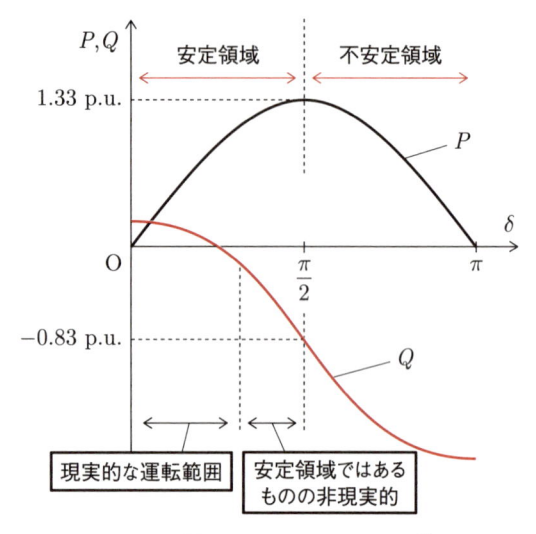

図5.4.8 P–δ, Q–δ曲線

届ける間には，送電線や変圧器のリアクタンスによって多くの遅れ無効電力が消費される．そのため，発電機が進み力率となった場合には，それを補うだけの巨大な無効電力供給設備を設置しなくてはならない．それだけ大容量の設備を設置することを考えると，設置費用はばく大であり，非現実的である．そもそも，無効電力 Q の大きさを自在に増減可能という同期発電機のメリットを全く生かせていない．

こういった問題から，発電機の力率は遅れ0.9から進み0.95程度の間をとるのが通常であり，内部相差角 δ は，せいぜい0〜60°程度の範囲内で運転することが現実的である．

5.5 ベクトル図を使って安定度を考えよう

前節では，同期発電機の発電機端子電圧 $|\dot{V}_\mathrm{G}|$ が，常に1.0 p.u.に保たれているという条件下にて，基礎的な安定度の考え方について述べた．本節ではもう少し範囲を広げて，系統側を含めて俯瞰した発電設備のモデルを用いて，安定度問題について深く考える．安定度問題は，数式だとややこしいが，ベクトル図を使うと簡単である．図を中心に読んでいただきたい．

（1） 発電設備における安定度問題

発電機に直列リアクタンスを加えたモデルを使うと，安定度問題はどうなるだろうか．意外なことに定態安定度の考え方は，発電機のみのモデルを使った場合とほとんど変わらない．そのことを**図5.5.1**のモデルを用いて説明しよう．

図5.5.1 発電設備のモデル

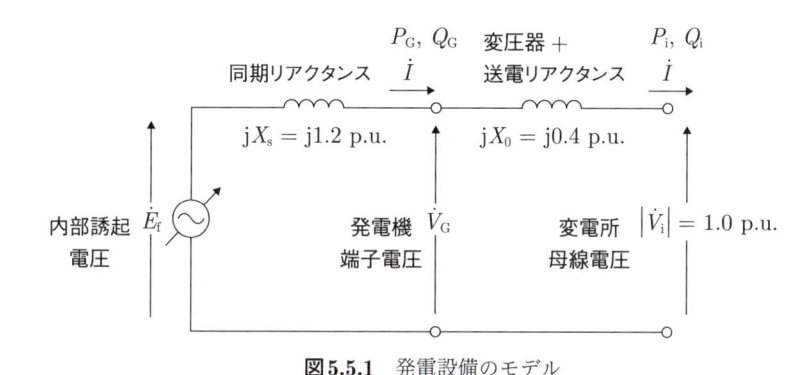

図5.5.1の回路モデルは，変電所母線電圧 $|\dot{V}_i| = 1.0$ p.u. 一定としたときの発電設備の等価回路である．この回路において，内部相差角 δ が微小単位増加したときの，有効電力 P および無効電力 Q の変化を考える．

まず考えなくてはいけないのは，どの点における P および Q を観察するかである．発電機端子電圧上での有効電力，無効電力を，それぞれ P_G, Q_G，変電所母線電圧上を P_i, Q_i とすれば，

$$P_i = P_G$$
$$Q_i = Q_G - X_0|\dot{I}|^2$$

となる．各回路において抵抗成分は微小であることから無視しているため，有効電力 P は，発電機端子側と系統側のどちらで考えても同じである．そこで，系統側に流れ出る有効電力 P_i および無効電力 Q_i に注目し，変電所母線電圧 $\dot{V}_i$ を基準に数式を展開すると，

$$P_i + jQ_i = \dot{V}_i \overline{\dot{I}} = |\dot{V}_i|\overline{\dot{I}}$$

$$\dot{E}_f = |\dot{V}_i| + j(X_s + X_0)\dot{I}$$

$$\dot{I} = \frac{|\dot{E}_f|\{\cos(\delta+\phi) + j\sin(\delta+\phi)\} - |\dot{V}_i|}{j(X_s + X_0)}$$

電流 $\dot{I}$ を代入すれば，

$$P_\text{i} + \text{j}Q_\text{i} = |\dot{V}_\text{i}|\overline{\frac{|\dot{E}_\text{f}|\{\cos(\delta+\phi) + \text{j}\sin(\delta+\phi)\} - |\dot{V}_\text{i}|}{\text{j}(X_\text{s}+X_0)}}$$

$$= |\dot{V}_\text{i}|\frac{|\dot{E}_\text{f}|\{\text{j}\cos(\delta+\phi) + \sin(\delta+\phi)\} - \text{j}|\dot{V}_\text{i}|}{(X_\text{s}+X_0)}$$

$$= \frac{|\dot{E}_\text{f}||\dot{V}_\text{i}|\sin(\delta+\phi)}{(X_\text{s}+X_0)} + \text{j}\frac{|\dot{E}_\text{f}||\dot{V}_\text{i}|\cos(\delta+\phi) - |\dot{V}_\text{i}|^2}{(X_\text{s}+X_0)} \quad \cdots ①$$

となって，発電機端子上の P, Q を示す数式に非常によく似た式が導出される．発電機端子上での有効電力 P_G, 無効電力 Q_G は 5.2 節でも述べたとおり，

$$P_\text{G} + \text{j}Q_\text{G} = \frac{|\dot{E}_\text{f}||\dot{V}_\text{G}|\sin\delta}{X_\text{s}} + \text{j}\frac{|\dot{E}_\text{f}||\dot{V}_\text{G}|\cos\delta - |\dot{V}_\text{G}|^2}{X_\text{s}} \quad \cdots\cdots\cdots ②$$

であった．二つの式①, ②をよく見比べると，式の形はほとんど同じで，諸パラメータが変化したのみととらえられることに気づく．有効電力 P_i および無効電力 Q_i は，発電機の同期リアクタンスがあたかも "X_s" → "$X_\text{s} + X_0$" に，内部相差角が "δ" → "$\delta + \phi$" に，発電機端子電圧が "$\dot{V}_\text{G}$" → "$\dot{V}_\text{i}$" に変化したとすると，両式は同じ式となる．つまり，発電設備の応答は，発電機と変圧器や送電線のリアクタンスを合わせて考えれば，発電機の応答と同じになる．よって，発電設備における定態安定度を考えると，"$\delta + \phi$" < $\pi/2$ では安定，"$\delta + \phi$" > $\pi/2$ では不安定となり，安定限界は "$\delta + \phi$" = $\pi/2$ のときとなる．

このように，発電設備の定態安定度について考える場合，変圧器や送電線も含めて一つの設備としてとらえ，両端の電圧位相差 "$\delta + \phi$" に注目すればよい．

このとき，内部誘起電圧 $|\dot{E}_\text{f}|$ を 1.6 p.u. 一定として，相差角 δ を増加させて

表5.5.1 発電設備の安定・不安定領域

	$0 \leq \delta+\phi < \pi/2$ (0〜90°)	$\pi/2 \leq \delta+\phi < \pi$ (90〜180°)	$\pi \leq \delta+\phi < 2\pi$ (180〜360°)
P の変化	δ 増加時 P 増加	δ 増加時 P 減少	$P < 0$
脱調の過程	脱調せず	長時間，領域にいると脱調へ	一瞬でも領域に入ると脱調
定態安定度	安定	不安定	不安定

5.5 ベクトル図を使って安定度を考えよう

いくと，そのときのベクトル図は**図5.5.2**のようになる．ハッチングされた三角形 S_1 および S_2 の面積は，発電機が発生する電力 P_G，Q_G ではなく，変電所へ流れ込む電力 P_i，Q_i の大きさを示すものであるので注意が必要である．また，ベクトル図上の θ は発電機力率ではなく，変電所母線上での力率である．

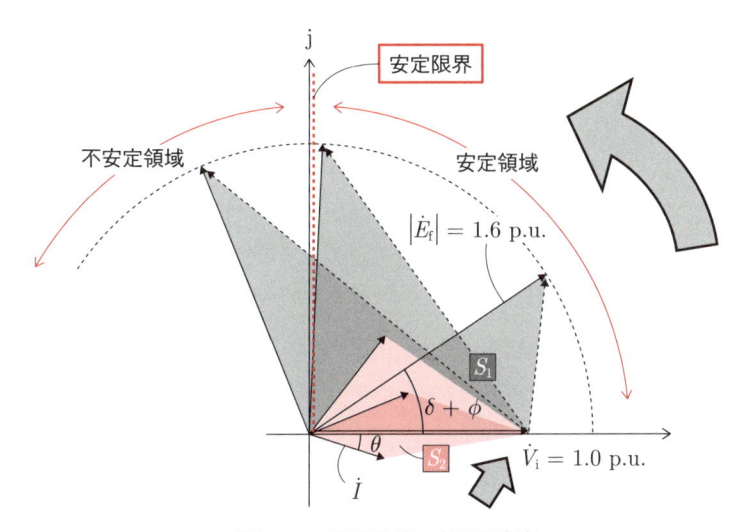

図5.5.2 発電設備の定態安定度

発電機側の有効電力は，$P_G = P_i$ となるが，無効電力は $Q_G \neq Q_i$ であり，Q_G の大きさを数式で求めると，

$$Q_G = Q_i + X_0 |\dot{I}|^2$$

であるから，$\dot{I}$ に代入して整理すれば，

$$Q_G = \frac{(X_s - X_0)|\dot{E}_f||\dot{V}_i|\cos(\delta + \phi) - (X_s)|\dot{V}_i|^2 + X_0|\dot{E}_f|^2}{(X_s + X_0)^2}$$

これらの特性を $P - (\delta + \phi)$，$Q - (\delta + \phi)$ 曲線にて**図5.5.3**に示す．

なお，Q_G と Q_i を比べると常に $Q_G > Q_i$ である．そのため，発電機自身は遅れ力率だったとしても，送電線などのリアクタンス成分によって無効電力が消費され，変電所に到達する頃には進み力率になることがある．

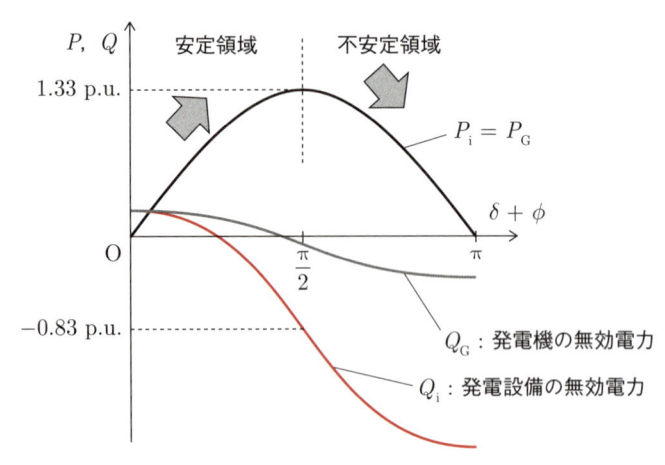

図5.5.3 $P - (\delta + \phi)$, $Q - (\delta + \phi)$ 曲線

（2） 発電機電圧 $\dot{V}_G$ に注目した場合のベクトル図

　発電設備における定態安定度の判別は，内部相差角 δ と送電線の位相差 ϕ を足し合わせることによって簡単に判別可能であり，$0 \leq \delta + \phi < \pi/2$ では安定，$\pi/2 < \delta + \phi$ では不安定である．しかし，これらの説明のなかでは発電機端子電圧 $\dot{V}_G$ について触れておらず，発電機自身の運転状態がよくわからない．

　そこで，発電機端子電圧 $\dot{V}_G$ を基準ベクトルとすることで，定態安定度の理解を深めたいと思う．図5.5.2の基準ベクトルを $\dot{V}_G$ に変更して描き直した場合のベクトル図を**図5.5.4**に示す．

　ハッチングされた三角形 S_1 の面積は，発電機出力 P_G を示すものであり，δ, ϕ の増加に従って大きくなり，$\delta + \phi = \pi/2$ のとき最大値をとる．その後は，δ, ϕ の増加とともに減少する．前項の説明のとおりである．

　このことは，数式を使っても示すことができ，

$$S_1 = \frac{|\dot{E}_f||\dot{V}_G|}{2}\sin\delta = \frac{1.6}{2}|\dot{V}_G|\sin\delta$$

であるから，$(\delta + \phi)$ を一角とする大きな三角形に注目すれば，

$$S_1 = \frac{|\dot{E}_f||\dot{V}_i|}{2}\sin(\delta + \phi) \cdot \frac{|jX_s\dot{I}|}{|jX_0\dot{I}| + |jX_s\dot{I}|}$$

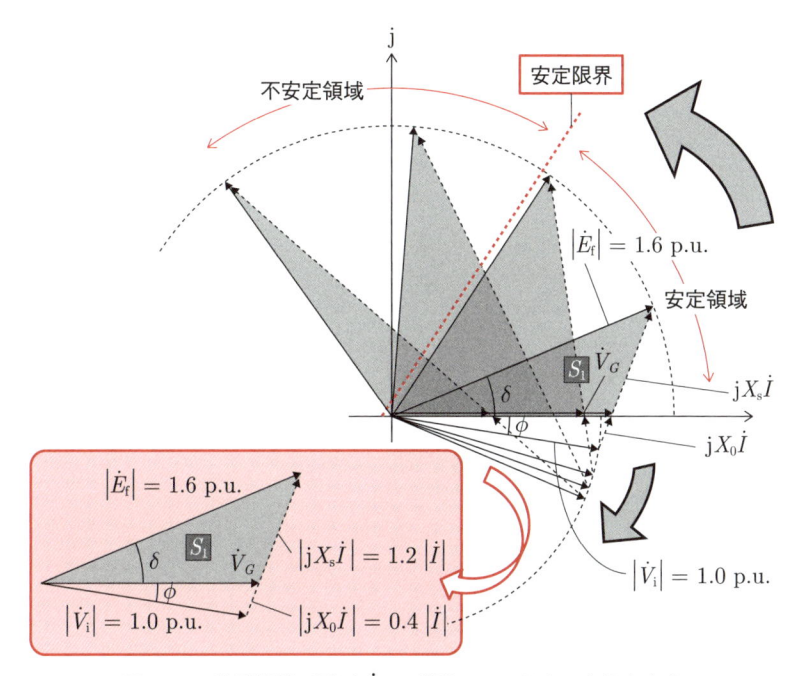

5.5 ベクトル図を使って安定度を考えよう

図 5.5.4 発電機端子電圧 $\dot{V}_\mathrm{G}$ を基準とした場合の定態安定度

$$= \frac{1.6 \times 1.0}{2} \sin(\delta + \phi) \times \frac{1.2}{0.4 + 1.2}$$
$$= 0.6 \sin(\delta + \phi)$$

$$P_\mathrm{G} = \frac{|\dot{E}_\mathrm{f}||\dot{V}_\mathrm{G}|}{X_\mathrm{s}} \sin \delta = \frac{2}{X_\mathrm{s}} S_1 = \frac{2}{1.2} \times 0.6 \sin(\delta + \phi)$$
$$= \sin(\delta + \phi)$$

となり，発電機出力 P_G は，$\delta + \phi = \pi/2$ のとき最大値をとり，その後，相差角の増加とともに減少することがわかる．

ここで注目すべき点は，発電機端子電圧 $\dot{V}_\mathrm{G}$ の大きさである．$|\dot{E}_\mathrm{f}|$ および $|\dot{V}_\mathrm{i}|$ は一定であるが，発電機端子電圧 $|\dot{V}_\mathrm{G}|$ は，相差角 δ の上昇とともに低下していくことがわかるだろう．

5.3 節 (1) 項にて整理したとおり，発電機端子電圧 $|\dot{V}_\mathrm{G}|$ は次の式にて表され，最大値 $P_\mathrm{G} = 1.0$ p.u. のときは，

$$|\dot{V}_\mathrm{G}| = \frac{\sqrt{X_0{}^2 E_\mathrm{f}{}^2 + X_\mathrm{s}{}^2 V_\mathrm{i}{}^2 + 2X_\mathrm{s} X_0 \sqrt{E_\mathrm{f}{}^2 V_\mathrm{i}{}^2 - P_\mathrm{G}{}^2(X_\mathrm{s}+X_0)^2}}}{X_\mathrm{s}+X_0}$$
$$= \sqrt{0.7225 + 0.6\sqrt{1 - P_\mathrm{G}{}^2}}$$
$$= \sqrt{0.7225 + 0.6\sqrt{1 - 1.0^2}} = 0.85 \text{ p.u.}$$

となる．このときの δ は，

$$\sin\delta = \frac{P_\mathrm{G}}{V_\mathrm{G} E_\mathrm{f}} X_\mathrm{s} = \frac{1.0}{0.85 \times 1.6} \times 1.2 = 0.8824$$
$$\delta = 1.08 \text{ rad} = 61.9°$$

であるから，安定限界は，$\delta = $ 約$60°$のときである．これよりも内部相差角 δ が大きくなると，$\delta + \pi > \pi/2$ の領域に突入する．このとき，発電機端子電圧 $|\dot{V}_\mathrm{G}|$ は以下の式によって表され，

$$|\dot{V}_\mathrm{G}| = \frac{\sqrt{X_0{}^2 E_\mathrm{f}{}^2 + X_\mathrm{s}{}^2 V_\mathrm{i}{}^2 - 2X_\mathrm{s} X_0 \sqrt{E_\mathrm{f}{}^2 V_\mathrm{i}{}^2 - P_\mathrm{G}{}^2(X_\mathrm{s}+X_0)^2}}}{X_\mathrm{s}+X_0}$$
$$= \sqrt{0.7225 - 0.6\sqrt{1 - P_\mathrm{G}{}^2}}$$

となって，δ の増加とともに P_G が減少し，発電機端子電圧 $|\dot{V}_\mathrm{G}|$ はさらに小さくなっていく．最終的に $\delta + \phi = \pi$ にまで達すると，発電機出力は $P_\mathrm{G} = 0$ だから，

$$|\dot{V}_\mathrm{G}| = \sqrt{0.7225 - 0.6\sqrt{1 - P_\mathrm{G}{}^2}} = \sqrt{0.7225 - 0.6\sqrt{1 - 0^2}}$$
$$= 0.35 \text{ p.u.}$$

と，発電機端子電圧 $|\dot{V}_\mathrm{G}|$ が通常ではありえない値にまで低下する．

　発電機母線には，発電設備に必要な補機の電源やほかの電力負荷を接続していることが多い．発電機端子電圧 $|\dot{V}_\mathrm{G}|$ が低下すると，それら電力機器に大きな影響を与えることになるため，$|\dot{V}_\mathrm{G}|$ が低下したまま同期発電機を定常的に運転することはありえない．そもそも定態安定度とは，その条件において定常的に運転が可能か否かを判別する指標であった．しかし，この条件下ではたとえ発電機が脱調しなかったとしても，現実的には運転が不可能である．

　通常運転時，系統に連系されるほとんどの同期発電機では，AVR装置によって発電機電圧 $|\dot{V}_\mathrm{G}|$ は 0.9 p.u.～1.1 p.u.程度に自動的に保たれているはずである．これらは矛盾しないだろうか．

　一見矛盾と感じるこの点については，それぞれの時間軸に注目して整理し

て考えるとよい．

図5.5.5は，AVR装置による励磁制御と発電機の安定度問題を，同時にベクトル図に落とし込んだものである．ゆっくりと出力を増減させたときはAVRによる励磁制御が追従し，微小外乱によってδが一時的に増加したときはAVRによる励磁制御が全く応答できないとすると，この二つの応答を分けて考えることができる．

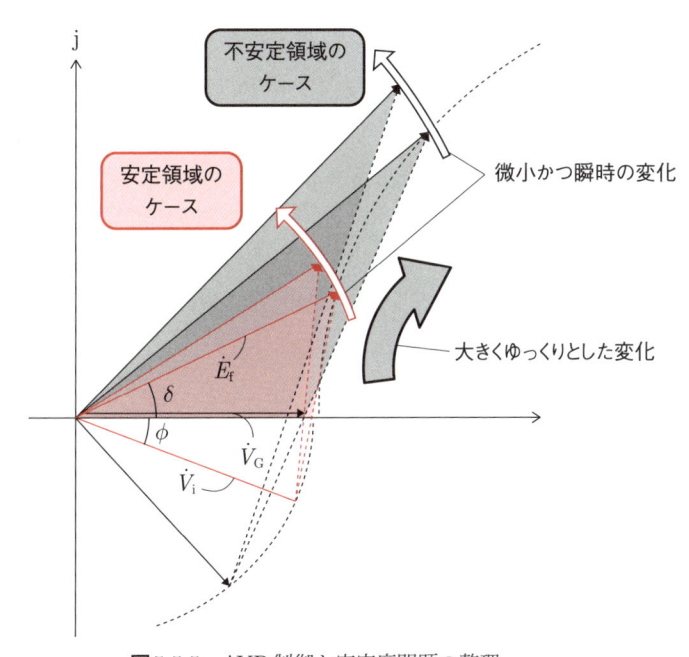

図5.5.5 AVR制御と安定度問題の整理

ゆっくりと出力を増加させた場合，発電機端子電圧V_GはAVRによって一定に保たれている．一方，励磁装置の応答が及ばないような速い時間領域では，微小外乱によって回転子が一時的に加速されると，$\dot{E}_f$の大きさは変化せず，δやϕのみが増加するような動きとなる．瞬時的に発電機端子電圧$|\dot{V}_G|$が低下するが，この応答は微小範囲における応答でありその低下幅も小さい．つまり，これら二つの応答は矛盾しない．$\delta + \phi < \pi/2$では安定，$\delta + \phi > \pi/2$では不安定という結論は，変わらないのである．

なお，瞬時かつ微小な応答を考えるときは，系統側の電圧位相に変化がないという条件のもとで考えるべきであり，$\dot{V}_i$を基準ベクトルとして考えたほ

うがわかりやすいので，ベクトル図を描くときはそれぞれに応じて描くようにするとよい．

なお，AVRによる励磁制御の応答速度が十分遅い場合には，二つの応答を分けて考えることができるが，大形同期発電機では，応答速度の速い励磁装置が用いられていることが多く，その場合，二つの応答は同時に発生する．そのため，実際に同期発電機の動態安定度を考えるときは，条件や計算が複雑化し非常にややこしい．

5.6 過渡安定度

安定的に運転している発電機に大きな外乱が印加されたとき，安定運転を維持できるか否かを過渡安定度という．日常的に発生する外乱には，雷などによる系統の短絡事故や，送電回線の切換，ほかの発電機の解列などがある．ここでは，このなかで最も厳しい条件となる，雷による系統短絡事故を想定して，過渡安定度の考え方について解説する．

（1） 過渡安定度のベクトル図

送電線に落雷し短絡事故が発生した後，事故回線を遮断し，その後に再閉路が成功したケースを想定しよう．電圧階級や回線にもよるが，超高圧送電線においては，短絡事故→遮断→再閉路の一連の流れが，0.7 s〜数秒程度の短時間の間に起きる．このような瞬時の応答については，本来ベクトル図で語るべきではないが，おおよそのイメージは図5.6.1のようになる．過渡安定度とは，この"過渡期"の間，発電機が耐えられるかどうか（脱調しないかどうか）を示す指標である．

系統事故が送電線で発生すると，送電線のインピーダンスX_0が大きくなるため，発電機端子電圧$|\dot{V}_\mathrm{G}|$が低下する（図5.6.1②）．そのため，発電機出力が低下し，電気エネルギーPと機械エネルギーP_Mのバランスがとれなくなり，発電機回転子は短時間のうちに加速される．このエネルギーは内部相差角δが大きくなることによってある程度吸収されるが，吸収しきれずにδが大きくなりすぎると，発電機は脱調してしまう．過渡安定度とは，事故発生直後から数秒後までの間に，発電機の内部相差角δ（もしくは$\delta + \phi$）がπを超えないかどうかである．

5.6 過渡安定度   259

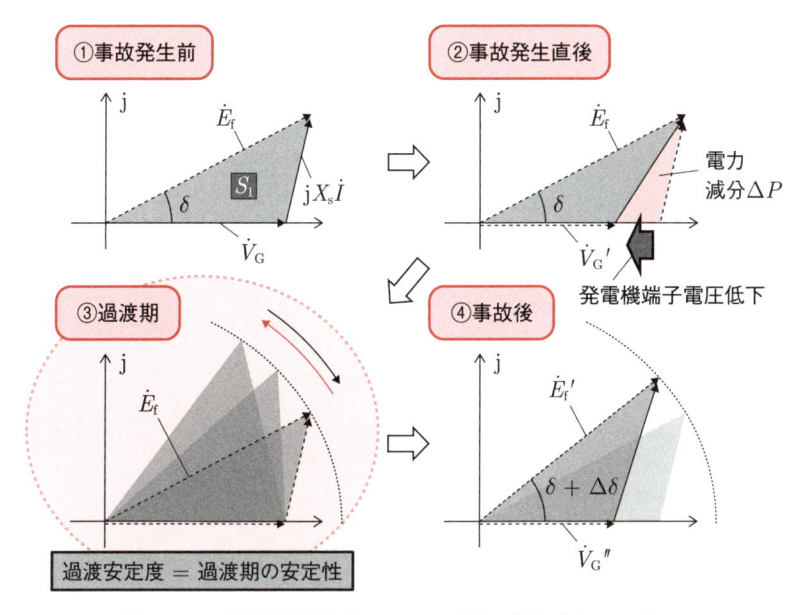

図5.6.1 系統事故発生時のベクトル図の変化（イメージ）

　なお，過渡安定度を考える際は，発電機の過渡現象に基づいた議論をおこなうべきであり，定常状態のパラメータを使った議論はふさわしくない．発電機の内部インピーダンスについては，同期リアクタンス X_s ではなく，過渡リアクタンス X_d' を使用すべきであるし，その値は時間の流れとともに変化する．事故想定方法についても，事故のほとんどは三相対称でないため，形態に応じて，零相電流や逆相電流などについても考慮しながら議論を進めなくてはいけない．つまり，図5.6.1のベクトル図はあくまでイメージであり，これを用いて計算すべきではない．

（2） 等面積法による過渡安定度判別

　過渡安定度の判別方法の一つとして，P–δ カーブを利用した「等面積法」が広く知られている．ベクトル図の活用という趣旨からは若干それるが，視覚的にわかりやすく，イメージをつかむのによい例であるのでここで紹介する．

　図5.6.2に示したのは発電設備の等価回路である．等価回路図のうち，リアクタンス X_0 は，変圧器や送電線などを模擬したリアクタンスである．これは，普段は変化しないが，系統事故が発生した場合などには，瞬時に値が変

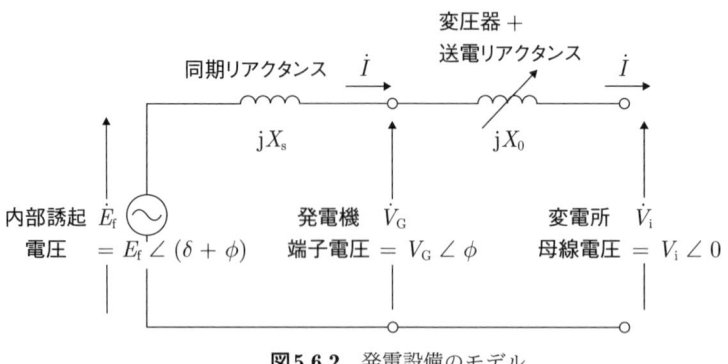

```
                  変圧器＋
      同期リアクタンス  İ    送電リアクタンス  İ
                  jX_s          jX_0
内部誘起 Ė_f        発電機 V̇_G       変電所 V̇_i
電圧 = E_f ∠(δ+φ)  端子電圧 = V_G ∠φ  母線電圧 = V_i ∠0
```

図5.6.2 発電設備のモデル

化する．

たとえば落雷により1線地絡事故が発生すれば，その等価回路は事故点に $Z_0 + Z_2$ を並列に挿入したことと同様の状態となる（Z_0：零相インピーダンス，Z_2：逆相インピーダンス）．その後，事故を判別してその相のみを遮断した場合は，事故点に $Z_0 Z_2/(Z_0 + Z_2)$ を直列に挿入した状態となり，どちらにせよ，X_0 は大きくなる．その後遮断器が動作して事故点を除去すれば，X_0 はすこし小さくなって，最終的に再閉路に成功すれば X_0 は事故前の数値に戻る．もし，再閉路が失敗して2回線の送電線が1回線のみとなれば，送電線部分のリアクタンスは2倍になって，やはり X_0 は事故前より大きい数値となる．

発電機出力 P には，以下の関係がある．

$$P = \frac{|\dot{E}_f||\dot{V}_i|\sin(\delta+\phi)}{X_s + X_0}$$

そこで，この式を利用して，$P - (\delta + \phi)$ 曲線を引くことを考えれば，事故前と事故時，遮断器動作後など，X_0 の増減に伴い曲線を何本も引くことができる．等面積法とは，この $P - (\delta + \phi)$ 曲線を利用して，δ の推移と発電機回転子に蓄えられるエネルギーを評価するものである．

図5.6.3に示したのは，等面積法の例である．

事故前，発電機の定常運転点がカーブ1上の点，①であったとしよう．このとき，電気エネルギー $P_①$ と機械エネルギー P_M は釣り合っているので，$P_① = P_M$ である．

事故が発生し，送電リアクタンスが増加すると，送電容量は低下し，カー

5.6 過渡安定度

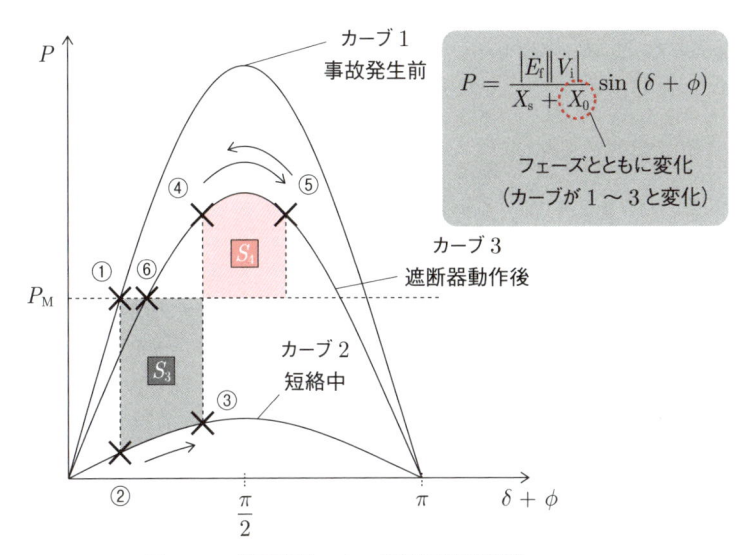

図中注釈:
- カーブ1 事故発生前
- $P = \dfrac{|\dot{E_t}||\dot{V_1}|}{X_s + X_0} \sin(\delta + \phi)$
- フェーズとともに変化（カーブが1〜3と変化）
- カーブ3 遮断器動作後
- カーブ2 短絡中

図5.6.3 等面積法による過渡安定度判別

ブ2上の②へ移行し，発生する電気エネルギー $P_②$ は $P_①$ に比べて著しく低下する．回転子に入力される機械エネルギーは P_M のまま変化しないため，$P_M > P_②$ であり，回転子は加速し相差角は広がり，カーブ2上を右へ移行する．

運転点が③にきたとき，遮断器が動作して事故点が除去されたとすれば，リアクタンス X_0 は減少し，運転点はカーブ3上の④に移行する．

④において発生する電気エネルギー $P_④$ は，$P_④ > P_M$ であるものの，事故時に蓄えられたエネルギーが吸収されるまで回転子は加速し続ける．そのため，面積 $S_3 = S_4$ となる点⑤まで，相差角は一時的に拡大する．その後，相差角は大きくなったり小さくなったりしながら，次第にその振動幅は小さくなり，最終的な運転点は $P_⑥ = P_M$ となる⑥に落ち着く．

このように，等面積法とは回転子に蓄えられる加速エネルギーと減速エネルギーを面積 S_3 および S_4 として視覚化し，二つの面積の大きさを比較することで，過渡安定度を判別する方法である．今回の場合は，$S_3 = S_4$ となる点⑤が存在するので安定である．

一方，過渡安定度が不安定となるケースを**図5.6.4**に示す．面積 S_3 と S_4 を比較すると，加速エネルギーを示す S_3 のほうが減速エネルギーを示す S_4 に比べて大きいことがわかるだろうか．

この例で，過渡安定度が不安定となる要因の一つは，③の位置にある．事

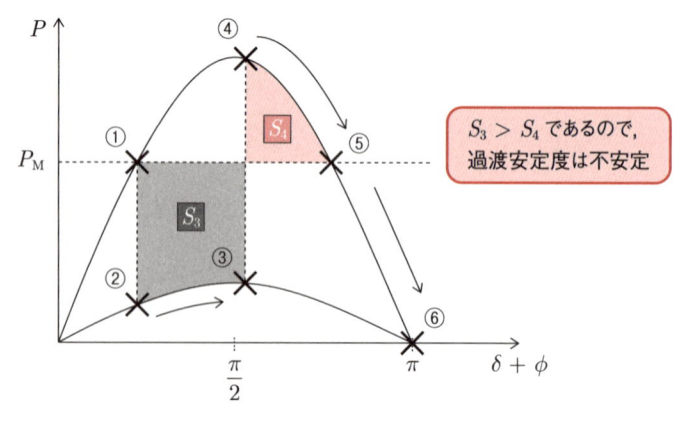

図5.6.4 脱調する例

故障が発生した際，遮断器が事故点を遮断するまでの時間が長いと，回転子へ蓄えられるエネルギー S_3 が大きくなり，加速エネルギーを吸収しきれなくなる．図5.6.4の例では，$S_3 > S_4$ であるから相差角 $\delta + \phi$ は π を超え，⑥の点に達してしまい脱調することになる．

（3） 過渡安定度におけるAVRの効果

系統事故などが起きた際，脱調する例としない例を**図5.6.5**に示す．これは，時間経過に対する相差角 $\delta + \phi$ の様子を示した一例である．

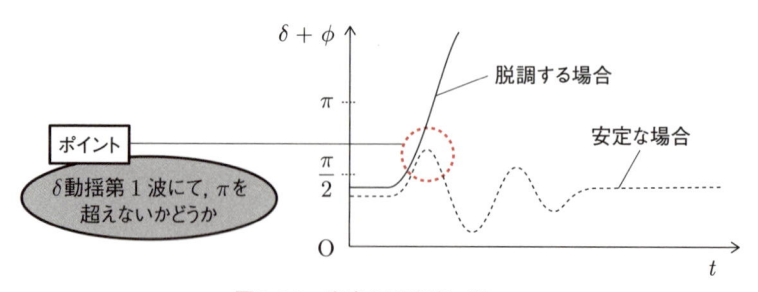

図5.6.5 安定と不安定の違い

どちらの場合も，系統条件の変化によって相差角は大きく揺れる．動揺の様子は事故の様相や系統条件によって異なるが，事故発生直後に発生する動揺第1波が一番大きくなりやすい．そのため，最初の相差角の拡大に耐え，

5.6 過渡安定度

このとき $\delta + \phi$ が π を超えないことが非常に重要である．

過渡安定度を向上させる方法は何種類かある．その一つは，送電線遮断器の事故遮断時間を短くし，事故時に相差角が広がる前に速やかに事故点を除去することである．その他の安定度向上策として特に重要なものの一つが，AVRの自動制御による内部誘起電圧 E_f の増加である．

発電機の $P - (\delta + \phi)$ 曲線は以下の式で表されるものであった．

$$P = \frac{|\dot{E}_\mathrm{f}||\dot{V}_\mathrm{i}|\sin(\delta + \phi)}{X_\mathrm{s} + X_0}$$

内部誘起電圧 $|\dot{E}_\mathrm{f}|$ が大きくなれば，$P - (\delta + \phi)$ カーブは上方向に押し上げられることがわかるだろう．つまり，AVRによって内部誘起電圧 $|\dot{E}_\mathrm{f}|$ をできるだけ早くかつ大きく増加させることが，過渡安定度の向上に大きく寄与する．

AVRによる相差角の拡大防止の様子をベクトル図でイメージすると，**図5.6.6**となる．AVRの動作によって，内部相差角が小さく抑えられているのがわかるだろうか．特に大形の同期発電機では，応答速度がきわめて速く頂上電圧が高い"超速応励磁方式"と呼ばれる励磁装置を採用することによっ

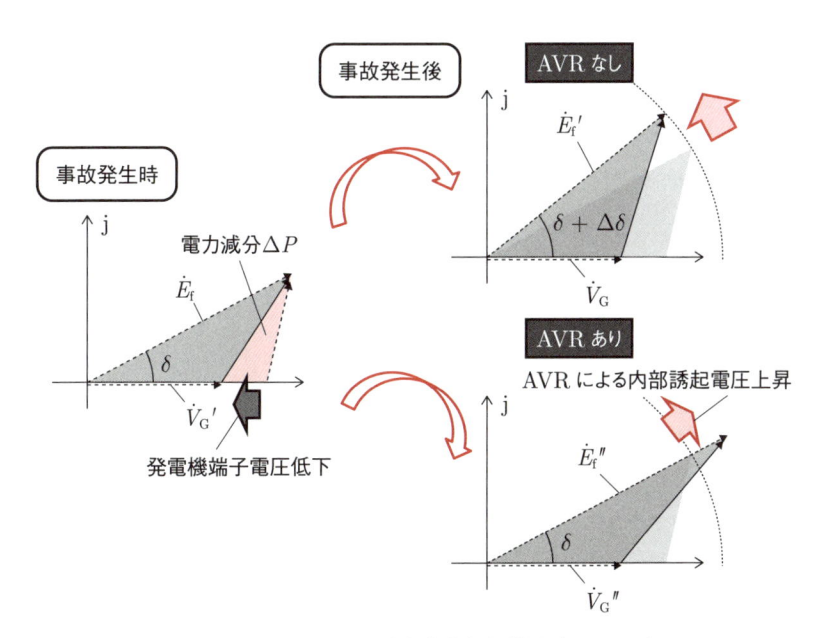

図5.6.6 AVRによる過渡安定度向上効果（イメージ）

て，AVRの自動制御の効果を高め，過渡安定度を向上させ，系統事故時の脱調現象を防ぐ役割を担っている．

5.7 系統安定化装置（PSS）とベクトル図

　前節にて述べたとおり，同期発電機の安定度を向上させるためには，AVRによる電圧自動制御の役割が大きい．特に超速応励磁方式と呼ばれる俊敏かつ動作範囲の広い励磁装置を用いることで，事故時のδ動揺第1波における過渡安定度が著しく向上する．

　しかし，この超速応励磁方式のAVRが，場合によっては悪影響を及ぼし，発電機を脱調させてしまうことがある．これはAVRによる振動拡大現象と呼ばれる現象で，これを防止するため，超速応励磁方式のAVRには，系統安定化装置（PSS：Power-system-stabilizer）と呼ばれる制御システムを併せて設置するのが一般的である．

　PSSは，大形の発電機を中心に広く普及しており，系統安定化に欠かせない装置である．しかし，その動作原理や効果は微分方程式で語られることが多く，初学者にはハードルが高い．そこで本節では，PSSの効果と原理について，ベクトル図を使って視覚的に説明する．

　また，AVRやPSSは，自動制御装置の一種である．そのため，これらを正確に理解するためには，電気工学だけではなく，自動制御工学の知識も必要となる．本節では，自動制御工学の部分については基礎的な知識のみで理解できるよう，図を多く交える．

（1）　AVR・PSS装置の概要

　本題に入る前に，まずAVRおよびPSSのシステム構成について触れておこう．発電機励磁装置の制御システム構成の一例を**図5.7.1**に示す．

　これまで述べたように，AVRは，電圧を一定に保持するための自動制御装置である．発電機端子電圧$|\dot{V}_G|$を信号として入力し，指令値を算出する．その指令値は，サイリスタや励磁機などの励磁装置に与えられる．AVRは，発電機端子電圧$|\dot{V}_G|$が規定値より低下していればサイリスタの点弧角を増加させ，界磁電圧を上昇，内部誘起電圧$|\dot{E}_f|$を増加させる．逆に発電機端子電圧$|\dot{V}_G|$が規定値より大きければ，点弧角を小さくすることで界磁電圧を低下さ

5.7 系統安定化装置（PSS）とベクトル図

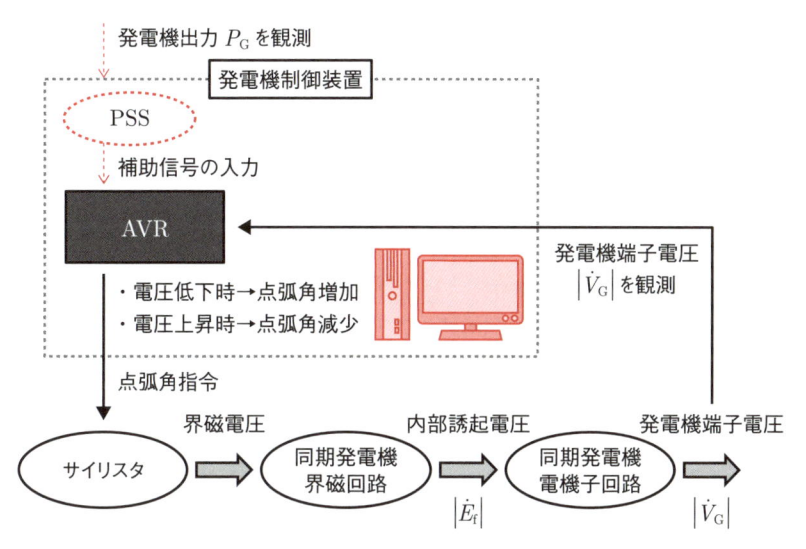

図5.7.1 AVR装置の制御システム構成の一例

せ，内部誘起電圧$|\dot{E}_f|$を減少させる．

一方，PSSは，AVRに補助信号を入力するものである．PSSは，必ずAVRと組み合わせて設置される．そのため，AVRの付属装置の一つととらえてもよいだろう．

PSSには，入力信号の違いからさまざまなタイプがあり，ΔP形，$\Delta \omega$形，Δf形，ΔQ形などがある．このなかで最も一般的なものは，図5.7.1に示したΔP形PSSである．これは，発電機出力P_GをVCTなどの計測器を通じて観測し，基準出力値との偏差（$-\Delta P$）に比例する信号を出力するものである．PSSから出力された信号は，AVRに取り入れられ内部で足し合わされて，サイリスタに出力される．

なお，"$-\Delta P$"の"Δ"は"偏差"という意味である．安定運転状態の発電機は，短いスパンでみると出力がほぼ一定であるから，このときの出力を基準出力値P_0とし，系統にじょう乱が発生しPが急変すると，PとP_0との差分をとるという仕組みである．実装方法としては，ハイパスフィルタを用いることが多い．

また，符号"$-$"が意味するところは，負のフィードバックという意味である．発電機出力Pがなんらかの外乱によって上昇すると，PSSは，サイリスタの点弧角を逆に小さくするよう動作をおこなう．たとえば，発電機の出

力基準値 P_0 が 0.9 p.u. のとき，系統側に事故が発生して，発電機出力が 1.0 p.u. に急変した場合は，

$$-\Delta P = -(P - P_0) = -(1.0 - 0.9) = -0.1 \text{ p.u.}$$

となり，PSSは入力値"−0.1"に定数（ゲインや位相調整補償器など）を乗じた値を出力する．つまりPSSは，系統じょう乱が発生したときのみ動作し，発電機出力 P が系統じょう乱によって増加すれば界磁電圧を低下させ，逆に出力が低下すれば界磁電圧を増加させる働きをおこなう装置である．この動作が及ぼす効果については，ベクトル図を使って後述する．

（2） 内部相差角の振動現象と，PSSの効果

先に結論を述べると，PSSは，相差角の振動を早期に収束させる効果をもつ装置である．発電機に外乱を加え，δ 動揺第1波を同じ状態としたときの，相差角 $\delta + \phi$ の振動の例を図5.7.2，図5.7.3に示す．

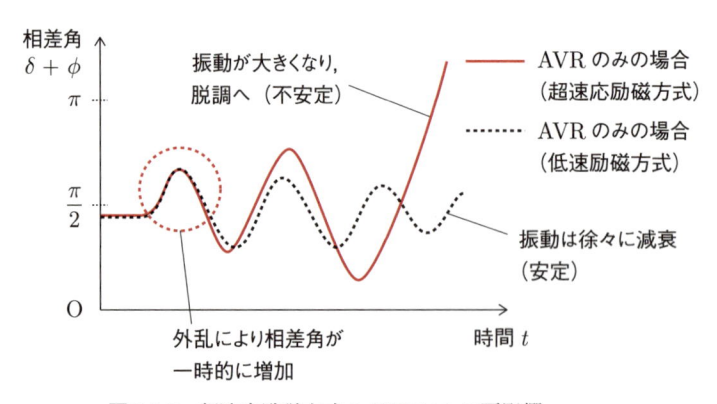

図5.7.2 超速応励磁方式のAVRによる悪影響

図5.7.2は，超速応励磁方式と低速のAVRを比較した図である．PSSを設置しなかった場合，内部相差角 δ が動揺した場合，超速応励磁方式のAVRでは相差角の振動を拡大させる方向に動作することがある．図のように振動が大きくなると，いずれ相差角の最大値が π を超え，発電機が脱調することになる．

そこで，超速応励磁方式のAVRにPSSを設置すると，図5.7.3のようになる．AVRの悪影響が抑えられ発電機が脱調を免れただけでなく，低速励磁方式AVRに比べても，振動吸収において高い優位性があることがわかるだ

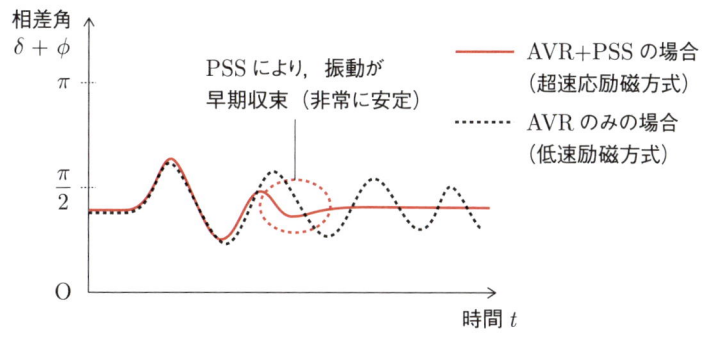

図5.7.3 PSSの効果

ろう．

　発電機は相差角がπを超えなければ脱調することはない．しかし，ただπを超えなければよいというわけではない．たとえこの現象だけでは脱調にいたらなかったとしても，外乱が立て続けに発生するケースも考え得る．また，電力系統はすべてつながっているため，一つの発電機の相差角振動は，ほかの発電機に影響しほかの発電機を脱調へと導くこともある．そのため，系統を安定に維持するためには，相差角の振動を速やかに収束することが重要であり，PSSは重要な役割を担っているのである．

　なお，PSSの効果は励磁装置の応答性に強く左右される．そのため，低速の励磁装置ではPSSの効果は小さく，PSSを設置しないことが多い．つまり，系統の安定化のためには，超速応励磁方式AVR＋PSSとすることが最もよい．

（3）　相差角の振動現象とケーススタディ

　ここからが本題である．相差角が振動するという現象と，安定・不安定の原理について，ベクトル図を使って考える．5.6節同様，発電設備の回路モデル（**図5.7.4**）を用いて，三つのケースを順に追って考えよう．

　ここでは，(A)低速励磁方式AVRのとき，(B)超速応励磁方式AVRのみのとき，(C)超速応励磁方式AVR＋ΔP形PSS，の三つのケースについて，何かの拍子に相差角が一時的に増加した場合，どのような応答が起きるかについて考える．

```
同期リアクタンス    İ    変圧器＋
                        送電リアクタンス    İ
         jX_s              jX_0

内部誘起 Ė_f        発電機 V̇_G          変電所 V̇_i
電圧 = E_f∠(δ+φ)   端子電圧 = V_G∠φ   母線電圧 = V_i∠0
```

外乱により，一時的に
増加した場合を考える

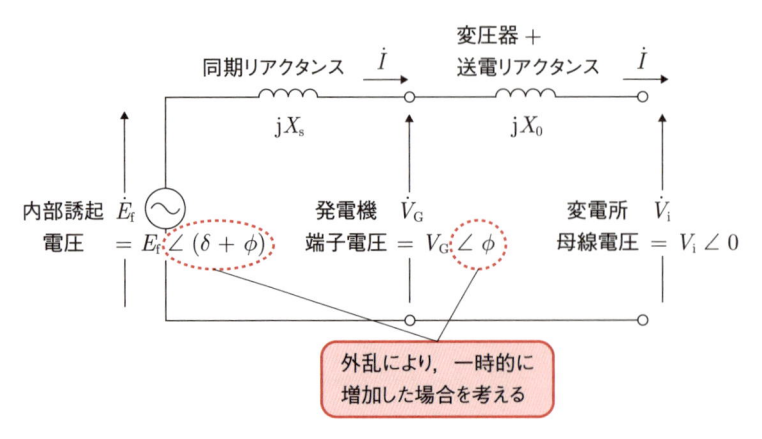

図5.7.4 発電設備のモデル

(A) 低速励磁方式AVRのとき

図5.7.4のモデルにおいて，低速励磁方式AVRによって制御を行った場合のケースを想定する．低速励磁方式ということは，励磁装置が低速であるために，瞬時の変化や外乱にはAVRが追従できない状態と考えてよい．そのため，ベクトル図上では，内部誘起電圧$\dot{E}_f$の大きさは一定であり，相差角δおよびϕのみが振動する．

発電機端子電圧$|\dot{V}_G|$を基準にすると，ベクトル軌跡は**図5.7.5**のようになる．この様子を$P-(\delta+\phi)$カーブにて等面積法で表したものを**図5.7.6**に，この変化を時間経過とともに表したものを**図5.7.7**に示す．図5.7.5〜5.7.7では①〜③の運転点がそれぞれ対応しており，三つの図を並べてみると現象がよくわかるだろう．

発電機への機械入力がP_Mで一定のとき，発電機に外乱が加わり，その拍子に運転点が①へ移行することを考える．①では，$P_① > P_M$であるから，運転点は図5.7.6のカーブ上を左下方向に滑り落ちる．

②は，$P_② = P_M$の点であるが，回転子の慣性によりすぐさま振動は止まらない．①→②の間に蓄えられたエネルギーは，図5.7.6にて$S_{①②}$として表され，それを吸収するため，運転点は$S_{①②} = S_{②③}$となる③まで到達する．

③では，$P_③ < P_M$であるので，今度は逆に回転子は加速される．このように，回転子はエネルギーを受け取って加速したり，エネルギーを放出して減速したりを繰り返し，振動する．

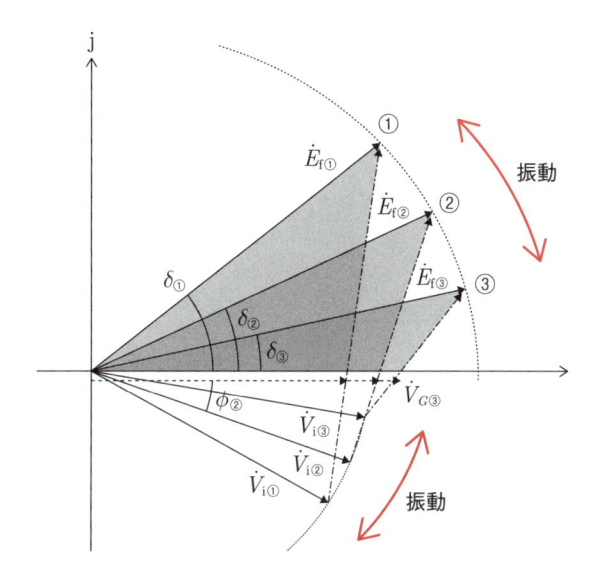

5.7 系統安定化装置 (PSS) とベクトル図　　　　　　　　　　　　　　　　　　　　*269*

図 5.7.5　相差角が振動した場合のベクトル軌跡（低速 AVR）

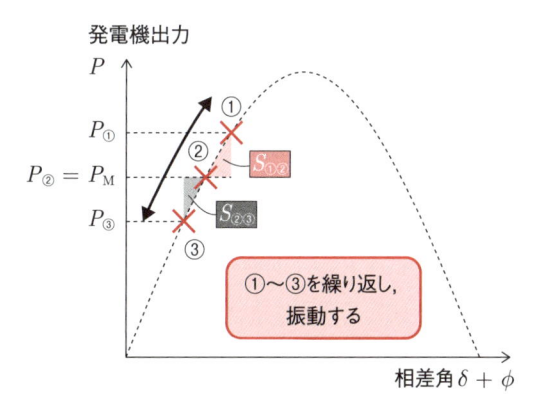

図 5.7.6　$P - (\delta + \phi)$ 曲線（低速 AVR）

　この振動は，図5.7.7のとおり，発電機自身がもつダンピング作用によって徐々に減衰し，いずれ②の運転点に落ち着く．ダンピング作用とは，振動エネルギーを吸収する作用であって，制動巻線や回転子表面に流れる電流によって熱エネルギーなどとして消費されるものである．つまり，厳密にいえば，図5.7.6において $S_{①②} = S_{②③}$ ではなく，$S_{①②} > S_{②③}$ となる．この差分 $(S_{①②} - S_{②③})$ は，発電機のダンピング作用によって熱となって消費される．

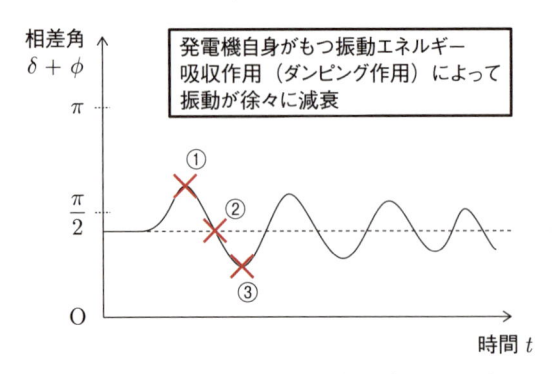

図5.7.7 相差角の時間変化（低速AVR）

(B) 超速応励磁方式AVRのみのとき

相差角の振動が発生した際，超速応励磁方式のAVRを動作させると，どのような応答となるだろうか．

AVRは発電機端子電圧$\dot{V}_\mathrm{G}$の大きさを一定に保つように動作するものであった．その制御フローは図5.7.1のとおり，界磁電圧を増減し，界磁電流I_fを変化させて，内部誘起電圧$|\dot{E}_\mathrm{f}|$を制御する．しかし，仮にAVRが$|\dot{V}_\mathrm{G}|$の低下を検知して，すぐさま界磁電圧を引き上げたとしても，$|\dot{E}_\mathrm{f}|$が増加するには"遅れ時間"が必要となる．これは界磁巻線のリアクタンス成分の影響によるものである．界磁回路は，巻線と直流電源からなる回路であり，リアクタンス成分がほとんどである．そのため，界磁電圧が変化しても，界磁電流はすぐには変化できず，数秒程度の遅れ時間が発生する．特に，正弦波状に振動して変化する電圧入力に対しては，電流は90°遅れることになる．

つまり，AVRが$|\dot{V}_\mathrm{G}|$の低下を検知した後，内部誘起電圧$|\dot{E}_\mathrm{f}|$を増加させるのは，相差角δが頂点を通り過ぎた後になってしまう．これを踏まえて**図5.7.8**をご覧いただきたい．

発電機の相差角が何かの拍子に一時的に増加し，運転点が①に移行したときを考えよう．図5.7.8のベクトル図をみるとわかるように，①の点では発電機端子電圧$|\dot{V}_\mathrm{G①}|$は，規定値（ここでは1.0 p.u.）よりも小さく，AVRは界磁電圧を上昇させようと働く．

しかし，界磁電圧が増加しても，界磁電流はすぐには変化できない．界磁電流が増加して内部誘起電圧$|\dot{E}_\mathrm{f}|$が押し上げられるのは，②のタイミングである．

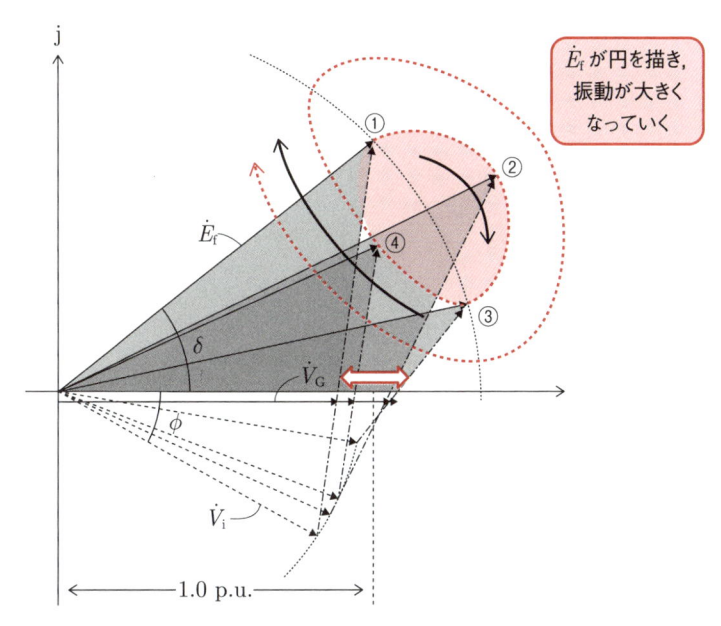

5.7 系統安定化装置（PSS）とベクトル図　　　　　　　　　　　　　　　　　271

図 5.7.8　AVR による振動拡大現象（超速応励磁方式 AVR のみ）

　同様に③の運転点では，電圧 $|\dot{V}_\mathrm{G}|$ の上昇を感知し，AVR が界磁電圧を引き下げるが，内部誘起電圧 $|\dot{E}_\mathrm{f}|$ が低下するのは④のタイミングとなる．

　このように，AVR の動作によって，$\dot{E}_\mathrm{f}$ のベクトル軌跡は「上り」と「下り」でそのルートが異なり，円を描くような軌跡となる．この軌跡が，エネルギーを生み出し，振動を拡大することを**図 5.7.9** を使って説明しよう．

　図 5.7.9 のハッチング部の面積に注目する．運転点が①へと上るとき，回転子がそれを制動するエネルギーは，"$S_{①}$" である．しかし，運転点が①から②に移行するとき，回転子に蓄えられるエネルギーは "$S_{①} + S_{①②}$" である．このエネルギーを吸収するためには，運転点が "$S_{②③} = S_{①} + S_{①②}$" の成り立つ点③まで滑り落ちる必要がある．つまり，AVR によって回転子に蓄えられるエネルギーは大きく，回転子を制動しようとするエネルギー（振動吸収エネルギー）は小さくなる．そのため，相差角の振動はどんどん広がっていく．

　この現象が大きく作用するときは，**図 5.7.10** に示すように，発電機はいずれ脱調へと導かれることになる．

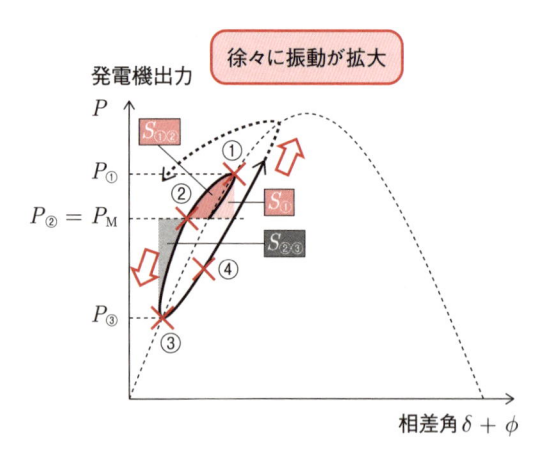

図5.7.9 $P-(\delta+\phi)$曲線（超速応励磁方式AVRのみ）

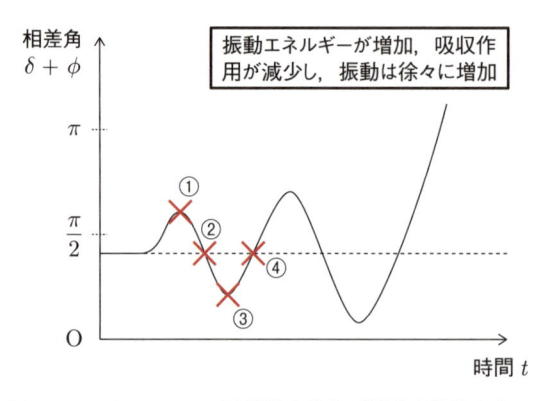

図5.7.10 AVRによる振動拡大現象（超速応励磁方式AVRのみ）

(C) 超速応励磁方式AVR $+\Delta P$形PSSのとき

PSSをAVRに組み込むとどうなるだろうか．ΔP形PSSは，発電機出力Pの偏差（ΔP）を検知し，$-\Delta P$に比例する出力を界磁電圧に与える装置である．$-\Delta P$に比例するとはつまり，出力が増えたときは界磁電圧を引き下げ，出力が低下したときは界磁電圧を引き上げる働きをおこなう．

PSSがAVRに組み込まれたときの応答の様子を，**図5.7.11**に示す．図5.7.11のベクトル軌跡をみればわかるように，PSSを設置することにより，$\dot{E}_\mathrm{f}$のベクトル軌跡は図5.7.8の逆向きの円を描く．この円の向きは，加速エネルギーを低減し，制動エネルギーを増加する．

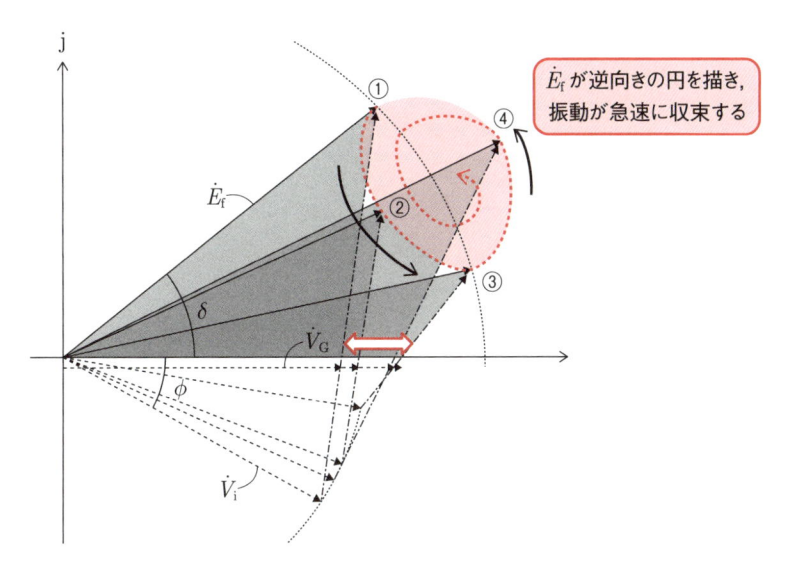

5.7 系統安定化装置（PSS）とベクトル図

図5.7.11 PSSの効果（超速応励磁方式 AVR + PSS）

　発電機に外乱が加わり相差角が増加し，運転点が①に移行すると，PSSは電力Pの増加を受け，界磁電圧を引き下げようとする．この効果により，②のタイミングにて界磁電流が低下して内部誘起電圧$|\dot{E}_f|$が引き下げられる．③の運転点では，電圧$|\dot{V}_G|$の上昇を感知し，AVRが自動で界磁電圧を引き下げるが，PSSは，逆に電力Pの低下を受けて押し上げようとする．そのため，④の運転点において内部誘起電圧$|\dot{E}_f|$が押し上げられる．

　図5.7.12を使ってエネルギーフローについて説明しよう．運転点①へ上る際の制動エネルギーは"$S_① + S_{①②}$"であるのに対し，①から②へ移る際，回転子に蓄えられるエネルギーは"$S_{①②}$"のみである．つまり，振動を制動するエネルギーは大きく，振動を拡大するエネルギーは小さくなる．そのため，**図5.7.13**のように，振動は急速に収束へ向かう．

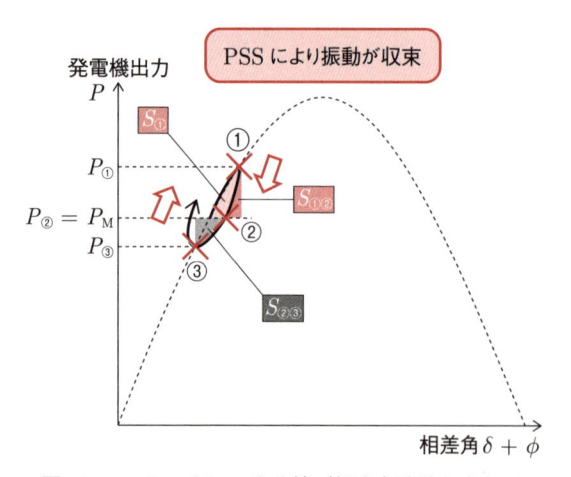

図5.7.12　$P-(\delta+\phi)$曲線（超速応励磁方式 AVR + PSS）

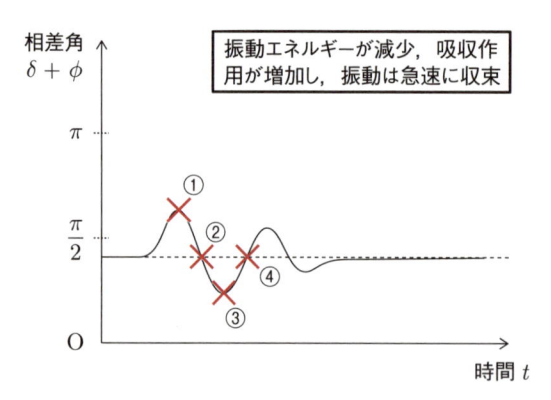

図5.7.13　PSSによる振動収束（超速応励磁方式 AVR + PSS）

5.8　まとめ

1. 発電機にはいろいろな種類があるものの，その多くは同期発電機である．そのため，同期発電機の特性を理解することが，電力系統の特性を理解するうえでは非常に重要である．
2. 同期発電機のベクトル図は，送配電設備のそれによく似ている．しかし外形は似ているものの，ベクトル図の変形範囲は，同期発電機は送配電設備に比べて広い．特に同期発電機の内部誘起電圧 $\dot{E}_\mathrm{f}$ は，広い範囲で無段階

5.8 まとめ

かつ俊敏に増減することが可能である（**図5.8.1**）．
3. 同期発電機では，出力 P および無効電力 Q をそれぞれ個別に制御することが可能である．ベクトル図上では，P および Q は，三角形の面積 S_1 および S_2 にて表される（**図5.8.2**）．
4. 同期発電機と変電所の間には昇圧用変圧器や送電線が設置されている．そこで，"同期発電機～変電所"を"発電設備"としてとらえ，全体を俯瞰してベクトル図を描くと，同期発電機の電圧維持機能を理解することができる．通常運転時には，AVRが $|\dot{V}_\mathrm{G}|$ を一定に保つよう $|\dot{E}_\mathrm{f}|$ を自動で増減する制御を行っている（**図5.8.3**）．
5. 同期発電機の安定度を向上するには，超速応励磁方式AVR + PSSによる制御をおこなうとよい．高い応答性をもつAVRは，外乱が加わった際の δ 動揺第1波を抑える機能をもつ．PSSは，相差角が振動した際に動作し，内部誘起電圧 $\dot{E}_\mathrm{f}$ を渦巻状の軌跡に変化させることで振動を吸収する（**図5.8.4**）．

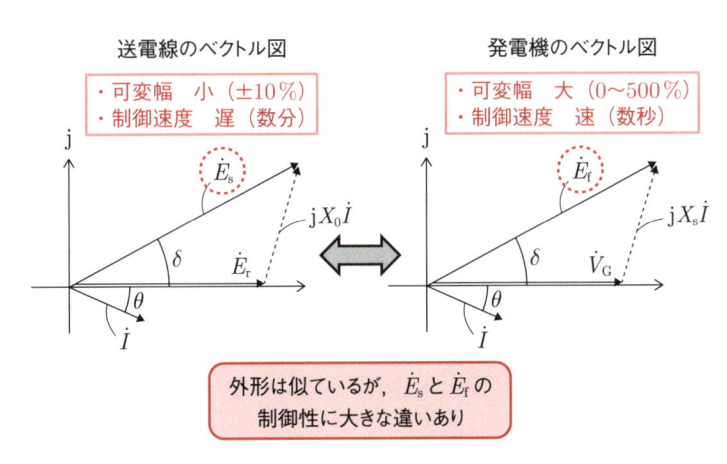

図5.8.1 送電線のベクトル図と発電機のベクトル図

有効電力 $P \propto S_1$

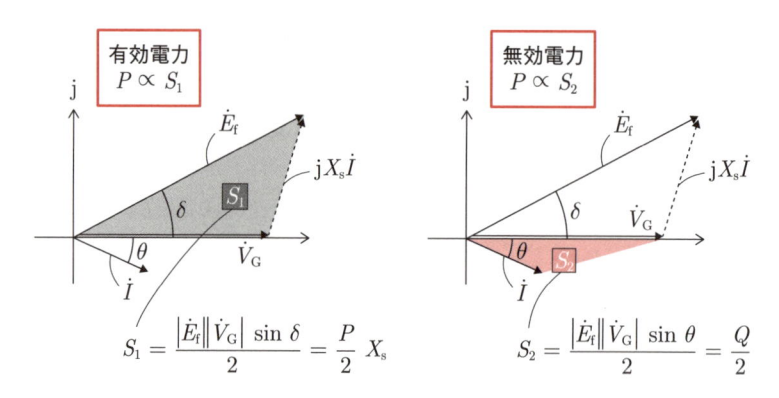

$$S_1 = \frac{|\dot{E}_f||\dot{V}_G| \sin \delta}{2} = \frac{P}{2} X_s$$

無効電力 $P \propto S_2$

$$S_2 = \frac{|\dot{E}_f||\dot{V}_G| \sin \theta}{2} = \frac{Q}{2}$$

図 5.8.2 同期発電機のベクトル図と P, Q

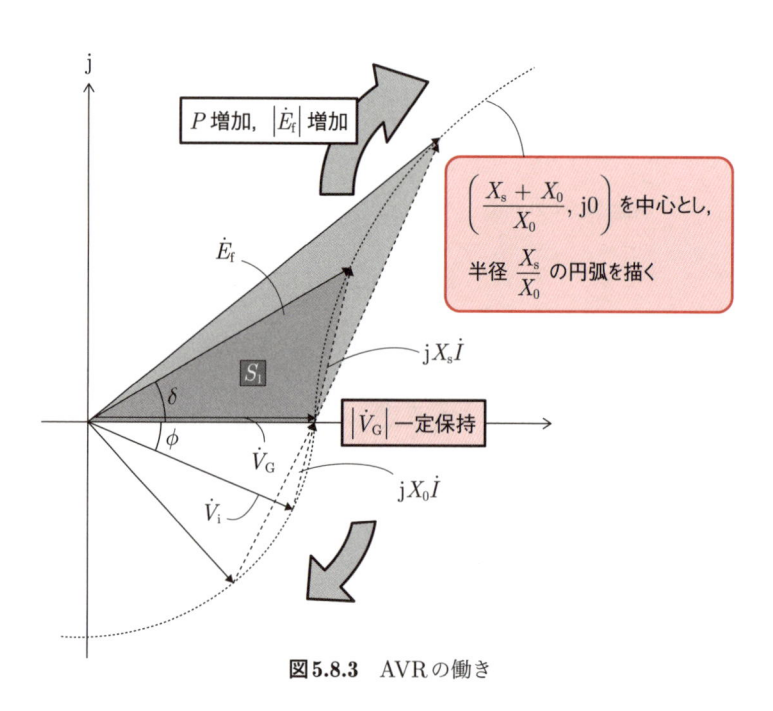

P 増加，$|\dot{E}_f|$ 増加

$\left(\dfrac{X_s + X_0}{X_0}, j0\right)$ を中心とし，半径 $\dfrac{X_s}{X_0}$ の円弧を描く

$|\dot{V}_G|$ 一定保持

図 5.8.3 AVR の働き

5.8 まとめ

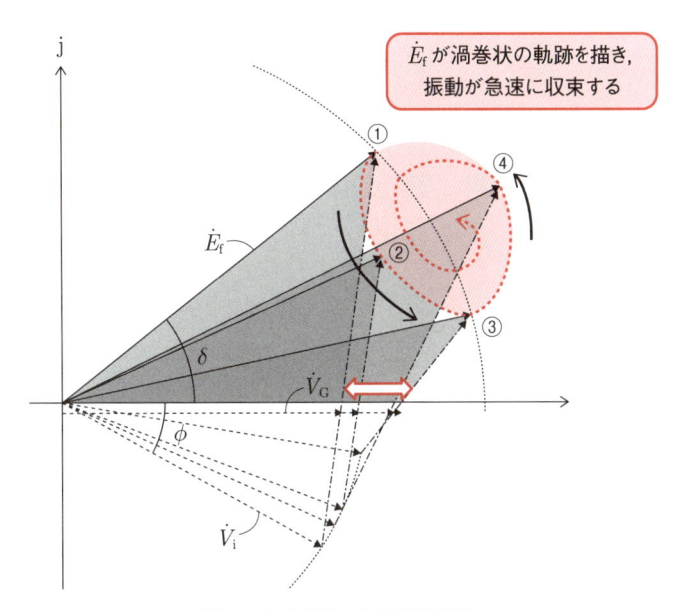

図5.8.4 PSSによる安定度向上

最後に

　本書では，ベクトル図の活用方法について述べた上で，最新の電気理論の視覚化を試みた．内容はお分かりいただけただろうか．

　今回は取り上げなかったが，ベクトル図は，電気事故の解析作業や保護リレー整定の際などにも用いられ，実務上欠かせない．電気に携わる限り，ベクトル図に触れる機会は常にあるだろう．これを理解し使いこなせて初めて一人前の電気技術者と言っても過言ではないだろう．

　今回掲載したベクトル図はあくまで一例である．回路の条件次第で，ベクトル図は無限にある．そのため，これだけを覚えれば良いというものはなく，自分で応用する力を身につけなくてはならない．自身の持つ設備や回路にベクトル図を活用するためには，応用力の有無が物を言うのである．

　ベクトル図は，数式に比べればずっと分かりやすい．そのため，漠然と眺めているだけでも，分かったような気がしてくるかもしれない．しかし，これを本当に理解するには，見るだけでなく描いてみることが重要である．ベクトル図に出会ったときは，是非自分で手を動かし，図を描いてみて欲しい．理解が一段と深まるはずである．

　一人でも多くの方が，電気理論に親しみ，ベクトル図を活用されることを願う．

参考文献

- 長谷良秀：『電力技術の実用理論 第2版』丸善出版（2011）．
- エレクトリックマシーン＆パワーエレクトロニクス編纂委員会：『エレクトリックマシーン＆パワーエレクトロニクス』森北出版（2004）．

＜1章＞
- 大野克郎 他：『大学課程 電気回路（1）第3版』オーム社（1999）．
- 辻良平 他：『複素関数論』理学書院（1994）．
- 矢野健太郎・石原繁：『複素解析』裳華房（1995）．
- 紙田公：『ベクトル図徹底攻略』電気書院（1986）．

＜2章＞
- 深尾正：『有効電力と無効電力』電気学会誌，101巻，10号，pp.965-969（1981）．
- 岩瀬久：『電力測定技術の変遷』，計測と制御，44巻，10号，pp.718-721（2005）．
- 赤木泰文：『瞬時無効電力の一般化理論とその応用』，電学論B，103巻，7号，pp.483-490（1983）．
- 赤木泰文：『瞬時無効電力理論の18年』パワーエレクトロニクス研究会論文誌，26巻，1号，pp.2-11（2000）．
- 髙橋勲：『電力における瞬時空間ベクトルとその応用』電気学会誌，109巻，7号，pp.533-536（1989）．
- 難波江章他：『三相回路の瞬時有効無効電流および瞬時有効無効電力の新しい定義とその応用』電学論B，117巻，2号，pp.182-188（1997）．

＜3章＞
- 新田目倖造：『電力系統技術計算の基礎』電気書院（1980）．
- 新田目倖造：『電力系統技術計算の応用』電気書院（1981）．
- 長尾待士：『電力系統の受電端電圧の異常低下現象』電学論B，95巻，8号，pp.9-16（1975）．
- 長尾待士：『電圧安定性解析』電気学会誌，100巻，1号，pp.16-19（1980）．
- 長尾待士 他：『電力系統の電圧安定性解析手法の開発』電力中央研究所報告T37（1995）．
- 田村康男：『電圧安定性問題についての最近の動向』電学論B，110巻，11号，pp.862-869（1990）．
- 宮澤正樹 他：『電力系統における電圧不安定現象の一解析』電学論B，110巻，11号，pp.903-910（1990）．

- 電力系統標準モデルの普及・拡充調査専門委員会：『モデル拡充に関する報告書』(2001).
- 関根泰次 他：『電力系統における電圧安定性』電気学会誌，111巻，4号，pp.289-296（1991）．
- 餘利野直人 他：『変圧器タップ群の逆動作に関する判定基準およびタップロック制御について』電気論B，117巻，9号，pp.1238-1244（1997）．
- 高木利夫・関根泰次：『基幹電力系統における受電電圧の安定性について』電気学会誌，95巻，1号，pp.17-24（1975）．

＜4章＞

- 経済産業省，総合資源エネルギー調査会，省エネルギー基準部会，三相誘導電動機判断基準小委員会，最終取りまとめ（2013）．
- 宜保直樹 他：『機器起動波形に基づく波形の種別と概算容量の推定手法』電力中央研究所報告R07035（2008）．
- 山下光司 他：『瞬時電圧低下がインバータ負荷を含む電力系統に与える影響』電力中央研究所報告R10024（2011）．
- 田端康人：『単体機器（家電機器）の負荷特性の調査』中部電力技術開発ニュース，No.87，pp.11-12（2000）
- 萩野昭三：『誘導電動機の特性』電気書院（2000）．
- 上田智之・駒見慎太郎：『物理的構造と観測データに基づく電力系統の動的負荷モデル』電学論B，126巻，6号，pp.635-667（2006）
- 上田智之・駒見慎太郎：『分散型電源大量導入時における動的負荷の安定性解析』電学論B，127巻，2号，pp.371-378（2007）．
- 前田龍己 他：『電力系統の動的電圧安定性に関する基礎実験と考察』電学論B 114巻2号pp.145-151（1994）．
- 大槻博司 他：『電圧崩壊中の電圧安定性遷移現象』電学論B，112巻，7号，pp.615-621（1992）．

＜5章＞

- 吉田忠美 他：『長距離串形系統の不安定同様現象とその対策－励磁制御系の影響とPSSによる安定化効果』電力中央研究所報告T88001（1988）．
- 藤田光一 他：『発電機出力と回転数の2入力形PSSの系統動揺抑制効果』電力中央研究所報告T93025（1994）．
- 斉藤敏彦 他：『長距離送電系統における定態安定度特性の解析』電学論B，98巻，7号，pp.63-70（1978）．
- 長尾待士 他：『大規模電力系統の安定度総合解析システムの開発』電力中央研究所報告T14（1990）．

あとがき

　本書は,「実践！ベクトル図活用テクニック」(『電気計算』2011年10月号～2012年5月号連載) を改稿し, まとめ直したものである. 書籍化の話を頂いてから完成までに, 気づけば3年も経ってしまった. 編集者の松田和貴様には大変お世話になり, 心より御礼申し上げたい.

　電気工学の分野はしばしば, "弱電 (100 V未満)" と "強電 (100 V以上)" の二つに分けられる. 私は元々 "弱電" 屋であり, 制御工学や情報処理を専門としていた. そんな私が本書を書くことになったきっかけは, 自身が "強電" の世界を学ぶ際に苦労したこと, 分かりにくかったことなどを視覚化したいという思いに至ったことにある.

　ありがたいことに, 電気はほとんど理論通りに動く. つまり, 電気では理論が非常に役に立つ. しかし, 誤解を恐れずに言うが, 日本の強電の理論に関する教科書・参考書はあまり親しみやすいとは言えない. これまでは法規制などもあり, 業界に新しい風が入りづらかったことも影響しているだろう.

　今, 電力業界は自由化と共に大きく変わろうとしている. 携わるエンジニアの数も質も大きく変わるだろう. これから新たに電気を学ぶ方, 電気の知識を整理したい方も増えてくるのではないか.

　本書を執筆中の3年間, さまざまな文献を引き, シミュレーションをトレースしたり最新動向を調べたりする傍ら, 資格試験の参考書を執筆したり雑誌記事等を手掛けたりと, さまざまな経験をさせていただいた. これらで得た知識や経験を総動員して書き上げたのが本書である. 本書が皆様の学習の一助になれば幸いである.

索 引

数字

3相2相変換................80

アルファベット

AVR................240, 264
$d-q$ 座標変換................85
L形円線図の描き方................189
L形等価回路................182, 184
PSS................264
$P-V$ カーブ................150, 153, 160
T形等価回路................182, 199

あ行

$\alpha-\beta$ 座標変換................80
安定化装置................264
安定限界................167
インピーダンス................9
インピーダンスの作図................23
インピーダンスベクトル................145
インピーダンスベクトル図
................10, 25, 52
エネルギーフロー................184
円円対応................35
円線図................187, 195
遅れ................14

か行

かご形誘導発電機................196, 220
過渡安定度................246, 258
極座標表示................3
虚数単位................2
系統安定化装置................264

さ行

三相交流電力................57
三相瞬時無効電力................71, 92
三相誘導電動機................181
三電圧計法................62
三電流計法................64
瞬時空間ベクトル図................92
瞬時値................43, 46
瞬時電力................43, 50
進み................14
正弦波の特性................8
相差角................107
相差角................224, 242

た行

太陽電池................220
高め解領域................151
タップ切換変圧器................131, 140
タップの逆動作現象................139
単位法................100, 102

直並列回路のベクトル図 ………… 20
直列回路のベクトル図 …………… 18
定インピーダンス性 ……………… 120
定インピーダンス負荷 …………… 179
定態安定度 ………………………… 246
定電力負荷 ………………………… 179
電圧安定性問題 …………………… 140
電圧調整設備 ……………………… 140
電圧・電流の向き ………………… 17
電力計測 …………………………… 61
電力用コンデンサ ………… 121, 140
同期発電機の安定度問題 ………… 242
動態安定度 ………………………… 246
動的負荷 …………………………… 180
トルク特性曲線 …………………… 190

な行

内部相差角δ ……………………… 242
燃料電池 …………………………… 220
ノーズ端 …………………… 155, 164

は行

パーセント法 ……………… 100, 102
π形等価回路 ……………………… 132
発電設備 …………………………… 232
低め解領域 ………………………… 151
皮相電力 …………………………… 42
比例推移 …………………………… 193
フェーザ図 ………………………… 6
複素数の四則演算 ………………… 4
ブロンデルの定理 ………………… 67
ベクトル軌跡 ……………………… 27

ベクトルの積・商 ………………… 4
ベクトルの和・差 ………………… 4

ま・や・ら行

無効電力 ………………… 42, 50, 56
無効電力の供給フロー …………… 117
有効電力 ………………… 42, 50, 56
有効電力の供給フロー …………… 116
力率 ………………………………… 144

―― 著者略歴 ――

小林　邦生（こばやし　くにお）
2009年　東京大学大学院工学系研究科　電気工学専攻修了
同年　　東京電力株式会社　入社
2010年　第1種電気主任技術者試験　合格

著書
『戦術で覚える！電験2種二次計算問題』（共著，電気書院）
その他，電験模範解答集（電気書院）など執筆多数

©Kunio Kobayashi 2015

実践!!　ベクトル図活用テクニック

2015年　9月11日　第1版第1刷発行
2023年　6月 8日　第1版第3刷発行

著　者　小　林　邦　生
発行者　田　中　　聡

発　行　所
株式会社　電　気　書　院
ホームページ　www.denkishoin.co.jp
（振替口座　00190-5-18837）
〒101-0051　東京都千代田区神田神保町1-3 ミヤタビル2F
電話(03)5259-9160／FAX(03)5259-9162

印刷　中央精版印刷株式会社
Printed in Japan／ISBN978-4-485-66545-9

- 落丁・乱丁の際は、送料弊社負担にてお取り替えいたします。
- 正誤のお問合せにつきましては、書名・版刷を明記の上、編集部宛に郵送・FAX (03-5259-9162) いただくか、当社ホームページの「お問い合わせ」をご利用ください。電話での質問はお受けできません。また、正誤以外の詳細な解説・受験指導は行っておりません。

JCOPY　〈出版者著作権管理機構　委託出版物〉

本書の無断複写（電子化含む）は著作権法上での例外を除き禁じられています。複写される場合は，そのつど事前に，出版者著作権管理機構（電話：03-5244-5088, FAX：03-5244-5089, e-mail: info@jcopy.or.jp）の許諾を得てください。また本書を代行業者等の第三者に依頼してスキャンやデジタル化することは，たとえ個人や家庭内での利用であっても一切認められません。